9 생각하는 수학

제3판

종이접기를 활용한

도형의 이해

김향숙 · 박진석 · 윤삼열 · 전제동 지음
인제대학교 창의력교육센터

KM 경문사

머리말

21세기 지식정보사회의 패러다임에 내재되어 있는 핵심 가치 중의 하나는 단순히 지식을 전수받아 보급하는 차원을 넘어서 누가 핵심 지식을 어떻게 창출해 낼 것인가라는 것이다. 이러한 시대적 요청에 따라, 지식정보시대를 앞당기는 근본토대 중의 하나는 교육에 있다고 믿는 사람이 많다.

종종 교실 내 활동은 실제 문제 상황을 다루지 못하고 있으며 많은 교수학습활동은 진정한 현실 문제해결의 맥락과 연결되어 있지 않다. 이것은 학생들이 교실에서 배운 것을 실제 문제 상황에 적용하는 것을 어렵게 만들며, 또한 학생들은 종종 왜 학교에서 배우는 지식이 어떻게 가치가 있는지에 대한 의문 없이 강의내용상의 사실, 개념 그리고 원리를 기억하기를 강요받는다.

물론 주어진 지식을 암기하여 기억에 저장하는 것과 같은 학습 또한 중요한 학습의 한 형태이다. 그러나 지식이 폭주하는 현 시대에서 더욱 중요하며 우리의 교육에서 더 강조해야 할 부분은 학습자가 실제로 문제를 발견할 수 있도록 하고, 복잡하고 역동적인 문제구조와 문제해결활동에 관해 창조적으로 생각하도록 하고, 문제해결에 적합한 정보를 조직화하고, 그리고, 일련의 의사결정 활동이 실제문제해결로 이어지도록 해야 한다는 것이다. 즉, 이제는 지식전달을 지양하고 지식창출이라는 새로운 화두에 부응할 수 있도록 교수학습활동상의 무엇이 어떻게 혁신되어야 할 것인가에 대하여 고민해야만 한다.

'생각하는 수학' 시리즈 18권 중의 하나로 이 책이 만들어 지게 되었다. '생각하는 수학' 시리즈는 Mathematica, 엑셀, GSP, Flash, 종이접기, 문제일반화, 통계, 발문, PBL, 퍼즐, 기하 다시보기 등의 다양한 주제를 다루면서, 교사가 학생들에게 호기심을 유발시키고, 교사와 학생 모두가 하고 싶어 하는 수학을 만드는데 도움을 주는 교수학습 자료제공에 목적을 두고 있으며, 특히 이 시리즈들은 수학교실에서 학생과 교사가 하나 되어 체험을 통해 좀 더 즐거워하며 수학을 하고, 나아가 구체물을 통해 수학을 보고, 느끼고, 만져봄으로써 교실 수업을 살아 있게 만들기 위해 개발되었다.

이 책은 중등 수학 교과 내용을 구체물 조작과 체험 및 실습을 통한 수학 만들기로 이해하게 하며 새로운 교수 학습 자료로 활용할 수 있도록 하는데 중점을 두었으며,

제1장은 Haga의 기본 정리들을 통해 종이 접기를 수리 과학으로 이해하고,

제2장은 예제 다루기를 통해 중등 수학교과의 문제들을 종이접기로 풀어보며,

제3장은 교수 학습 자료를 통해 수업에 적용한 사례와 학교수학에서 활용 가능한 논문을 소개하는 것으로 구성하였다.

제3판에서는 제1, 2판의 내용을 수정 · 보완하였으며, 구체적으로는 종이접기로 해결해 볼 수 있는 교과 내 또는 입시 출제 문제 등을 풍부하게 보충 · 수록하였다. 특히 독자들이 문제를 해결하는데 도움이 되도록 문제마다 풀이를 넣었다. 나아가 문제를 해결해 보고 난 후 답이 없는 유사하거나 또는 심화된 문제를 독자 스스로 해결해 보도록 하기 위해 탐구문제를 만들었다. 교육환경의 변화에 따른 교육공학을 도입한 수학교육의 필요성에 맞추어, 필요한 경우에는 종이접기로 해결하는 문제풀이과정을 GSP로 작도해 볼 수 있도록 GSP작도법 설명을 넣어, 평면도형을 시각적으로 이해하는 데 GSP를 활용할 수 있도록 배려하였다.

우리의 생활주변에서 너무나 자주 접하는 지극히 간단한 평면도형도 막상 내 손으로 다루려하면 뜻대로 잘 되지 않는 이유는, 최근 중학교나 고등학교 수학에서 기하를 너무 이론적으로 가르치는 경향도 있겠지만, 보다 체계적으로 내 스스로 접근해본 경험의 부족에서 오는 것이 아닐까라고 생각해본다. 이와 같은 의미에서 이 책이 어렵다고 여기는 기하를 좀 더 쉽게 이해하게 하는 독자들의 길잡이가 되길 바라며, 부족하고 미흡한 내용들은 계속 수정 · 보완할 생각이므로 여러분들의 많은 조언을 부탁드린다.

끝으로 이 책이 나오기까지 애쓰신 분들, 좋은 의견을 주신 분들과 출판을 맡아주신 경문사 임직원들께 진심으로 감사를 전한다.

2015년 10월

저자 씀

차례

Chapter 01 Haga의 기본정리들

Chapter 02 예제다루기

Chapter 03 교수학습자료

Chapter 01

Haga의 기본정리들

일본의 전통적인 놀이인 '折り紙(origami)' 는 지난 20여년간 영어단어 'origami' 가 만들어져 불리고 있는 사실에서 알 수 있듯이 세계적인 관심거리가 되었으며, 이는 단순한 놀이를 넘어서 예술 또는 과학의 한 분야로 인식될 정도로 예술가, 수학자, 과학자 및 수학교육 관계자의 관심의 대상이 되고 있다. 특히 1994년에 개최된 '제2회 origami의 과학국제회의' 부터는 작품 만들기를 목적으로 하지 않고 종이를 접었을 때 생기는 절선(折線)이나 절선의 교점, 또한 이들로 이루어지는 도형 등의 수리를 연구하는 과학이라는 의미의 'Origamics' 가 Haga Kasuo(하가 카스오, 芳賀和夫, はがかずお, 일본 Tsukuba 대학 명예교수)에 의해 제안되었으며, 그와 같은 생각은 수학 · 과학교육에 활용될 가치가 있는 것으로 평가되고 있다.

1.1 임의의 모선에 대한 선 · 변접기 교점의 성질

1.1.1 용어 소개

① 정사각형 종이를 아래의 [그림 1-1](그림 A ~ 그림 G)처럼 임의의 위치에서 접는다. 이때 이 절선(접었을 때 생긴 선)을 **모선**이라 한다.

② 다음으로 모선에 정사각형의 한 변을 포개어서 종이를 접는다. 이와 같이 '선' 에 '변' 을 포개어서 종이를 접는 것을 **'선 · 변접기'** 라고 한다. 1회 종이를 접었으면 일단 펼친 다음에 다른 변이 모선에 포개어지도록 접는다. [그림 1-1]의 경우는 정사각형의 네 변 중에서 두 변(윗변과 오른쪽

변)이 모선의 끝에서 양분되므로 결국 정사각형의 네 변은

$$2+2\times2=6$$

개의 변의 부분으로 볼 수 있으므로 6개의 절선이 생긴다. 단, 모선의 끝이 정사각형의 꼭짓점과 일치하는 경우에는 5개 또는 4개의 절선이 생긴다.

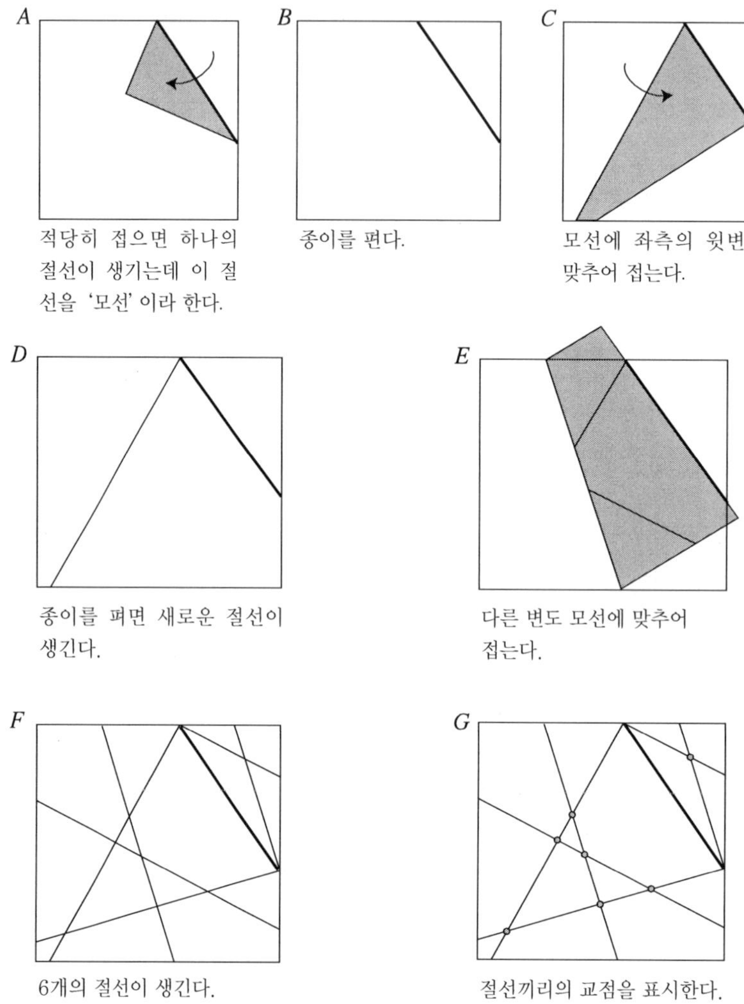

그림 1-1

③ 6개의 절선이 서로 만나는 교점의 수는 모선의 위치에 따라 변하겠지만, 일반적으로 2개에서 7개까지 변함을 알 수 있다([그림 1-3], [그림 1-4], [그림 1-11] 참조). 보통은 6개 또는 7개이다. 이때 [그림 1-1]에서 볼 수 있듯이 이들 교점의 위치관계에 대해서 무언가 예상되는 사실을 탐구해보기로 하자.

④ 새로이 정사각형 종이를 준비하여 이번에는 재현성이 있는 종이접기 방법으로 무엇이 있는지를 생각해 보자. 그 방법은 대변에 평행하게 이동시켜서 서로 포개어지도록 접는 방법(**book fold**라 함)과 반대편에 있는(멀리 있는) 꼭짓점을 포개어지도록 접는 방법(**triangle fold** 또는 **diagonal fold**라 함) 뿐임을 알 수 있다. 이와 같은 경우에 생기는 절선은 [그림 1-2]에서 보인 네 가지뿐이며, 이것을 **일차절선**[1](primary crease 또는 preliminary crease라 함)이라 한다.

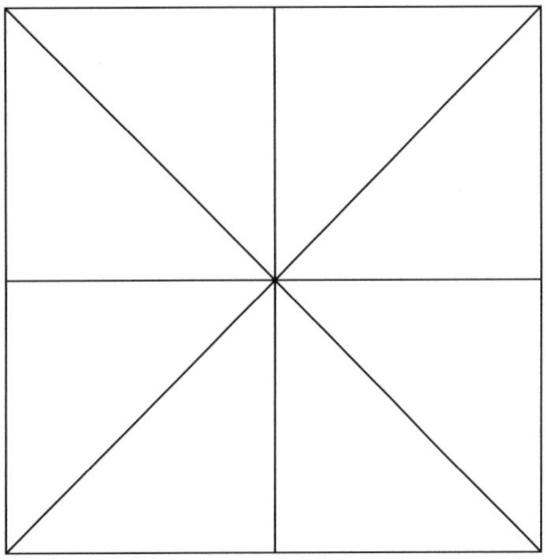

그림 1-2 일차절선

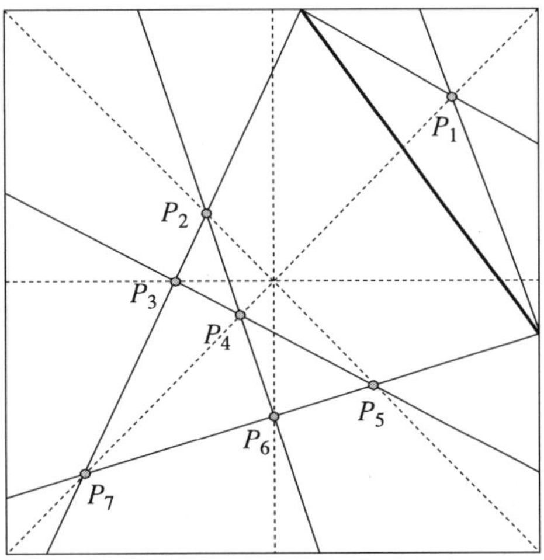

그림 1-3

1) 절선을 중심으로 두 도형이 완전히 겹쳐지게 될 때 이 절선을 **일차절선**이라고 함

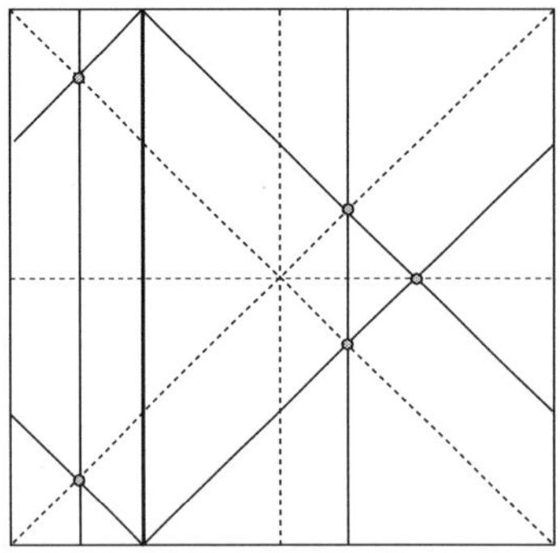
모선이 상하변인 경우

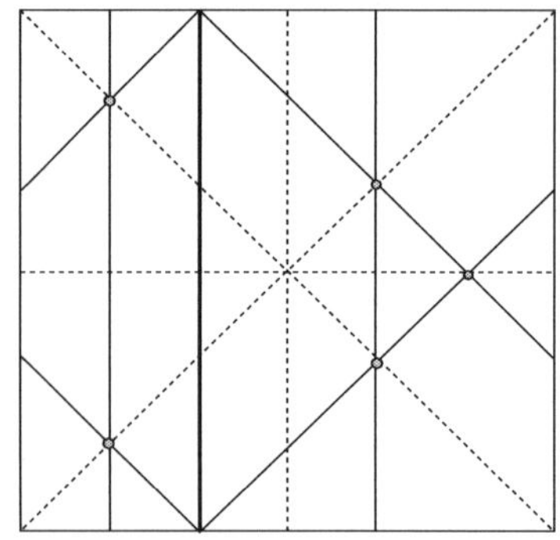
모선이 상하변인 경우

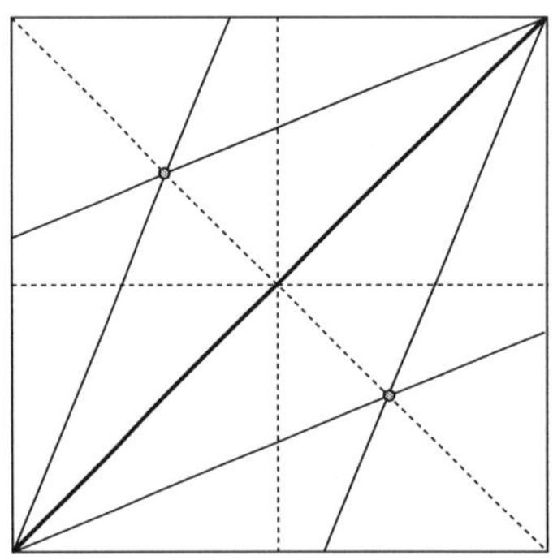
모선이 대각선인 경우

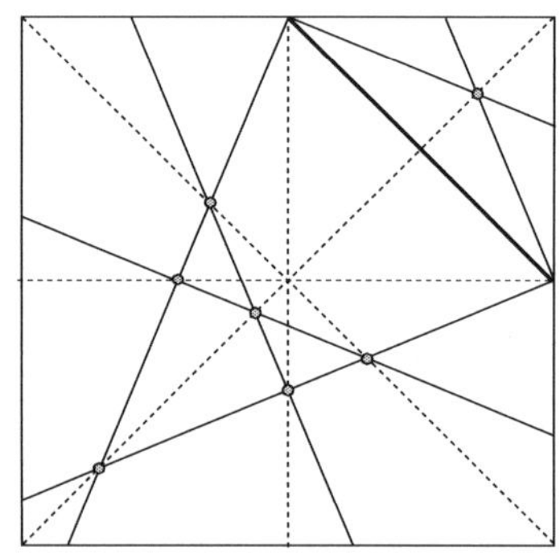
모선이 이웃하는 두변의 중점을 지나는 경우

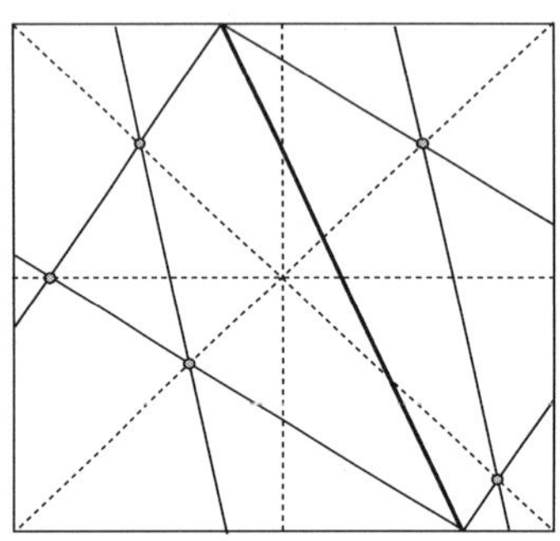
모선이 상하변의 중점을 중심으로 반대로 걸친 경우

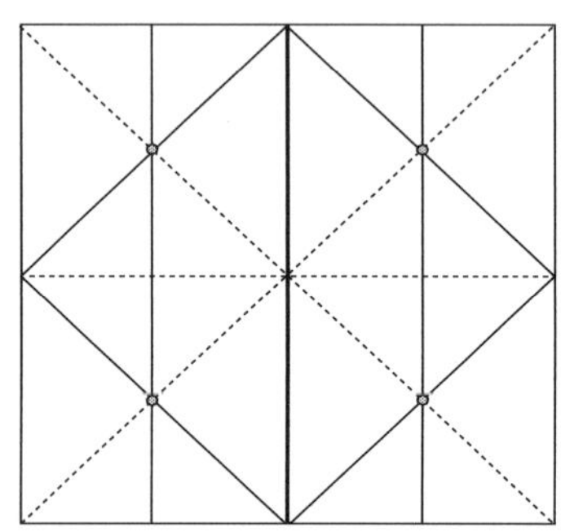
모선이 상하변의 중점을 지나는 경우

그림 1-4

1.1.2 놀라운 사실

[그림 1-1]의 G와 [그림 1-2]를 포개어 보면 7개의 교점이 모두 일차절선 상에 놓여있는 것처럼 보인다([그림 1-3] 참조). 물론 이 이외의 다른 경우

에도 ([그림 1–4] 참조) 이와 같은 예상을 할 수 있다. 그러나 놀랍게도 이것은 사실이다. 다시 말해서

> 임의로 모선을 잡아 선 · 변접기를 하였을 때 생기는 절선의 교점은 모두 일차절선 위에 놓여 있다.

이제부터 위의 명제가 참임을 보이기로 한다.

1.1.3 교점이 일차절선 위에 놓이는 이유

① 점 P_1은 [그림 1–5]에서 보인 것과 같이 $\triangle ABC$의 내심이므로 $\angle B$의 이등분선 위에 놓여 있음을 쉽게 알 수 있으며, 이때 $\angle B$의 이등분선은 일차절선이다.

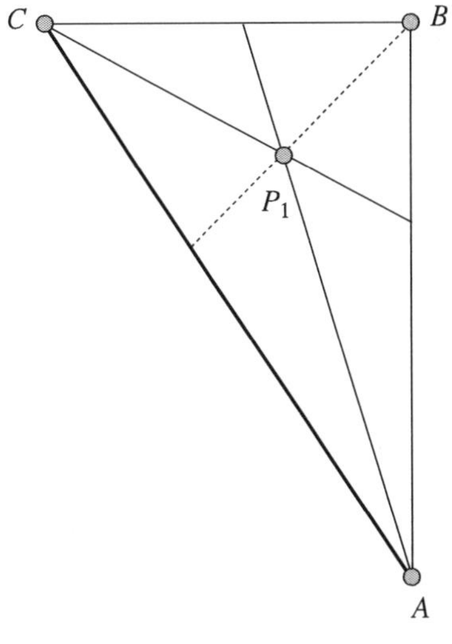

그림 1–5

② 점 P_4도 P_1과 마찬가지로 [그림 1–6]에서 나타낸 $\triangle EFG$의 내심이므로 일차절선 위에 놓여있다.

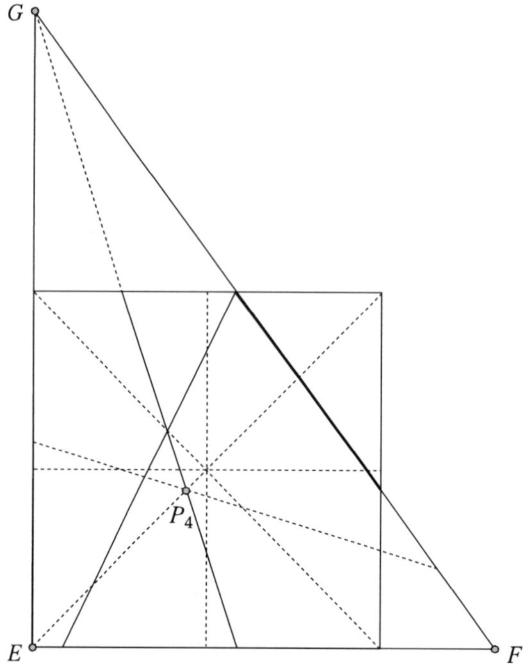

그림 1-6

③ [그림 1-7]에서 $\triangle GHA$는 이등변삼각형이며, 점 P_6은 밑변 HA의 중점이다. 따라서 점 P_6은 일차절선 위에 놓여 있다.

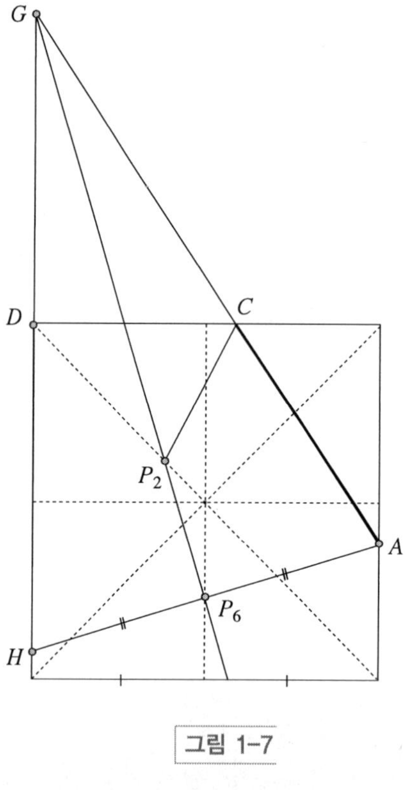

그림 1-7

④ [그림 1-8]에 나타나 있는 $\triangle FCL$은 이등변삼각형이며, 점 P_3은 밑변 CL의 중점이다. 따라서 점 P_3은 일차절선 위에 놓여 있다.

⑤ 점 P_2는 [그림 1-7]에 나타나 있는 $\triangle GDC$의 방심이다. 따라서 점 P_2도 일차절선 위에 놓여 있다.

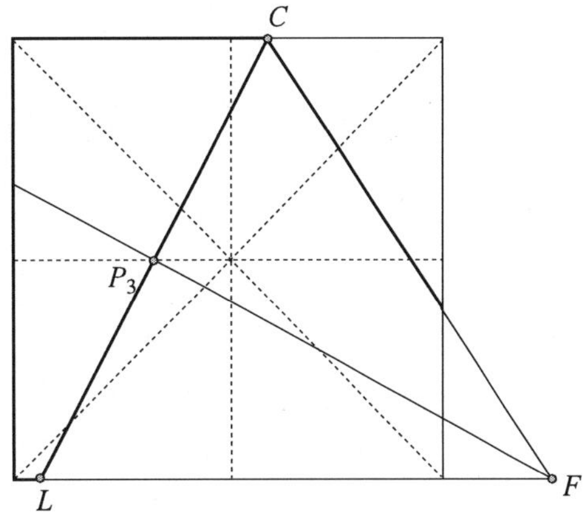

그림 1-8

⑥ 점 P_5는 [그림 1-9]에 나타나 있는 $\triangle FJK$의 방심이다. 따라서 점 P_5는 일차절선 위에 놓여 있다.

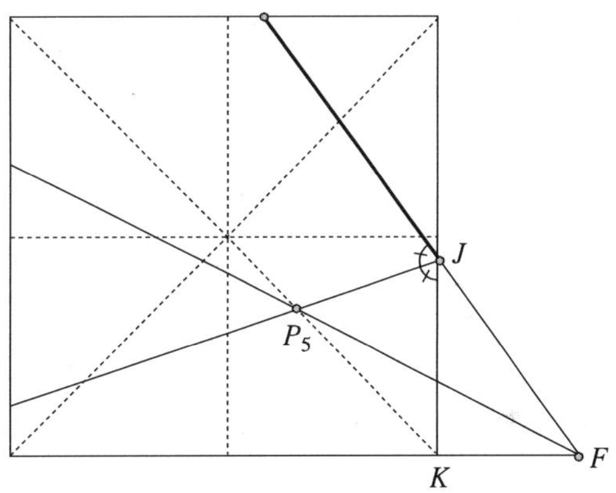

그림 1-9

⑦ 점 P_7은 [그림 1-10]에 나타나 있는 $\triangle ABC$의 방심이다. 따라서 점 P_7은 일차절선 위에 놓여 있다.

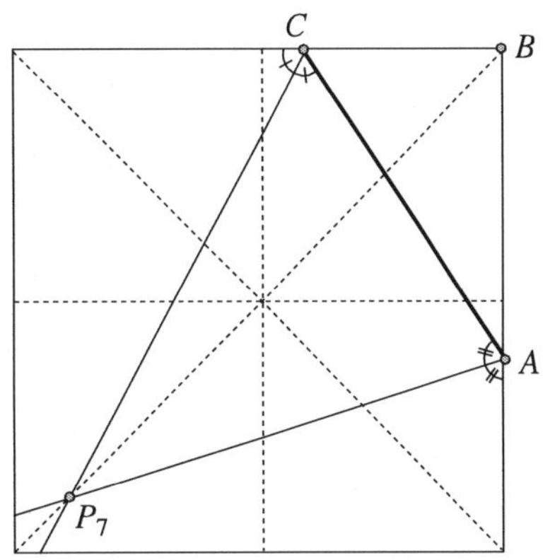

그림 1-10

1.1.4 연장선 위의 교점에서 일어나는 놀라운 사실

모선의 위치나 길이에 따라 절선의 교점의 수는 2에서 7까지 변함을 알았다. 실제로 [그림 1-3]의 경우에 모선을 조금 길게 잡으면 교점의 수는 6개로 바뀌며, 물론 모두 일차절선 위에 놓여 있다([그림 1-11] 참조). 그렇다면 왜 줄어들까? 그 이유는 [그림 1-11]에서 보인 것처럼 교점 P_7이 정사각형 종이 밖으로 빠져 나가기 때문이다.

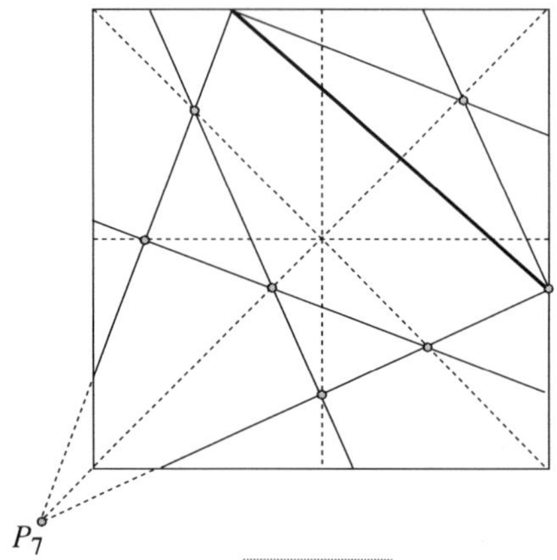

그림 1-11

물론 이 경우에 점 P_7은 [그림 1-11]에서 보인 것처럼 일차절선의 연장선 위에 놓여 있음을 알 수 있다.

이와는 다른 절선도 같은 방법으로 연장하여 보면 [그림 1-12]에서처럼 네

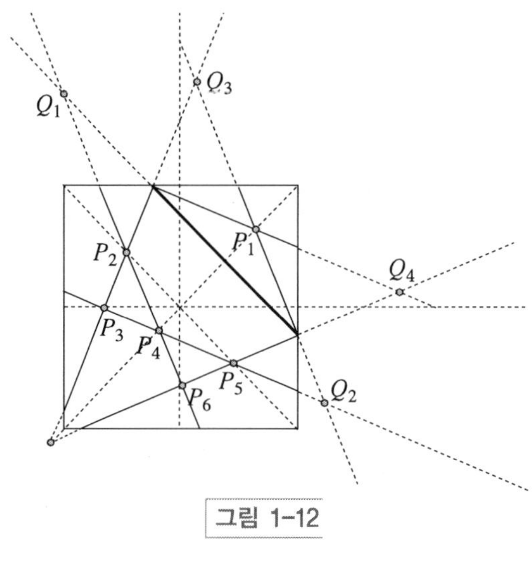

그림 1-12

개의 교점 Q_1, Q_2, Q_3, Q_4가 생기지만, 이들은 점 P_7과는 달리 일차절선의 연장선 위에 놓여 있지 않음을 알 수 있다.

그러나 [그림 1-13]에서처럼 정사각형 종이의 위, 아래 또는 옆에 필요에 따라 적절히 (일차절선만 표기된 정사각종이의) 복사판을 연결하여 보면 위의 네 점은 모두 이들의 일차절선 위에 놓여 있음을 알 수 있다.

[그림 1-13]의 왼쪽 변 아래부분은 점 P_7도 이와 같은 맥락에서 다룰 수 있음을 말하고 있다. 지금부터 위의 사실이 참임을 보이기로 한다.

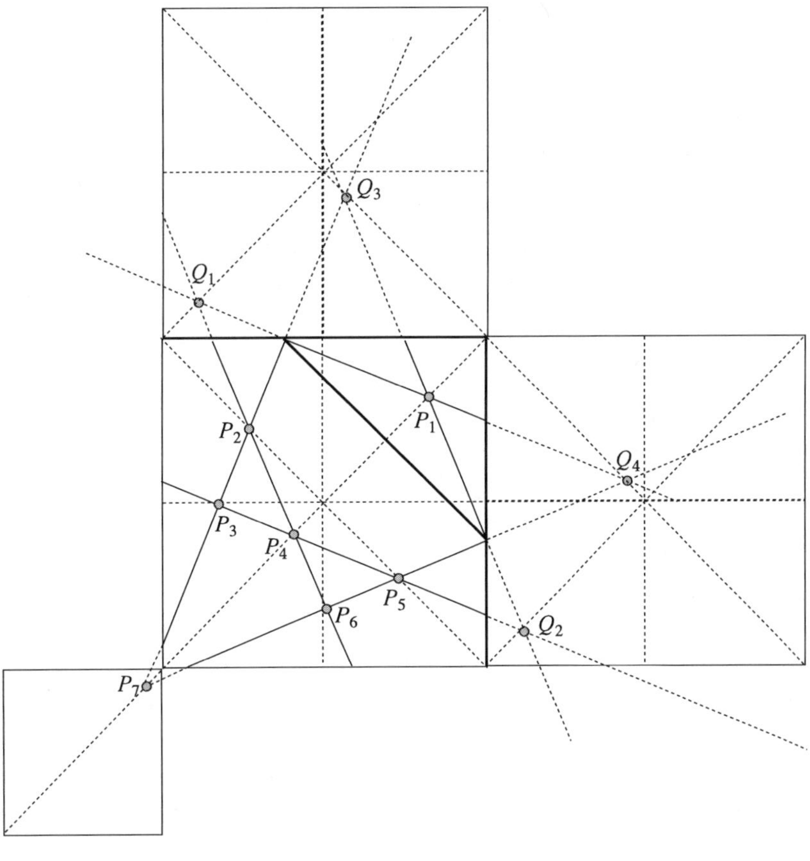

그림 1-13

1.1.5 연장교점의 놀라운 사실

[그림 1-14]에서 점 Q_1, Q_2는 각각 $\triangle GAE$, $\triangle FCH$의 내심이다. 따라서 일차절선 위에 놓여 있음을 쉽게 알 수 있다.

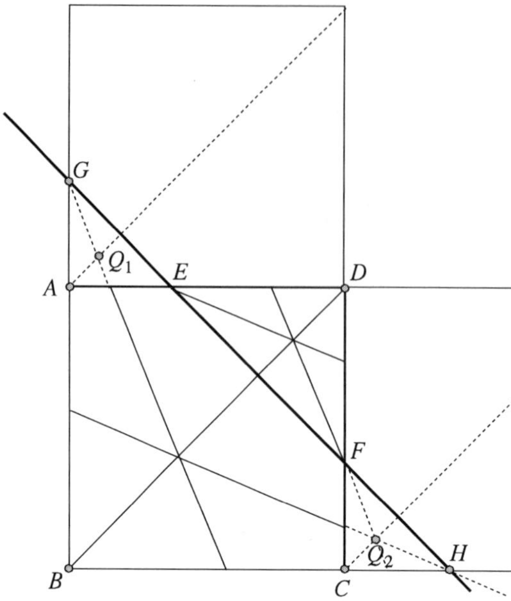

그림 1-14

점 Q_3, Q_4는 [그림 1-15]에서 알 수 있듯이 모두 $\triangle EFD$의 방심이다. 그러므로 일차절선 위에 놓여 있음을 쉽게 알 수 있다.

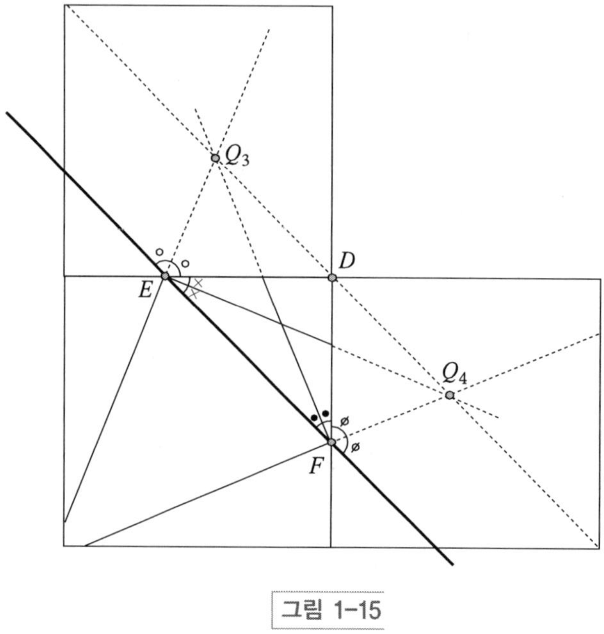

그림 1-15

정사각형 종이의 윗변의 중점을 종이접기로 어떻게 택할 수 있는지는 그리 어려운 문제가 아니라고 생각된다. 문제는 이와 같은 중점을 택함으로써 종이를 접는 방법이 네가지 늘어나게 되는데 각각의 경우에 일어나는 절선 또는 교점에서 생기는 수학적 사실과 내용들이 너무도 놀랍다는 것이다.

이 놀라운 사실이 Haga 교수에 의해 소개됨으로써 'Origamics' 라는 새로운 용어가 생겨났으며, 이를 바탕으로 한 여러 가지 재미있는 교재연구 및 교수 · 학습 방법이 속속 발표되고 있다.

지금부터 'Origamics' 라는 신용어의 산실인 'Haga의 제1, 제2, 제3정리' 와 그 아름다움을 차례로 소개하고자 한다.

1.2 Haga의 제1정리

[그림 1-16]에서처럼 정사각형 종이 윗변의 중점을 알고 싶을 때 제일 먼저 생각나는 종이접기 방법은 왼쪽의 것이다. 이 경우는 지극히 단순하지만 오른쪽의 종이접기는 그렇게 단순하지 않음을 알게 될 것이다. 왜 그런지 이에 대해 알아보자.

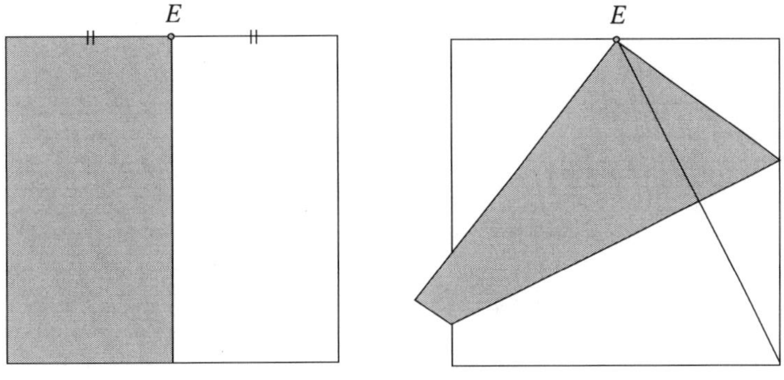

그림 1-16

※ 음영이 나타난 부분은 종이를 접었을 때 뒷면 또는 접었다 편 면을 의미함

1.2.1 정사각형의 한 변을 삼등분

먼저, [그림 1-17]에서처럼 정사각형의 한 변의 길이를 1로 하여 $\triangle AEF$의 각 변의 길이를 구해보기로 하자.

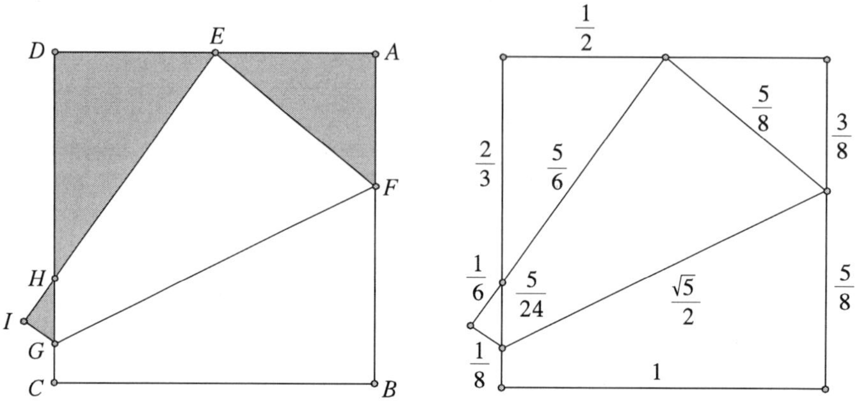

그림 1-17

이제 $\overline{AF}=a$라 하면

$$\overline{AE}=\frac{1}{2},\ \overline{EF}=1-a.$$

$\triangle AEF$는 직각삼각형이므로 피타고라스(Pythagoras)의 정리로부터

$$(1-a)^2=a^2+\left(\frac{1}{2}\right)^2.$$

$$\therefore\ a=\frac{3}{8}$$

$$\therefore\ \overline{EF}=\frac{5}{8}$$

따라서 $\triangle AEF$의 세 변의 길이의 비는

$$\overline{AF}:\overline{AE}:\overline{EF}=3:4:5$$

이며, 이 삼각형이 수천 년 전에 나일(Nile)강 하류의 토지측량을 위해 사용했다는 '이집트(Egypt)삼각형' 임을 말하고 있다. 이집트삼각형을 자와 컴퍼스만으로 작도하기 위해서는 제법 시간이 걸리는 것으로 알려져 있지만, 종이접기 방법을 이용하면 이렇게 단 한 번의 시행으로 얻을 수 있다.

다음으로 $\triangle DEH$를 살펴보기로 한다. [그림 1-17]에서 쉽게 알 수 있듯이

$$\triangle DEH \backsim \triangle AFE$$

이므로

$$\overline{AF} : \overline{AE} = \overline{DE} : \overline{DH}, \text{ 즉 } \frac{3}{8} : \frac{1}{2} = \frac{1}{2} : \overline{DH}$$

$$\therefore \overline{DH} = \frac{2}{3}$$

이것은 놀라운 사실로 점 H가 변 DC를 삼등분함을 말하고 있다. 이 사실을 **Haga의 제1정리**라 부른다.

끝으로 $\triangle DEH$의 빗변 EH의 길이를 구해보면

$$\overline{AF} : \overline{EF} = \overline{DE} : \overline{EH}, \text{ 즉 } 3 : 5 = \frac{1}{2} : \overline{EH}$$

로부터 $\overline{EH} = \frac{5}{6}$임을 알 수 있다. 이 역시 놀라운 사실로 정사각형의 한 변(아랫변 BC)이 점 H에서 5:1로 내분됨을 알 수 있다. 다시 말해서 6등분점을 단 한 번의 종이접기로 쉽게 구할 수 있음을 알 수 있다.

이상의 사실을 종합하면, 정사각형의 윗변의 중점에 오른쪽 아래의 꼭짓점이 포개어지도록 접는다는 지극히 단순한 시행으로 정사각형의 각 변이 아래와 같은 일정 비율로 각각 분할되어 있음을 알 수 있다.

① 오른쪽 변은 점 F에서 3:5,

② 왼쪽 변은 점 H에서 2:1,

③ 왼쪽 변은 점 G에서 7:1,

④ 아랫변은 점 H에서 1:5.

1.2.2 일반화의 가능성

윗변에 임의로 한 점을 정해서 [그림 1-18]에서처럼 아랫변의 오른쪽 꼭짓점이 포개어지도록 접었을 때 각 변의 길이를 아래의 오른쪽과 같이 두고 그 값을 구해 보기로 하자.

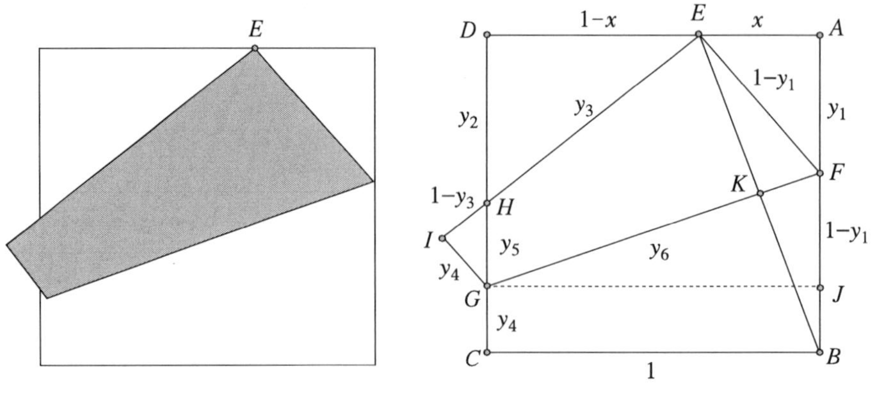

그림 1-18

실제로 [그림 1-18]에서처럼 $\overline{AE}=x$로 두면 나머지 선분의 길이 $y_1 \sim y_6$은 모두 x의 함수로 나타내어짐을 다음과 같이 알 수 있다.

(y_1) $\triangle AEF$가 직각삼각형이므로

$$x^2+y_1^2=(1-y_1)^2$$

$$\therefore\ y_1=\frac{1-x^2}{2}=\frac{(1+x)(1-x)}{2}$$

(y_2) $\triangle DEH \backsim \triangle AEF$이므로

$$y_1:(1-x)=x:y_2$$

$$\therefore\ y_2=\frac{2x}{1+x}$$

(y_3) $\triangle DEH \backsim \triangle AEF$이므로

$$x:(1-y_1)=y_2:y_3$$

$$\therefore\ y_3=\frac{1+x^2}{1+x}$$

(y_4) $\overline{FG}\perp\overline{EB}$이므로 $\triangle BKF \backsim \triangle BAE$. 따라서 $\angle AEB=\angle KFB$이므로

$$\triangle ABE \equiv \triangle JGF$$

$$\overline{FJ}=x$$

$$\therefore\ y_4=\overline{JB}=1-(y_1+x)=\frac{(1-x)^2}{2}$$

(y_5) $\triangle HIG$가 직각삼각형이므로

$$\begin{aligned} y_5 &= \sqrt{(1-y_3)^2 + y_4^2} \\ &= \sqrt{\frac{(1-x)^2(x^2+1)^2}{4(1+x)^2}} \\ &= \frac{(1-x)(1+x^2)}{2(1+x)} \end{aligned}$$

(y_6) $\triangle JGF$에서 $y_6^2 = \overline{FJ}^2 + \overline{GJ}^2 = x^2 + 1$이므로

$$y_6 = \sqrt{x^2+1}.$$

위와 같은 일반식만으로는 종이접기에서 어떤 의미를 찾기가 쉽지 않다. 그러나 한 변의 중점을 택한 [그림 1-17]의 경우처럼 $x=\frac{1}{2}$로 본다면 그 반을 접음으로써, 즉 $x=\frac{1}{4}$을 생각할 수 있으며, 아울러 $x=\frac{3}{4}$도 생각할 수 있다([그림 1-19] 참조).

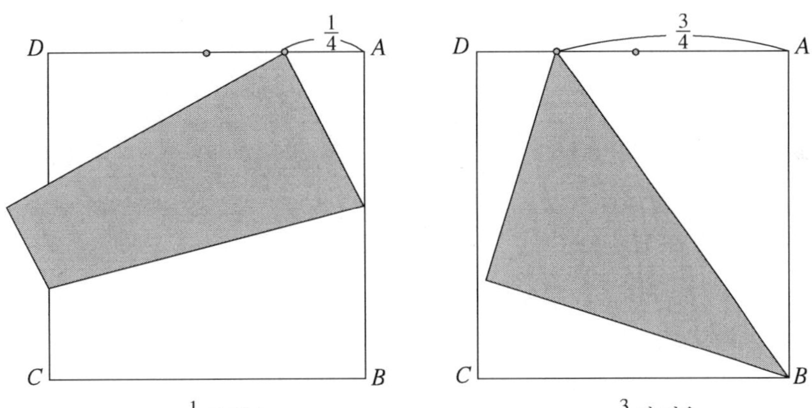

$x=\frac{1}{4}$인 경우 　　　 $x=\frac{3}{4}$인 경우

그림 1-19

종이접기에서의 일반식의 의미를 보다 효율적으로 찾기 위하여 먼저 x의 값을 $\frac{1}{2}$, $\frac{1}{4}$, $\frac{3}{4}$으로 각각 택했을 때의 y_1에서 y_4의 값을 분수로 나타내어 보면 아래의 <표 1>과 같다. 정사각형의 한 변을 분할하는 데 주안점을 두었기 때문에 접는 도중에 생기는 길이 y_5 또는 절선의 길이 y_6은 생략한 것이다.

<표 1>에 나와 있는 분수 중에서 분모가 한 자리의 숫자인 것만 찾아보면

$$2, 3, 4, 5, 6, 7, 8$$

이 있는데 이 숫자의 의미를 생각해보면 놀라운 사실을 알 수 있다. 예를 들어 $\frac{6}{7}$을 반으로 접으면 $\frac{3}{7}$이 얻어지며, 아울러 한 변의 남은 부분은 $\frac{4}{7}$가 된다.

x	$\frac{1}{2}$	$\frac{1}{4}$	$\frac{3}{4}$
$y_1 \cdots 1-y_1$	$\frac{3}{8} \cdots \frac{5}{8}$	$\frac{15}{32} \cdots \frac{17}{32}$	$\frac{7}{32} \cdots \frac{25}{32}$
$y_2 \cdots 1-y_2$	$\frac{2}{3} \cdots \frac{1}{3}$	$\frac{2}{5} \cdots \frac{3}{5}$	$\frac{6}{7} \cdots \frac{1}{7}$
$y_3 \cdots 1-y_3$	$\frac{5}{6} \cdots \frac{1}{6}$	$\frac{17}{20} \cdots \frac{3}{20}$	$\frac{25}{28} \cdots \frac{3}{28}$
$y_4 \cdots 1-y_4$	$\frac{1}{8} \cdots \frac{7}{8}$	$\frac{9}{32} \cdots \frac{23}{32}$	$\frac{1}{32} \cdots \frac{31}{32}$

표 1 기호는 [그림 1-18] 참조

따라서 이와 같은 지극히 단순한 조작을 통해서 위 <표 1>에 나타난 숫자들을 분모로 하는 분수들의 분자가 정수인 것은 모두 얻을 수 있다는 사실이다.

Q 문제 1 분모가 9인 경우는 어떻게 할 것인가?

힌트 $\frac{1}{3} \times \frac{1}{3} = \frac{1}{9}$

Q 문제 2 Haga의 제1정리를 응용한 〈표 1〉을 사용하여 주어진 정사각형 한 변의 오등분점을 찾아보자.

힌트 $x = \frac{1}{4}$인 경우 $y_2 = \frac{2}{5}$ $\quad \therefore 1 - y_2 = \frac{3}{5}$

1.3 Haga의 제2정리

It's fun

정사각형종이의 윗변의 중점을 택함으로써 종이를 접는 방법이 네가지 늘어나게 되는데 그 중에서 세 번째의 것([그림 1-20] 참조)에 대한 절선 또는 교점에 관한 정리가 **Haga의 제2정리**이다.

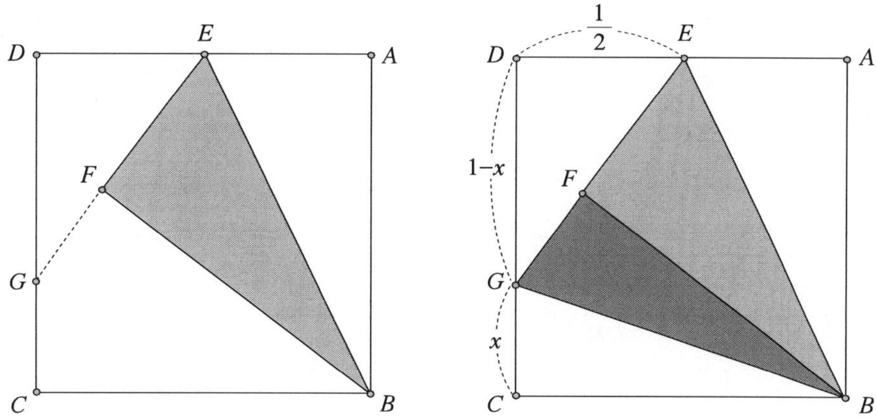

그림 1-20

[그림 1-20]에서 보인 것처럼 세 번째 접는 방법이란 윗변의 중점과 아랫변의 오른쪽 꼭짓점을 연결한 선을 접는 선으로 종이를 접는 것이다. 이때 [그림 1-20]에서도 알 수 있듯이 정사각형의 한 변의 길이를 1로 했을 때, 피타고라스의 정리에 의해 $\overline{EB} = \frac{\sqrt{5}}{2}$ 이므로 $\overline{EB}$는 황금분할 또는 내접 최대 정오각형을 만드는 데 쓰인다.

Haga의 제2정리란 $\overline{EF}$의 연장선이 $\overline{DC}$와 만나는 점을 G라 하면

$$\overline{GC} = \frac{1}{3}\overline{DC}$$

즉, 점 G는 $\overline{DC}$를 삼등분한다는 사실이다. Haga의 제1정리처럼 정사각형의 한 변을 삼등분하는 점을 종이접기라는 지극히 단순한, 또 다른 방법으로 찾을 수 있다는 것이다.

위의 사실에 대한 증명은 여러 가지 소개되고 있지만, 그 중에서 비교적 간단한 방법으로 알려진 것을 소개한다. [그림 1-20]의 오른쪽 도형에서

$$2\triangle EFB + 2\triangle FGB + \triangle DGF = 1.$$

한편

$$\triangle EFB = \frac{1}{4},\quad \triangle FGB = \frac{x}{2},\quad \triangle DGE = \frac{1-x}{4}.$$

$$\therefore x = \frac{1}{3}$$

Haga의 제2정리에서도 최초의 윗변의 기준점을 중점으로 하지 않고 제1정리에서와 같이 보다 일반화함으로써 5분의 n, 7분의 n 등과 같이 홀수 분할점을 만들 수 있음이 알려져 있다[2].

1.3.1 점 F의 위치에 관한 놀라운 사실

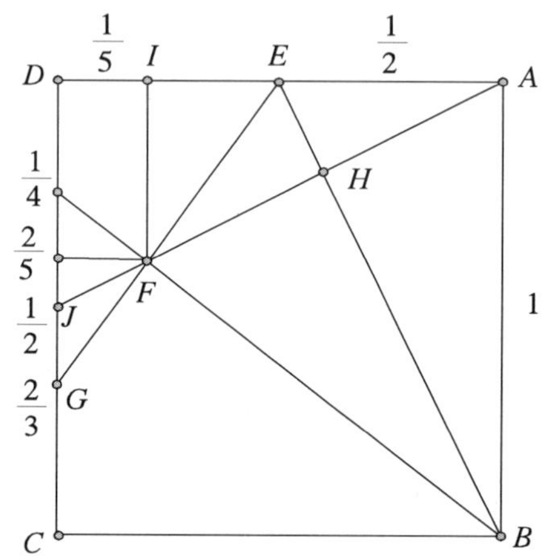

그림 1-21

[그림 1-21]에서처럼 $\overline{AF}$의 연장선이 $\overline{DC}$와 만나는 점을 J, 점 F에서 $\overline{DA}$에 내린 수선의 발을 I라 하면

$$\triangle ABE \backsim \triangle AHE \backsim \triangle AIE$$

가 성립한다. $\triangle ABE \backsim \triangle AHE$로부터

$$\overline{AH} = \frac{1}{\sqrt{5}}.$$

따라서 $\overline{AF} = 2\overline{AH} = \frac{2}{\sqrt{5}}$.

한편 $\triangle ABE \backsim \triangle AIF$이므로

$$\overline{AB} : \overline{BE} = \overline{AI} : \overline{AF},\ \text{즉}\ 1 : \frac{\sqrt{5}}{2} = \overline{AI} : \frac{2}{\sqrt{5}}.$$

$$\therefore\ \overline{AI} = \frac{4}{5}$$

2) Haga Kasuo, 수학세미나(數學せみな), 23–12(1984) 참조

그런데 $\overline{AI} : \overline{FI} = 2 : 1$이므로 $\overline{FI} = \frac{2}{5}$이다.
그러므로 점 F의 위치는 윗변으로부터 $\frac{2}{5}$, 왼쪽 변으로부터 $\frac{1}{5}$ 위치에 있음을 알 수 있다.

위의 사실은 윗변의 중점을 기준점으로 종이를 한 번 접음으로써 단순한 종이접기에서는 얻기 힘든 홀수 분할 점을 쉽게 얻을 수 있음을 말하고 있다.

1.4 Haga의 제1, 제2정리를 $1:\sqrt{2}$인 직사각형 용지에 응용

1.4.1 복사용지를 접었을 때의 수리탐구(1)

탐구 문제 1 종이접기를 활용하여 가로, 세로의 비가 $1:\sqrt{2}$인 직사각형 종이를 만드는 방법에 대해 토의하여라.

아래의 [그림 1-22]는 가로 : 세로의 비가 $1:\sqrt{2}$인 직사각형 종이를 윗변의 중점을 기준점으로 하여 Haga의 제1, 제2정리를 각각 시행한 것이다.

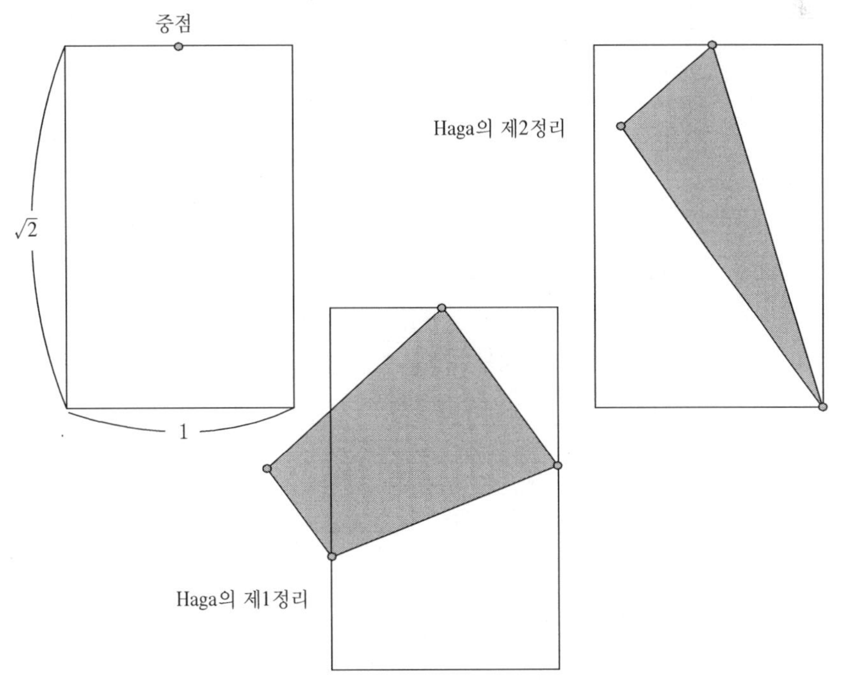

그림 1-22

정사각형의 경우와 같은 방법으로 직사각형의 각 변이 어떤 비율로 분할되는지를 알 수 있다. 그러나 여기서는 계산과정은 생략하고 그 결과만을 [그림 1-23]에 표시하였으므로, 각 계산을 확인해 보아라.

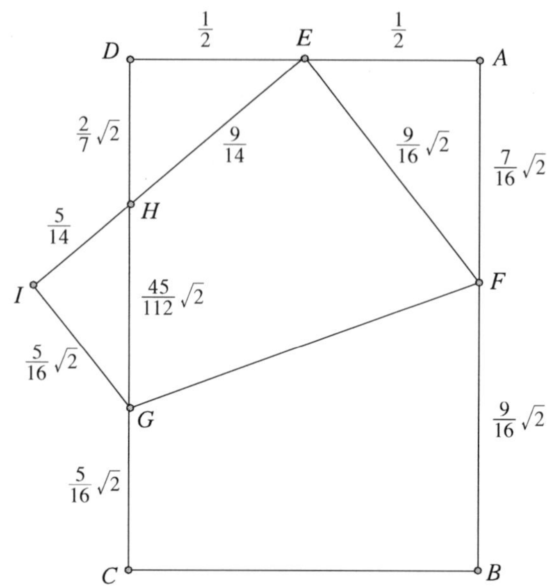

그림 1-23

탐구 문제 2 가로와 세로의 비가 $1:\sqrt{2}$인 복사용지에서 $\overline{AF}$와 $\overline{FB}$의 길이의 비를 어떻게 구할 수 있을지에 대해 토의하여라.

[그림 1-23]으로부터 알 수 있듯이 단 한번의 종이접기로 다음 사실을 알 수 있다.

① 오른쪽 변은 점 F에서 7 : 9로,

② 왼쪽 변은 점 G에서 11 : 5로,

③ 왼쪽 변은 점 H에서 2 : 5로,

④ 아랫변은 점 H에서 9 : 5로 각각 분할된다.

여기서 특히 중요시 되는 것은 뒤의 두가지 경우이다. 왜냐하면 앞의 두가지 경우는 종이를 반으로 접는 행위를 반복 시행함으로써 얻을 수 있는 2의 n제곱 분할에 지나지 않지만, 뒤의 $\frac{n}{7}$, $\frac{n}{14}$이라는 것은 그렇게 간단히 만들 수 없는 분할이기 때문이다.

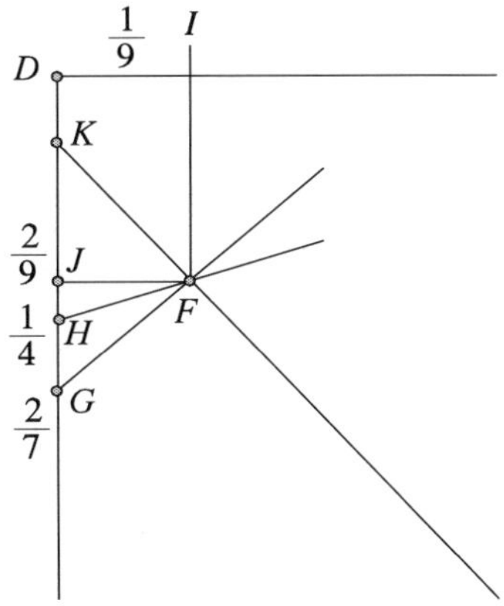

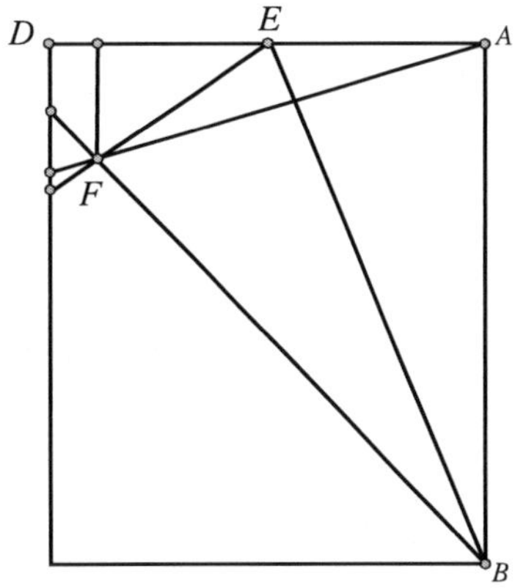

그림 1-24

이번에는 가로 : 세로의 비가 $1:\sqrt{2}$인 직사각형 종이를 윗변의 중점을 기준점으로 하여 Haga의 제2정리를 시행했을 경우의 수학적 사실과 내용에 대해 생각해 보자.

[그림 1-24]에서 알 수 있듯이

$$\overline{DI}=\frac{1}{9}\text{(짧은 변이 1 : 8로)},\ \overline{DJ}=\frac{2}{9}\text{(긴 변이 2 : 7로)}$$

$$\overline{DH}=\frac{1}{4}\text{(긴 변이 1 : 3으로)},\ \overline{DG}=\frac{2}{7}\text{(긴 변이 2 : 5로)}$$

이다. $\overline{DH}$를 제외하고는 역시 쉽게 얻을 수 없는 홀수 분할이다. 더욱이 $\triangle ABE$에서

$$\overline{AE}:\overline{BE}=1:3$$

이라는 사실도 이용도가 높을 것이라 생각한다.

탐구 문제 3 복사용지에서 $\sqrt{2}$의 삼등분 점을 찾는 방법을 생각해 보자.

1.4.2 복사용지를 접었을 때의 수리탐구(2)

[그림 1-25]는 가로 : 세로의 비가 $\sqrt{2}:1$인 직사각형 종이를 윗변의 중점을 기준점으로 하여 Haga의 제1, 제2정리를 각각 시행한 것이다.

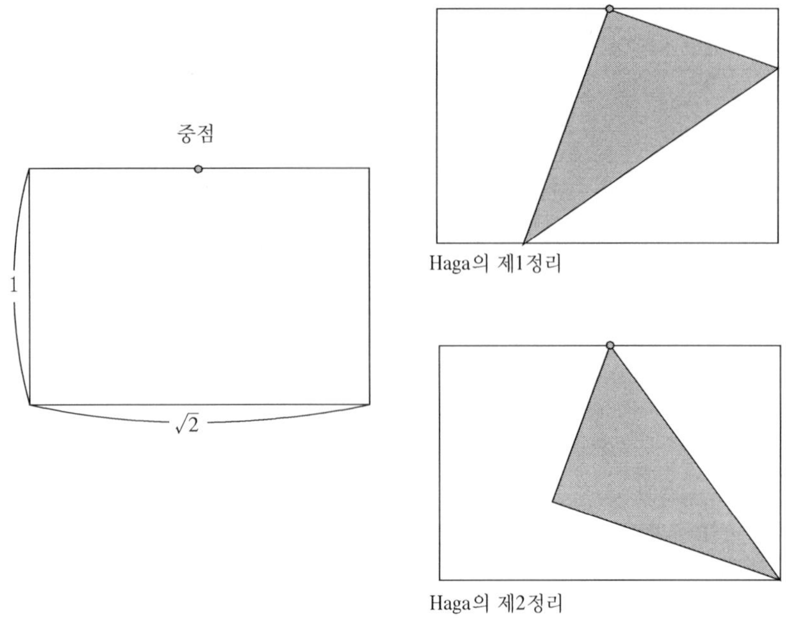

그림 1-25

먼저 Haga의 제1정리부터 생각해보면 [그림 1-26]에서 알 수 있듯이 [그림 1-23]과는 아주 다른 결과를 얻을 수 있다. 실제로 계산해보면

$$\overline{AF} = \frac{1}{4},\ \overline{CG} = \frac{\sqrt{2}}{4}$$

이다.

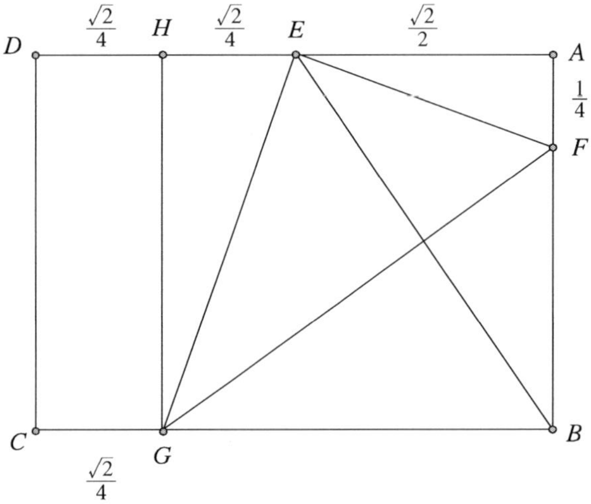

그림 1-26

한편 [그림 1-26]에서 $\overline{CD}$ 와 $\overline{GH}$ 는 평행이므로

$$\square CDHG = \frac{\sqrt{2}}{4},\quad \square ABCD = \sqrt{2}.$$

$$\therefore\ \triangle EGH = \frac{1}{2}\times\frac{\sqrt{2}}{4} = \frac{\sqrt{2}}{8},\quad \triangle AEF = \frac{\sqrt{2}}{2}\times\frac{1}{8} = \frac{\sqrt{2}}{16}$$

$$\begin{aligned}\triangle EFG &= \frac{1}{2}(\square ABCD - \square CDHG - \triangle EGH - \triangle AEF)\\ &= \frac{\sqrt{2}}{2}\left(1-\frac{1}{4}-\frac{1}{8}-\frac{1}{16}\right) = \frac{9\sqrt{2}}{32}\end{aligned}$$

이므로

$$\frac{1}{4}\square ABCD < \triangle EFG < \frac{1}{3}\square ABCD.$$

탐구 문제 4 위의 마지막 부등식이 만족되기 위해서는 □ABCD가 어떤 사각형이어야 하는지 생각해 보자.

탐구 문제 5 위의 마지막 부등식을 정사각형의 경우일 때에 생각해 보자.

다음으로 복사용지에서 Haga의 제2정리를 생각해 보기로 한다. 이 경우에도 놀라운 사실은 점 F가 짧은 변과 긴 변 각각의 삼등분점의 좌표에 위치하고 있다는 것이다([그림 1-27] 참조).

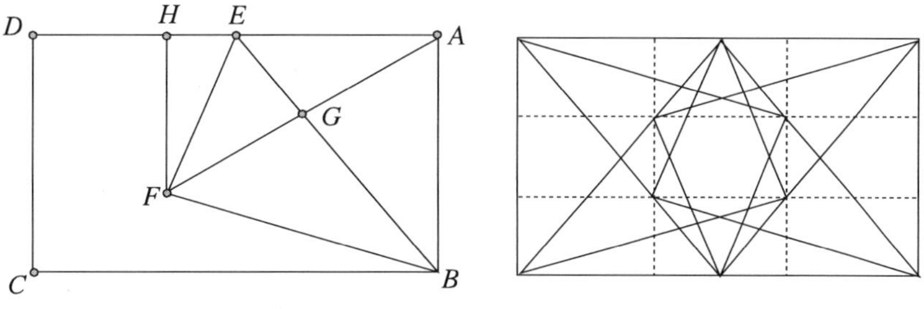

그림 1-27

실제로 가로 : 세로의 비가 $\sqrt{2}:1$인 직사각형은 반으로 나누더라도 비는 불변이므로 $\triangle ABE$의 세 변의 비는

$$\overline{AE} : \overline{AB} : \overline{EB} = 1 : \sqrt{2} : \sqrt{3}$$

이다. 한편

$$\triangle ABE \backsim \triangle AGE \backsim \triangle AHE$$

이므로

$$\overline{AG} : \frac{\sqrt{2}}{2} = \sqrt{2} : \sqrt{3}$$

$$\therefore\ \overline{AG} = \frac{1}{\sqrt{3}}$$

다음으로 $\triangle AHF$에서

$$\overline{AF} = 2\overline{AG} = \frac{2}{\sqrt{3}}$$

$$\therefore\ \overline{AH} = \frac{2\sqrt{2}}{3}$$

다시 말해서 점 F는 $\overline{AD} = \sqrt{2}$의 $\frac{2}{3}$인 위치에 있다. 또, $\overline{FH} = \frac{2}{3}$이므로 점 F는 짧은 변도 삼등분하고 있다.

1.5 Haga의 제3정리

1.5.1 Haga의 제3정리의 수리탐구

[그림 1-28]이 Haga의 제3정리에 관한 그림이다. 이 경우의 놀라운 사실은 점 H가 변 AB를 삼등분한다는 것이며, 이 사실을 **Haga의 제3정리**라 부른다. 지금부터 Haga의 제3정리의 증명을 포함하여 절선에 관한 여러 가지 수학적 사실에 대해 알아보자.

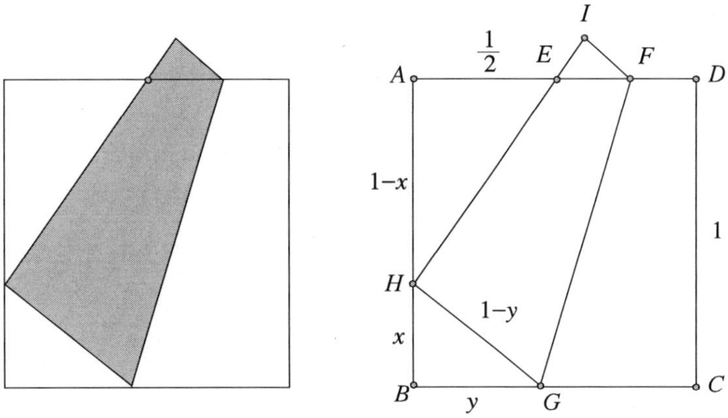

그림 1-28

먼저 정사각형의 한 변의 길이를 1이라 하고 $\overline{HB}=x$, $\overline{BG}=y$ 라 두면 $\overline{HG}=1-y$가 되므로 피타고라스의 정리로부터

$$x^2+y^2=(1-y)^2.$$

$$\therefore\ y=\frac{1-x^2}{2}$$

한편 $\triangle EAH \backsim \triangle HBG$이므로

$$\overline{AE} : \overline{AH}=\overline{HB} : \overline{BG},\ \text{즉}\ \frac{1}{2} : 1-x=x : y.$$

$$\therefore\ \frac{y}{2}=x(1-x)$$

또한 $y=\frac{1-x^2}{2}$ 이므로 $3x^2-4x+1=0$이다.

$$\therefore\ x=\frac{1}{3}\ (0<x<1\ \text{이므로})$$

다시 말해서 점 H는 왼쪽 변의 $\frac{1}{3}$인 위치에 있다.

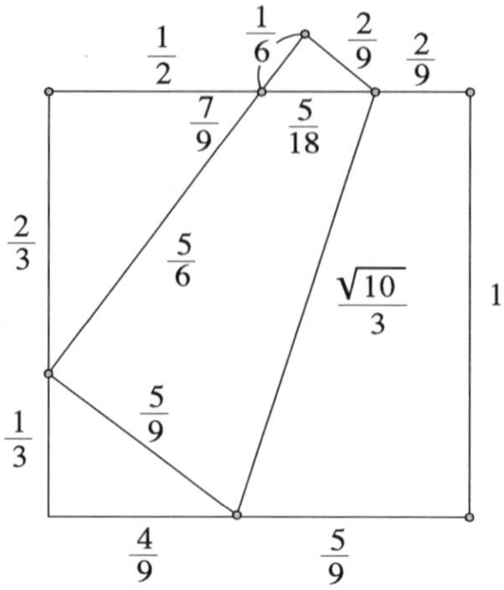

그림 1-29

이 사실 이외에도 $\triangle EAH \backsim \triangle HBG \backsim \triangle EIF$임을 이용하여, 접었을 때 생기는 여러 부분의 길이를 구해보면 [그림 1-29]와 같다. 그 중에는 $\frac{1}{3}$, $\frac{2}{3}$ 뿐만이 아니라

$$\frac{1}{6},\ \frac{5}{6},\ \frac{2}{9},\ \frac{4}{9},\ \frac{5}{9},\ \frac{7}{9}$$

등이 보인다. 이들 숫자가 갖는 의미는 이미 익히 알고 있을 것이므로 더 말하지 않기로 한다.

1.5.2 복사용지의 Haga의 제3정리에 관한 탐구

가로 : 세로의 비가 $\sqrt{2}:1$인 복사용지에서 Haga의 제3정리는 불가능하다. 아울러 가로 : 세로의 비가 $1:\sqrt{2}$인 복사용지에서 Haga의 제3정리도 놀라울 정도의 결과를 기대하기는 힘들 것 같다.

1.6 윗변의 임의의 점에 관한 X절선의 탐구

[그림 1-30]에서처럼 윗변에서 임의로 한 점을 잡아 이 점을 기점으로 Haga

의 제1정리를 시행하면 X 모양의 절선(앞으로 이것을 **X절선**이라 부르기로 한다)과 그 교점이 생긴다. ([그림 1-30] 참조)
여기서는 이 교점에 관한 수학적 사실들을 살펴보기로 한다.

1.6.1 교점에 관한 세가지 놀라운 사실

윗변에서 점을 어떻게 잡느냐에 따라 X절선의 교점의 위치도 바뀌겠지만 일반적으로 아래와 같은 네 가지 놀라운 사실이 성립한다.

① 윗변에서 점을 어디에서 잡더라도 X절선의 교점은 아랫변의 수직이등분선 위에 놓여 있다.
② 윗변에서 점을 어떻게 잡느냐에 따라 X절선의 교점의 위치도 바뀌지만 일정 범위 내에서 상하로 변동한다.
③ 윗변에서 한 점을 택했을 때, 이 점과 아랫변의 양끝 점은 모두 X절선의 교점을 중심으로 하는 원 위에 놓여 있다.
④ 윗변의 점의 선택에 관계없이 두 절선과 왼쪽 변의 교점 사이의 선분([그림 1-30]의 e에서 진한 선 부분)의 길이는 일정하다.

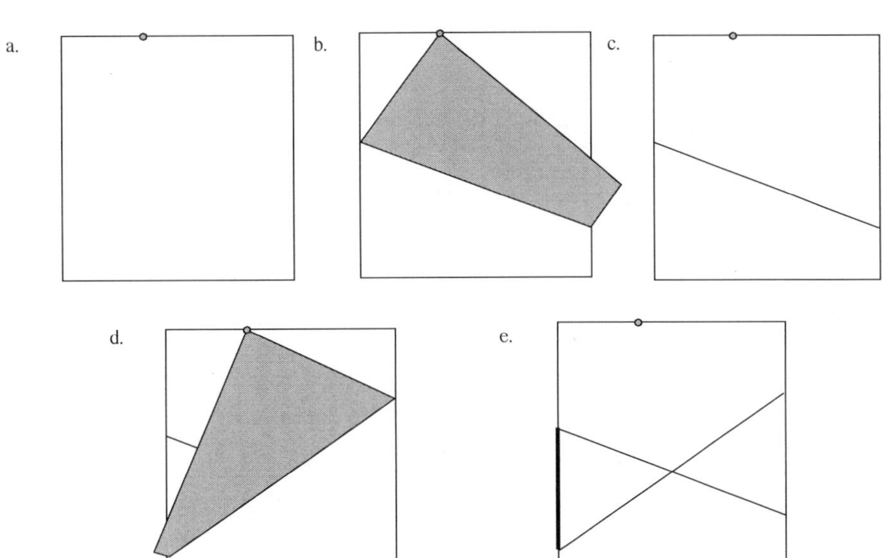

그림 1-30

Q 문제 3 위의 네 가지 사실이 왜 참인지 설명하여라.

(풀이) **①과 ③은?**

[그림 1-31]의 왼쪽에서 절선 IH는 $\overline{EC}$의 수직이등분선이며, 절선 FG는 $\overline{EB}$의 수직이등분선이다. 따라서 점 J는 $\triangle EBC$의 외심이므로 $\overline{BC}$의 수직이등분선 위에 놓여 있다.

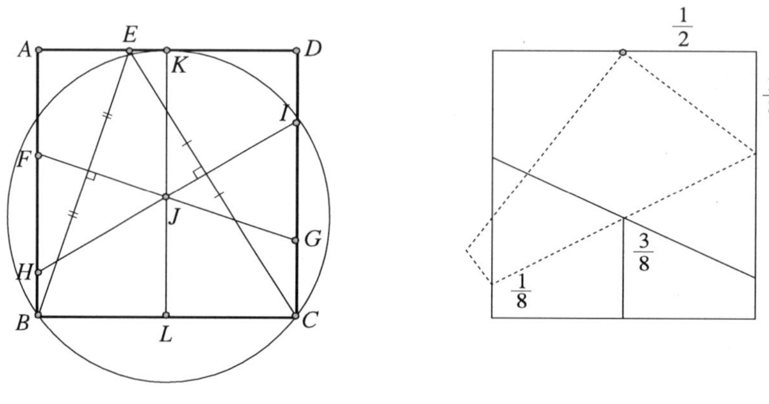

그림 1-31

②의 변동 범위는?

이 사실을 증명하기 위해서 정사각형 종이의 한 변의 길이는 1로 가정한다.

윗변에서 점을 어떻게 택하느냐에 따라 X절선의 교점이 상하로 변동하는 사실은 실험을 통해 확인할 수 있으며, 또 ①에서도 밝혔다. 그러나 실제로 윗변의 중점을 택했을 때 X절선의 교점은 가장 밑에 온다는 사실은 Haga의 제1정리의 성질로부터 쉽게 알 수 있다. 따라서 X절선의 교점의 y좌표는

$$y \geq \frac{3}{8}$$

을 만족함을 [그림 1-31]로부터 쉽게 알 수 있다(평행한 선분과 만나는 두 직선 사이의 선분의 길이의 비례관계를 이용할 것). 또, X절선의 교점이 가장 위에 오는 경우는 윗변의 양끝 점 중에 어느 하나를 택했을 때이다. 그러므로 X절선의 교점의 y좌표는

$$y \leq \frac{1}{2}$$

을 만족한다. 따라서

$$\frac{3}{8} \le y \le \frac{1}{2}$$

임을 알 수 있다. 즉, 변동하는 폭이 $\frac{1}{8}$ 임을 알 수 있다.

참고

X절선 각각을 직선의 방정식으로 나타내고 교점의 좌표를 연립방정식의 해로 구함으로써 위의 부등식을 얻은 결과를 여기에 소개한다[3].

[그림 1-32]에 나타낸 것처럼 두 절선의 방정식은 각각 다음과 같다.

$$y = -ax + \frac{a^2}{2} + \frac{1}{2},\ y = (1-a)x + \frac{a^2}{2}.$$

따라서 교점의 x 좌표는

$$-ax + \frac{a^2}{2} + \frac{1}{2} = (1-a)x + \frac{a^2}{2}$$

로부터 $x = \frac{1}{2}$(①에서 이미 밝힌 사실임)이다. 그러므로

$$y = \frac{1}{2}\left(a - \frac{1}{2}\right)^2 + \frac{3}{8}$$

을 얻는다. 그런데 $0 \le a \le 1$이므로 교점의 y 좌표는

$$\frac{3}{8} \le y \le \frac{1}{2}$$

를 만족함을 알 수 있다.

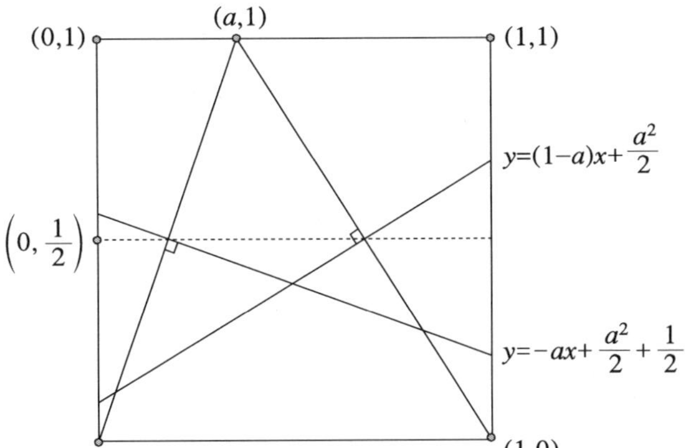

그림 1-32

3) 다카키요코(高本洋子), 토시마가오카(豊島岡)여자학원고등학교

④의 일정값은?

[그림 1-33]에서 $\triangle BAE \backsim \triangle BMF$이므로

$$\angle BEA = \angle BFM.$$

또, $\triangle CDE \backsim \triangle CNI$이므로 $\angle CED = \angle CIN$.

$$\angle EBC = \angle JFH \ (\because \ \angle AEB = \angle EBC)$$

$$\angle ECB = \angle JHF \ (\because \ \angle DGC = \angle ECB,\ \angle JHF = \angle NIC)$$

$$\therefore \ \triangle BEC \backsim \triangle FJH$$

따라서

$$\overline{FH} = \overline{IG} = \frac{1}{2}$$

이다.

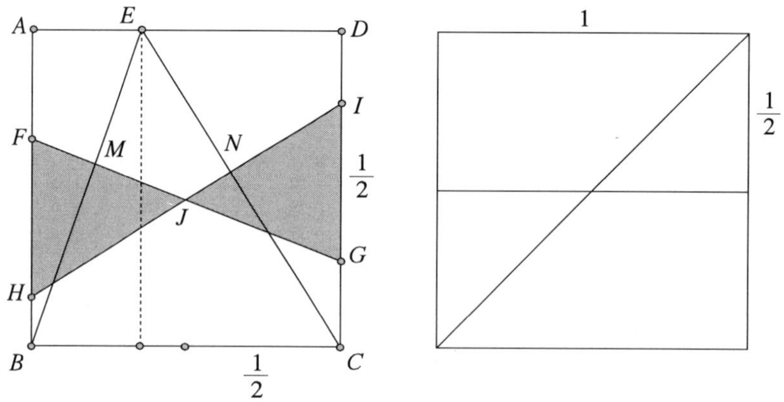

그림 1-33

다시 말해서 윗변의 점의 선택에 관계없이 두 절선과 왼쪽 변의 교점 사이의 선분의 길이는 정사각형의 한 변의 길이의 $\frac{1}{2}$이다. ◈

1.6.2 또 하나의 놀라운 사실

정사각형이 아닌 직사각형 종이에 Haga의 제1정리를 시행했을 때 생기는 X 절선의 교점에 관한 수학적 사실들을 나타낸 것이 [그림 1-34]이다.

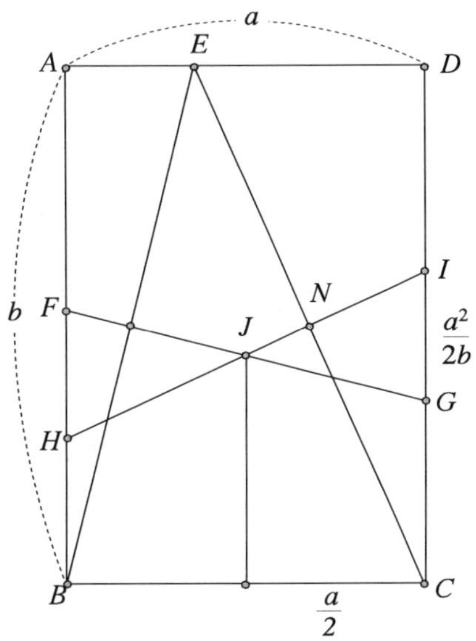

그림 1-34

($\overline{IG} = \dfrac{a^2}{2b}$ 임을 증명을 해보자. (1)종이접기로 해보자. (2)직선의 방정식으로 해보자.) 단, 여기서

$$\overline{AD} = a, \overline{AB} = b\,(b > a)$$

이다. (특히 유의할 사항으로, $a > b$ 인 경우에는 Haga의 제1정리를 생각할 수 없다. 그 이유는 각자 생각해보기로 하자.)

- b 가 $\sqrt{2}$ 인 경우에는 어떻게 될까?
- b 가 2인 경우에는 어떻게 될까?

정사각형일 때와 마찬가지로 ①과 ③이 성립함은 쉽게 알 수 있다.

④에 대해서는

$a : b = 1 : 1$인 경우에는 한 변의 길이의 $\frac{1}{2}$,

$a : b = 1 : \sqrt{2}\,(b = \sqrt{2}\,a)$ 인 경우에는 긴 변의 길이의 $\frac{1}{4}$(즉, $\frac{1}{4}b$),

$a : b = 1 : 2\,(b = 2a)$ 인 경우에는 긴 변의 길이의 $\frac{1}{8}$(즉, $\frac{1}{8}b$)

등과 같이 등비수열을 이루고 있다.

②에 대해서도 그 결과만을 나열하면 다음과 같다.

$a : b = 1 : 1$인 경우에 교점의 y좌표의 변동폭은 한 변의 길이의 $\frac{1}{8}$,

$a : b = 1 : \sqrt{2}$ 인 경우에 교점의 y좌표의 변동폭은 긴 변의 길이의 $\frac{1}{16}$,

$a : b = 1 : 2$ 인 경우에 교점의 y좌표의 변동폭은 긴 변의 길이의 $\frac{1}{32}$.

나의 노트

Chapter 02

예제다루기

종이가 한국을 통해 일본에 전해진 것은 6세기경으로 불교와 함께 전해졌는데, 종이 접는 방법은 오히려 일본이 더 연구하여 세계적으로 종이 접기와 수학의 관련성에 대해 학문화 시키고 있다.

1997년 봄에는 三浦公 교수(동경대학 명예교수 · 우주과학 연구소 명예교수)가 창안한 '미우라 접기(ミウラ折り)'를 이용하여 우주에서 태양전지판과 안테나를 설치하는 실험을 하여 종이접기의 원리가 우주 개발에 한 몫을 하고 있음을 입증했다.

종이 접기는 일반적으로 정사각형이나 직사각형의 색종이를 사용하기 때문에 접는 과정에 따라 여러 가지 기초적인 기하적 도형이 만들어지게 되며 주어진 순서에 따라 잘 접었을 때만이 의도하는 모양을 만들 수 있게 되어 있다. 즉, 교과서에서 다루어지는 도형들의 성질뿐만 아니라 도형들 상호간의 관계를 재미있게 다룰 수 있는 학습 기회라고 생각이 든다. 종이를 접으면서 스스로 탐색하고 추측하고 확인하는 과정을 거치게 되어 있다.

단순히 따라 접기만 하고 작품을 만들어 보는 것에만 치중했던 것과 달리 종이 접기에서 나타난 법칙이나 규칙 등을 스스로 발견해 보는 등 상당한 수준의 수학적 지식이 필요하다는 인식을 가질 수 있다.

또한, 기하학에서의 직선의 의미는 종이 접기에서는 종이를 접었다 편 자국을 의미한다. 또, 종이를 접는다는 것은 대칭 이동이나 회전 이동을 의미한다. 이러한 점에서 종이접기는 작도를 포함하는 탐구활동으로서 의미있는 소재가 된다.

이 장에서는 현 교과과정내의 예제를 종이접기를 통해 이해하는데 중점을 두었다.

2.1 선분의 분할

1) 정사각형 색종이로 2등분점 구하기

학생들에게 한 변의 길이를 $2n$ 등분하는 방법에 대해서 간단한 질의를 한 다음 학생들 스스로 일반화할 수 있게 한다.

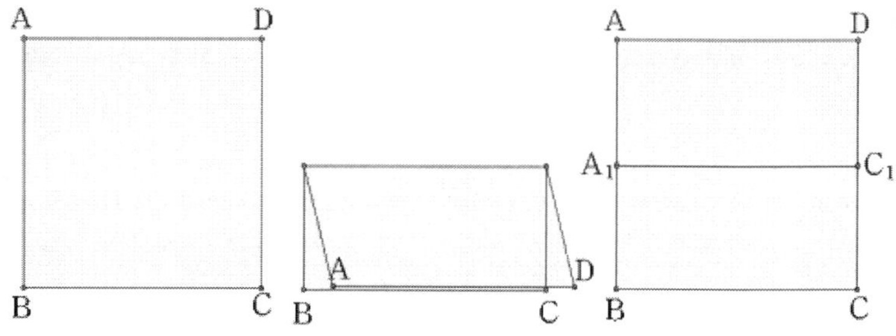

그림 2-1

문제 1 정사각형 색종이를 어떤 방법으로 4등분 할 수 있는가?

(예상되는 답변) 앞에서 다룬 이등분하는 방법과 같은 방법으로 하면 된다. ◈

문제 2 6등분은 어떻게 해야 하는가?

(예상되는 답변) 앞에서 다룬 삼등분하는 방법과 이등분하는 방법을 사용하면 된다. ◈

문제 3 8등분은 어떻게 해야 하는가?

(예상되는 답변) 문제 1과 같이 반복적으로 할 수 있다. ◈

Q 문제 4 10등분은 어떻게 해야 하는가?

(예상되는 답변) 정사각형 색종이를 일단 5등분한 다음에 2등분하는 방법을 제시하면 된다. ◈

2) 정사각형 색종이로 3등분점 구하기

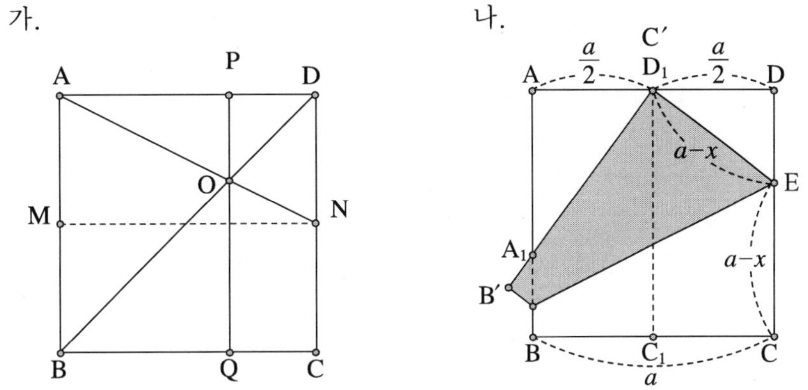

그림 2-2

Q 문제 5 [그림 2-2]의 두 가지 종이접기가 3등분점을 구하는 방법임을 설명하여라.

(풀이) ① 가의 증명 :

$$\triangle ABO \backsim \triangle NDO\text{이므로 } \overline{AB}:\overline{ND} = 2:1$$

이다. 따라서

$$\overline{AP}:\overline{PD} = 2:1$$

이므로 점 P는 선분 AD를 2:1로 내분하는 점이다.

또한 선분 MC가 접히도록 접으면 선분 AD를 삼등분하는 또 다른 한 점을 찾을 수 있다.

② 나의 증명 :

1장의 1.2절 Haga의 제 1정리에서 증명하였다. ◈

3) 정사각형 색종이로 5등분점 구하기

가.

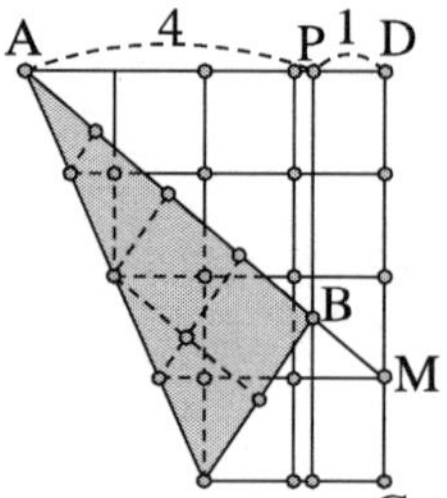

나.

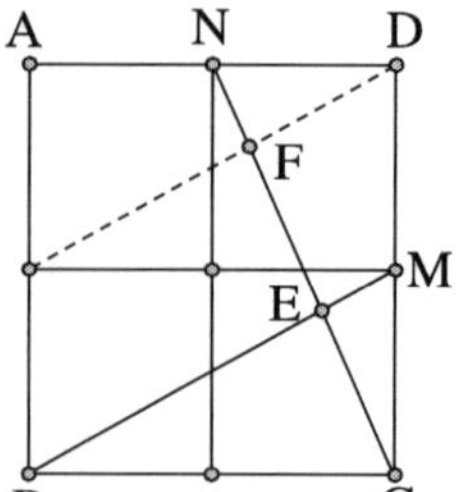

다.

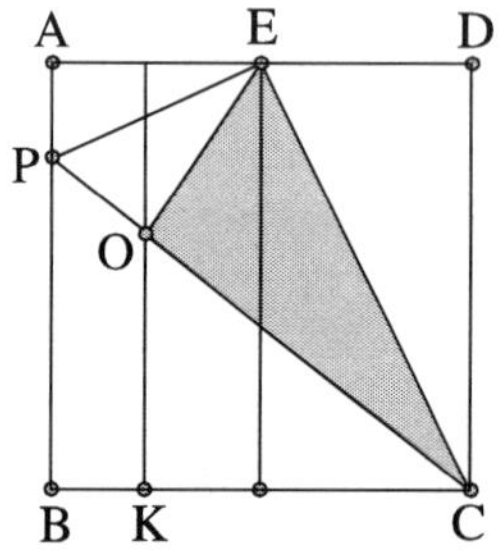

그림 2-3

Q 문제 6 [그림 2-3]의 세가지 종이접기가 왜 5등분점을 구하는 방법인지 설명하여라.

(풀이) ① 가의 증명 :

- 각 변을 4등분한다.
- 피타고라스 삼각형을 만든다.

선분 AB의 길이는 4이므로 선분 AM의 길이는 5가 된다.

또한, $\triangle ABP \backsim \triangle AMD$이므로

$$\overline{AB} : \overline{AM} = 4 : 5 = \overline{AP} : \overline{AD}$$

이다. 따라서 점 P는 선분 AD를 4:1로 내분하는 점이다.

② 나의 증명 :

삼각형의 닮음비를 이용하도록 한다. 점 D를 지나고 $\overline{MB}$에 평행한 직선과 $\overline{CN}$과의 교점을 F라고 하자. 두 쌍의 각이 각각 같기 때문에 $\triangle BCE \backsim \triangle DNF$이므로

$$\overline{BE} : \overline{DF} = \overline{BC} : \overline{DN} = 2 : 1$$

이다. 따라서

$$\overline{BE} = 2\overline{DF} \text{ ---------------------------- ①}$$

$\overline{DF} // \overline{ME}$, $\overline{CD} : \overline{CM} = 2 : 1$이므로 $\overline{DF} : \overline{EM} = 2 : 1$

이므로

$$\overline{DF} = 2\overline{ME} \text{ ---------------------------- ②}$$

이다. ①, ②에 의해서

$$\overline{BE} = 2\overline{DF} = 2 \times 2\overline{ME} = 4\overline{ME}$$

이므로 점 E는 선분 BM을 4:1로 내분하는 점이다.

③ 다의 증명 :

[그림 2-3]과 같이 접었을 때 $\overline{AE} = \overline{DE} = \overline{OE}$이므로 점 A와 점 D가 한 점 O에서 만난다. 따라서 선분 PO와 선분 OC가 일직선이 된다.

이 때,

$$\triangle EOP \backsim \triangle EOC \ (\because \triangle APE \backsim \triangle DEC)$$

따라서, 변 AD의 길이를 4라 한다면

$$\overline{AD} = \overline{DC} = \overline{OC} = 4, \quad \overline{EO} = \overline{DE} = 2.$$

또한, $\overline{EO} : \overline{OC} = \overline{PO} : \overline{OE}$에서 $\overline{OP} = 1$, $\overline{PC} = 5$.

즉, $\overline{BK} : \overline{BC} = \overline{PO} : \overline{PC} = 1 : 5$. ◈

탐구 문제 1 종이접기가 가지고 있는 수학 교육적 환경을 기하 학습에 있어서 개념적 지식과 과정적 지식, 그리고 수학 학습의 정의적인 면에 대해서 분석하고, 이러한 장점들을 보다 효과적으로 수학 학습에 적용시키기 위한 수업모델에 대해 토론해 보자.

Q 문제 7 주어진 종이의 등분을 쉽게 하는 다른 방법을 생각해 보자.

(예상되는 답변) 아래와 같은 순서로 종이를 접어보자.

① 종이를 반으로 세 번 접는다.

② 접은 종이를 다시 펴면 8등분된 종이가 된다.

③ 실제로 등분하고 싶은 종이를 각 선에 맞춘다.

④ 각 선에 맞춘 후, 각 점을 표시한다.

⑤ 표시에 따라 선을 그으면 종이가 등분된다. 몇 번째 선에 맞추느냐에 따라 원하는 만큼 종이를 등분할 수 있다.

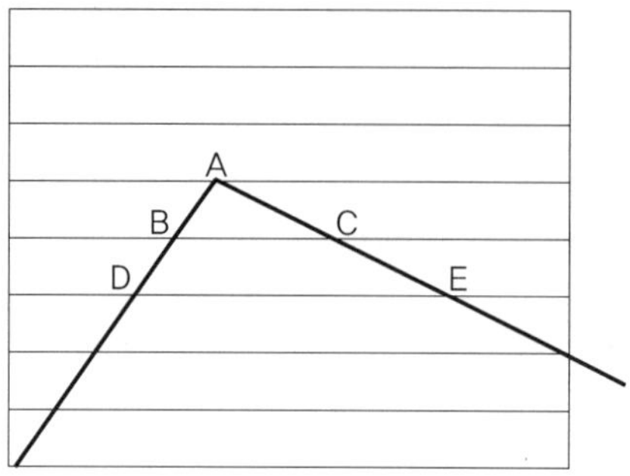

$\overline{AB} : \overline{AD} = \overline{AC} : \overline{AE}$

$= 1 : 2$

$\therefore \overline{AB} = \overline{BD},\ \overline{AC} = \overline{CE}$

◈

2.2 도형의 확대 · 축소

1) 2배 확대

닮음의 중심을 O로 하는 $\triangle ABC$의 2배 확대를 $\triangle A'B'C'$을 접어보자.

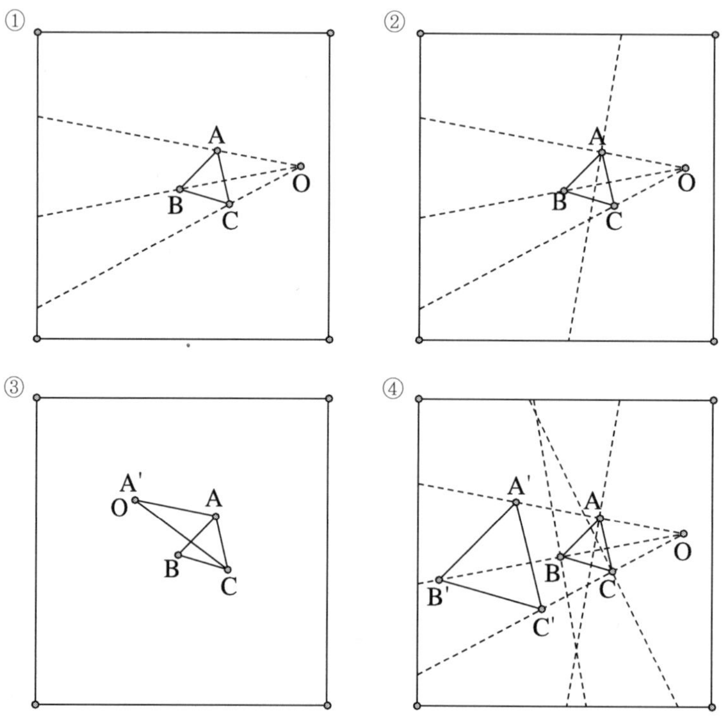

그림 2-4

Q 문제 8 [그림 2-4]를 설명하여라.

(풀이) ① 삼각형 ABC를 그린다.

② 닮음의 중심 O에서 각 A, B, C를 지나는 직선을 잡는다.

③ 직선 $\overline{AO}$의 수직 이등분선을 그려서 A의 대응점 A′를 찾는다.

④ ③의 방법으로 B′과 C′로 찾는다.

⑤ △A′B′C′ 이 △ABC의 2배 확대이다. ◈

탐구 문제 2 △ABC를 3배 확대한 삼각형을 접어보아라.

탐구 문제 3 △ABC를 4배 확대한 삼각형을 접어보아라.

2) $\frac{1}{2}$배 축소

닮음의 중심을 O로 하는 △ABC의 $\frac{1}{2}$축소 △A′B′C′을 접어보자.

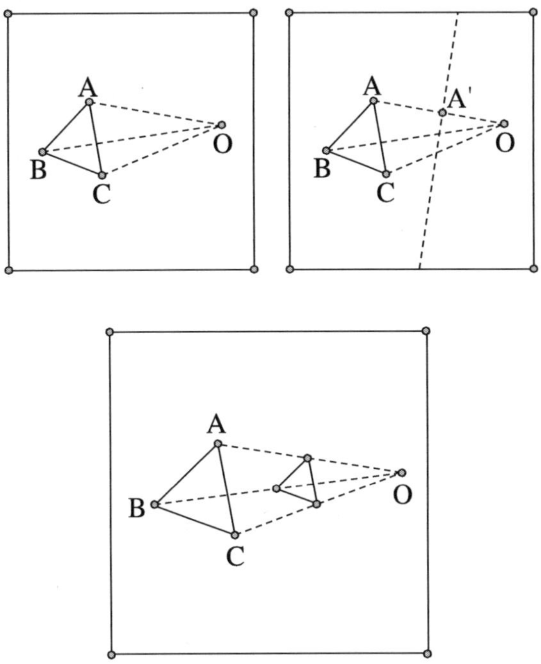

그림 2-5

탐구 문제 4 △ABC의 $\frac{1}{4}$배 축소한 삼각형을 접어보아라.

2.3 도형의 성질

2.3.1 삼각형의 성질

1) 삼각형의 내각의 합은 180° 이다.

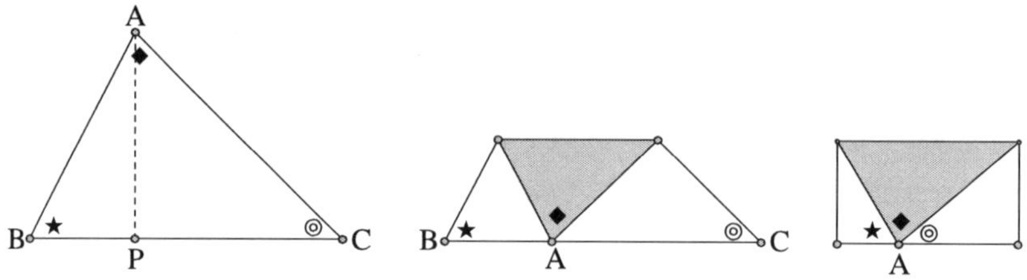

그림 2-6

설명

① 수선의 발을 먼저 찾아서 P로 표시한다.

② B를 P에 일치시킨다.

③ C를 P에 일치시킨다.

탐구 문제 5 위의 [그림 2-6]을 활용하여 삼각형의 넓이를 구하는 공식($\frac{1}{2}$ × 밑변의 길이 × 높이)을 유도하여라.

2) 삼각형의 내심, 외심, 무게중심, 수심 접기

① 삼각형의 내심: 세 내각의 이등분선의 교점을 **내심**이라 한다.

(성질) 내심에서 삼각형의 각 변의 이르는 거리는 같다.

❀ (종이접기로 확인해보자)

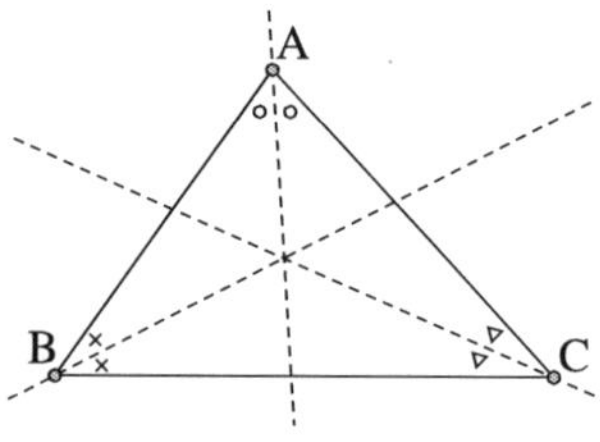

삼각형의 내심

② 삼각형의 외심: 세 변의 수직이등분선의 교점을 **외심**이라 한다.

(성질) 외심에서 삼각형의 각 꼭짓점에 이르는 거리는 같다. 직각삼

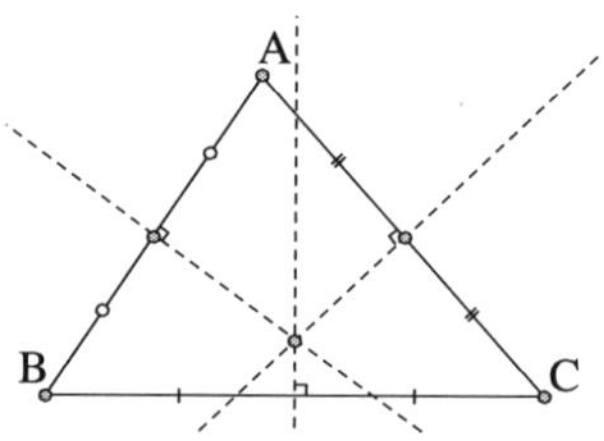

삼각형의 외심

각형에서 빗변의 중점이 직각삼각형의 외심이다.

❀ (종이접기로 확인해보자)

③ 삼각형의 무게중심: 삼각형의 세 중선의 교점을 **무게중심**이라 한다.

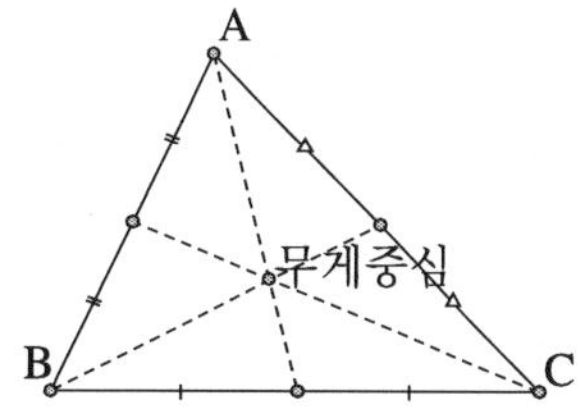

삼각형의 무게중심

설명

- 각 변의 중점을 먼저 찾는다.
- 각 꼭짓점에서 각 변의 중점을 연결한다.

(성질) 무게 중심에서 꼭짓점 A까지의 거리와 무게중심에서 꼭짓점 A의 대변인 $\overline{BC}$의 중점 사이의 거리를 비교하면 그 길이의 비가 2 : 1임을 알 수 있다.

④ 삼각형의 수심: 삼각형의 세 수선의 교점을 **수심**이라 한다.

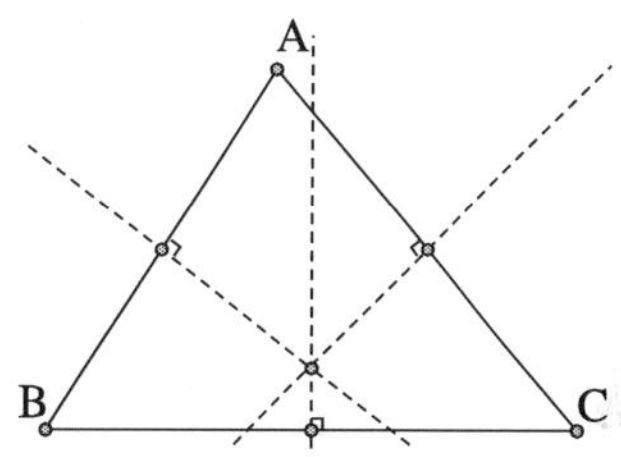

삼각형의 수심

Q 문제 9 임의의 삼각형의 내심, 외심, 수심, 무게중심 중 어떤 세 점이 일직선 위에 놓이는가?(이 직선을 **오일러 직선**이라 한다.)

(풀이) 외심, 수심, 무게중심 ◈

Q 문제 10 오일러 직선상의 세점은 중간에 놓인 점을 중심으로 (:)로 나누어진다.

(풀이) 1:2 또는 2:1 ◈

Q 문제 11 내심, 외심, 수심, 무게중심이 모두 일치하는 삼각형은 어떤 삼각형인가?

(풀이) 정삼각형 ◈

Q 문제 12 내심, 외심, 수심, 무게중심이 모두 일직선 위에 놓이는 삼각형은 어떤 삼각형인가?

(풀이) 이등변삼각형 ◈

종이접기로 할 수 있는 삼각형의 오심에 관련된 문제들은 2.6.5절에서 다시 다룰 것이므로 여기에서 다루지 않은 내용은 그 절을 참고바란다.

2.3.2 사각형의 성질

1) 사다리꼴의 넓이

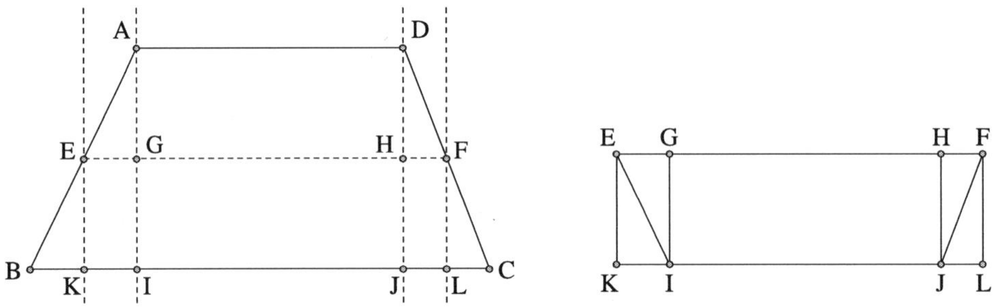

그림 2-7

$\triangle$EBI, $\triangle$FJC는 이등변삼각형이므로 사다리꼴의 넓이의 $\frac{1}{2}$이 되는 직사각형을 접을 수 있다.

탐구 문제 6 [그림 2-7]을 활용하여 사다리꼴의 넓이를 구하는 공식을 유도하여라.

2) 마름모의 정의

네 변의 길이가 모두 같은 사각형을 **마름모**라 한다.

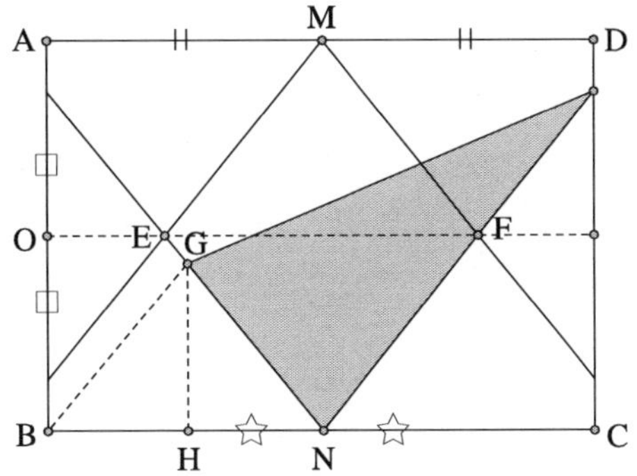

그림 2-8

접는 순서 직사각형 ABCD에서 M, O, N은 각 변의 중점이다.

① [그림 2-8]과 같이 H를 접는다.

② N을 중심으로 F를 접고, G를 접는다.

③ B를 중심으로 접어서 E를 찾는다.

④ □MENF가 구하는 마름모이다.

Q 문제 13 위 접는 순서에 의해 얻어진 □MENF가 마름모임을 설명하여라.

(풀이) $\triangle GBN$은 $\overline{GB}=\overline{GN}=\overline{BN}$인 정삼각형이다.

따라서 $\angle ENF=60°$ 이다.

$\overline{OP}//\overline{BC}$ 이므로 $\angle EFN=\angle FNC=60°$, $\angle FEN=\angle ENB=60°$

따라서, $\triangle ENF$는 정삼각형이다. 같은 방법으로 $\triangle MEF$도 정삼각형이다. 그러므로 사각형 MENF는 네 변의 길이가 같은 마름모이다. ◈

2.4 비율접기 및 각의 삼등분 접기

2.4.1 황금비율 접기

1) 황금비의 뜻

Johann Kepler(1571–1630)가 "기하학에는 2가지 보물이 있다. 하나는 피타고라스 정리이고, 또 하나는 황금비이다. 첫 번째는 금에 비유할 수 있고, 두 번째는 보석에 비유될 수 있다.(Serra, 1987)"라고 자신 있게 말할 수 있을 정도로, 황금비는 자연, 과학, 인체, 예술 등 아름다움이 있는 곳이면 어디서나 발견된다. 황금비는 학생들이 기하학의 외적 연결성을 인식할 수 있는 좋은 주제이다.

황금비는 기하적 관계에서 도출된 영원불변하는 비례이며 이것을 수로 표기하면 1.618033398…으로 무리수(순환하지 않는 무한소수)이다. 따라서 황금비는 숫자표기를 잘 하지 않는다. 즉, 황금비는 수가 아니라 비례관계인 것에 유의해야 한다.

황금비란, 선분을 두 개의 부분으로 나누어 긴 선분에 대한 선분 전체 길이의 비가 짧은 선분에 대한 긴 선분의 길이의 비와 같도록 만들 때 얻게 되는 수로, 한 선분이 이와 같이 나누어졌을 때 그 선분은 **황금비**로 나누어졌다고 한다. 즉, 아래 [그림 2-9]와 같이 전체 길이 선분 AB를 점 P에 의하여 두 부분으로 나눌 때, $\overline{AB}:\overline{AP}=\overline{AP}:\overline{BP}$ 의 관계를 만족할 때의 비, $\overline{AP}:\overline{PB}$ 를 **황금비**라고 한다. 이런 경우 $x(x-1)=1$, 즉 $x^2-x-1=0$ 으로부터 $x=\frac{1\pm\sqrt{5}}{2}$ 이고, 음의 값을 버리면 $x=\frac{1+\sqrt{5}}{2}$ (≒ 1.62…)를 얻는다.

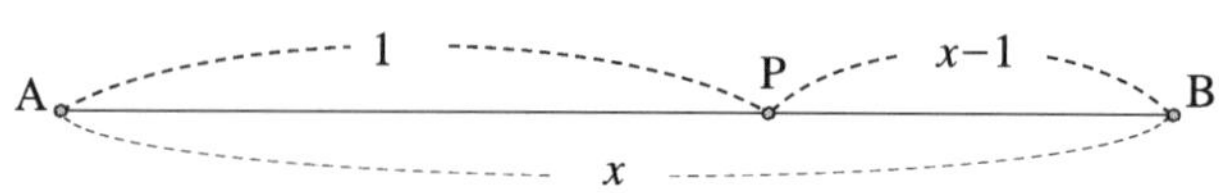

그림 2-9

이러한 황금비를 이루고 있는 것은 파르테논 신전 이외에도 고대 그리스의 건축물이나 미술, 공예품 등이 있다. 또 르네상스 시대에 활약한 레오나르도 다빈치는 황금비의 직사각형을 활용한 그림을 그린 것으로 잘 알려져 있다.

2) 생활 속의 황금비

밀로의 비너스는 대좌(비너스를 올려 놓은 판)를 제외한 전체의 높이가 약 209cm이고, 머리는 약 26cm이므로 거의 팔등신 상이라 할 수 있다.

비너스

황금자

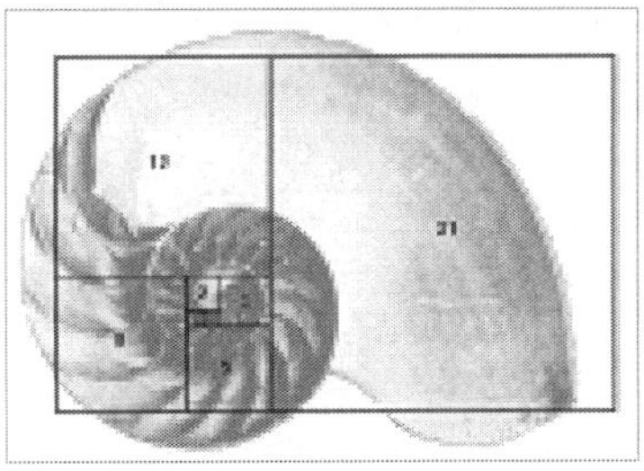

소라 껍데기

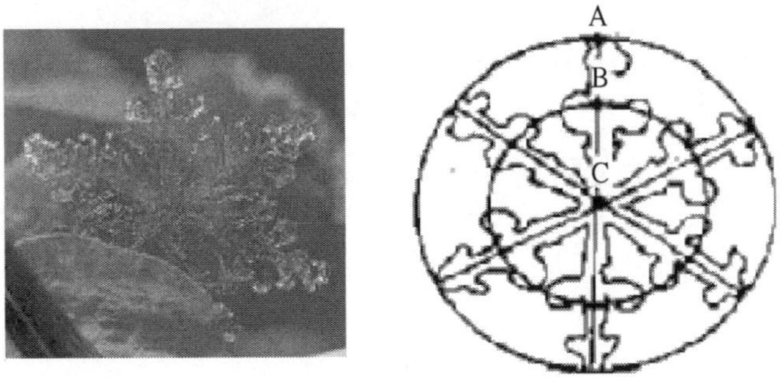

$\overline{BC}:\overline{AB}=\overline{AC}:\overline{BC}$가 황금비를 이루고 있다.

미술평론가의 해석에 따르면 이 상의 여러 부분이 5 : 8의 비율로 되어 있다고 한다. 이 비율이 상 전체의 구성에 있어서 매우 안정감을 주고 있는 것이다.

3) 황금자를 만들어보자

활동목표 황금비 분할기구의 원리를 알아보고 정오각형을 이용하여 황금자를 만든다.

준 비 물 색이 다른 긴 띠 3장(폼보드지), 정오각형이 그려진 종이, 볼트, 너트 네조, 송곳 또는 연필(구멍 뚫는 용도)

구름 한 점 없는 시골의 밤하늘에서는 유난히 반짝이는 별들을 많이 볼 수 있다. 별의 모양은 육각형, 팔각형, 둥근 모양 등 사람에 따라 여러 가지 모양으로 보일 수 있는데, 정오각형으로 그려지는 별의 모양을 많은 사람들이 선호하고 있는 것은 무슨 이유일까.

고대 피타고라스학파는 정오각형 안에 미의 기본인 황금비가 있는 것을 발견하고 정오각형으로 만들어진 별을 그들의 심볼 마크로 만들어 자랑스럽게 가슴에 달고 다녔다.

다음 순서대로 황금자를 만들어보자.

(1) 색이 다른 두꺼운 긴 종이 막대를 세 장 준비한다.

(2) 아래 그림처럼 막대기의 중심선을 표시한다.

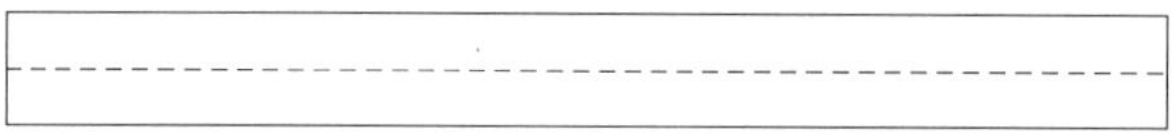

(3) 오른쪽 [그림 2-10]처럼 대각선이 그어진 정오각형을 준비한다.

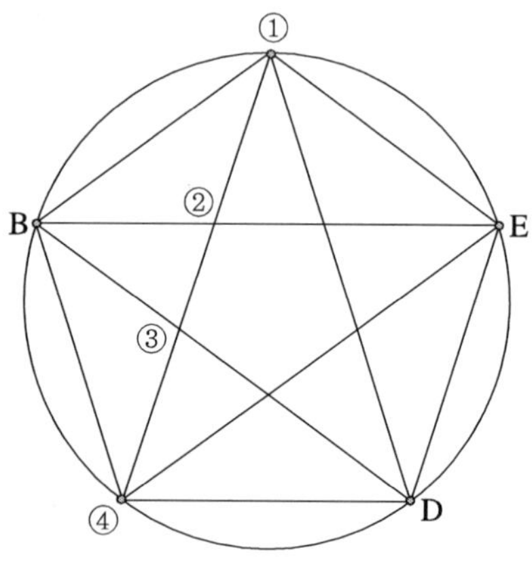

그림 2-10

(4) 정오각형을 두꺼운 종이 막대에 대고 중심선에 맞추어 두 개의 종이 막대에는 ①번, ②번, ④번의 위치에 구멍을 뚫고(①번 구멍을 뚫을 때는 볼트를 꽂아야 하므로 끝에서 2cm 정도를 띄운다.)

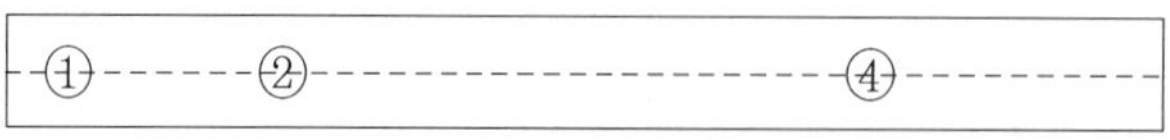

마지막 종이 막대에는 아래 그림처럼 ①번, ②번, ③번의 위치에 구멍을 뚫고, 반대편에 ①번, ②번의 위치에 구멍을 뚫는다.

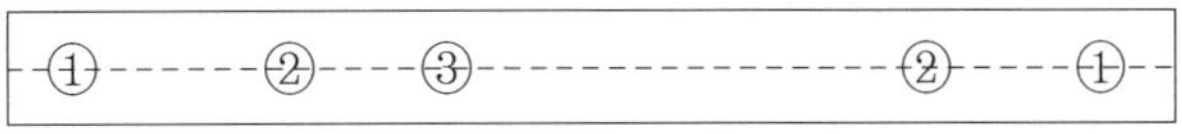

(5) 아래 그림처럼 ③과 ④는 끝이 뾰족하게 자르고 세 번째의 ②도 자른다.(②번 구멍에 볼트를 꽂아야하므로 2cm 정도를 띄우고 자른다.)

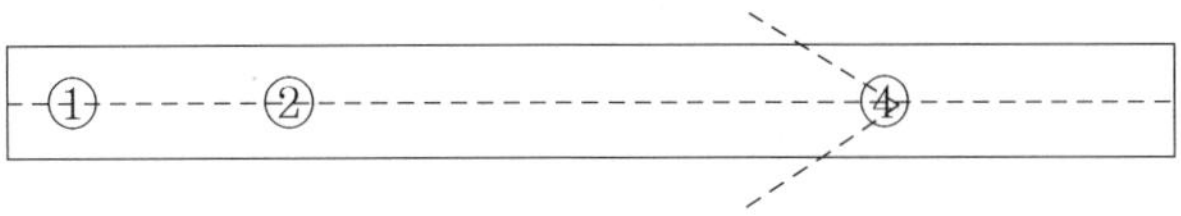

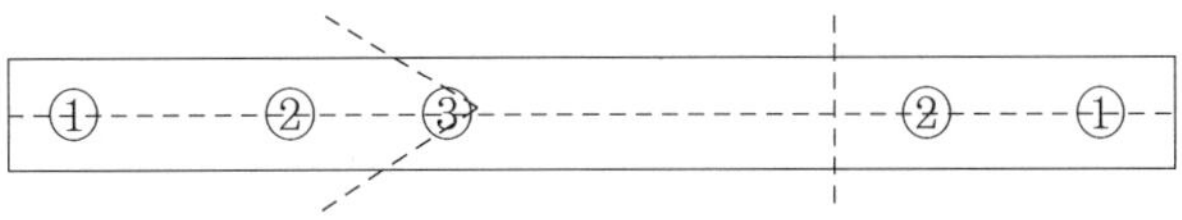

(6) 아래 [그림 2-11]처럼 구멍에 맞추어 볼트, 너트를 조립하여 황금자(굵은 선으로 표시된 부분)를 완성한다.

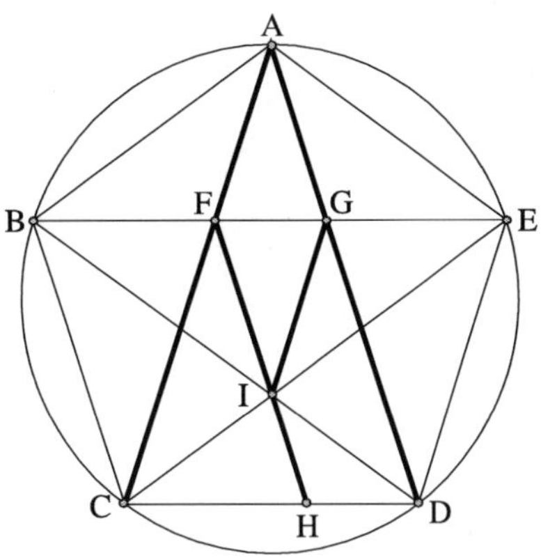

그림 2-11

좀 더 알아보기 ①~④

① **황금분할**이란 짧은 부분과 긴 부분의 길이의 비가 긴 부분과 전체 길이의 비와 같아지는 경우를 말한다.

피타고라스 학파가 상징으로 달고 다녔다는 정오각형 별에 대하여 알아보자.

[그림 2-11] 같은 정오각형 ABCDE에서 대각선들로 만들어지는 도형은 별모양이 된다. △ABF와 △ACB를 떼어서 생각하면

$$\angle ABF = \angle BAF = \angle BCA = 36°$$

$$\angle AFB = \angle ABC = 108°$$

이므로, △ABF와 △ACB는 닮음이다. 따라서 $\overline{AF} : \overline{AB} = \overline{AB} : \overline{AC}$ 이고, $\overline{AB} = \overline{BC} = \overline{FC}$ 이므로, $\overline{AF} : \overline{FC} = \overline{FC} : \overline{AC}$ 이다. 따라서 F는 $\overline{AC}$를 황금분할함을 알 수 있다.

② ㅁAFIG는 어떤 사각형인가?

③ 따라서 $\overline{AD}$와 $\overline{FH}$는 (　　　)이다.

④ 위의 사실을 종합하여 $\overline{AF} : \overline{FC} = \overline{DH} : \overline{CH}$ 임을 설명하여라.

4) 인체의 황금비

직접 만든 황금자로 숨어있는 황금비를 확인해보자.

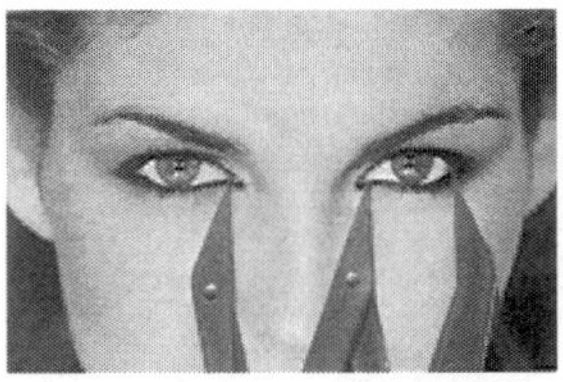

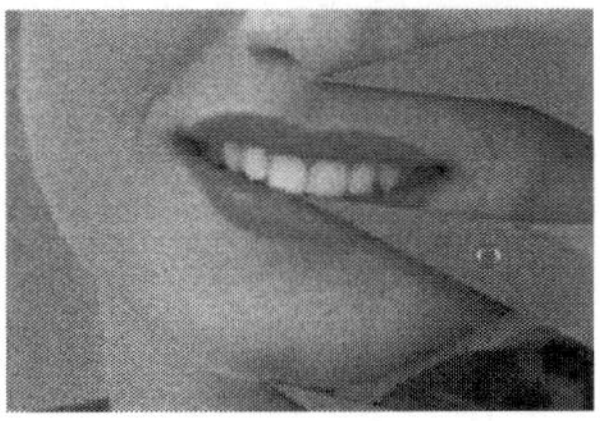

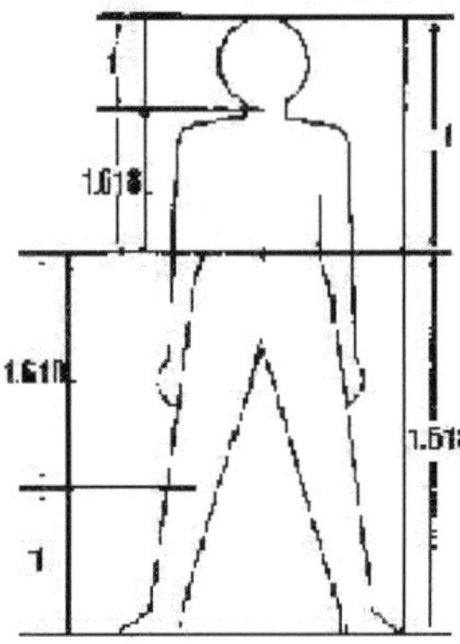

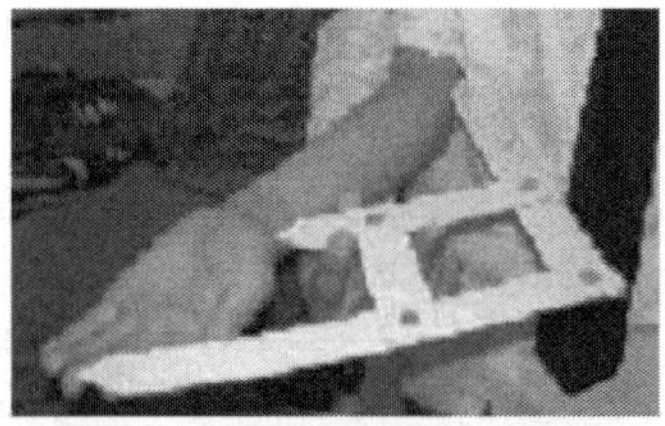

5) 황금직사각형 만드는 방법 (가로 : 세로 = 1 : 1.618)

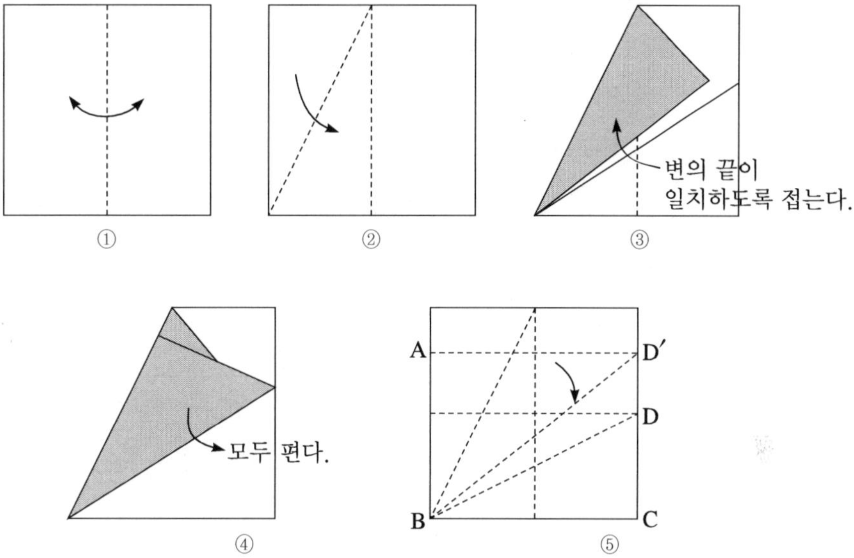

그림 2-12

힌트 □ABCD′에서 $\overline{BC} = 1, \overline{CD} = \frac{1}{2}$이므로 $\overline{BD} = \frac{\sqrt{5}}{2}$이다. 따라서

$$\overline{AB} : \overline{AD'} = 1 : \frac{1+\sqrt{5}}{2} \fallingdotseq 1 : 1.618$$

탐구 문제 7 위 직사각형 ABCD′의 가로와 세로의 비가 황금비가 되는 이유를 설명하여라.

6) 동양의 황금비(가로 : 세로 = 1 : 1.414)

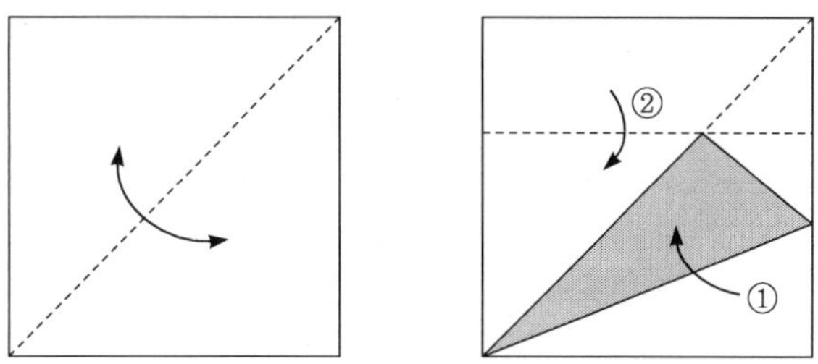

그림 2-13

Q 문제 14 [그림 2-13]이 동양의 황금비를 나타냄을 설명하여라.

힌트 주어진 정사각형의 한 변을 1이라 하면 대각선의 길이는 $\sqrt{2}$이다. 따라서 □ABCD에서

$$\overline{AB} : \overline{AD} = 1 : \sqrt{2} \fallingdotseq 1 : 1.414$$

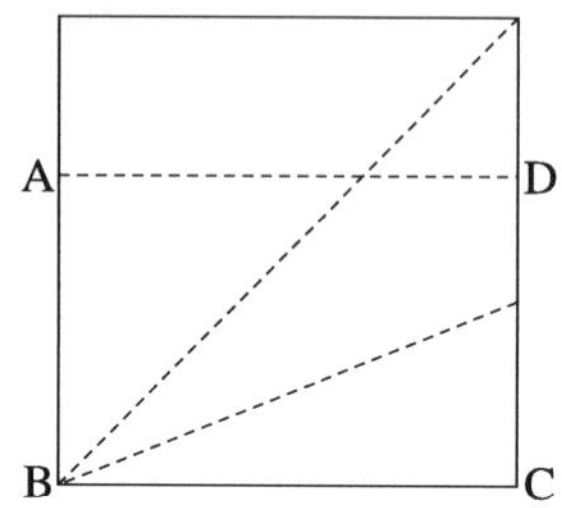

7) 사각형 속의 황금비

[그림 2-14]에서 번호는 접는 순서를 나타낸다. 아래와 같이 종이접기를 하였을때 나타나는 수학적 내용에 대해 탐구해 보자.

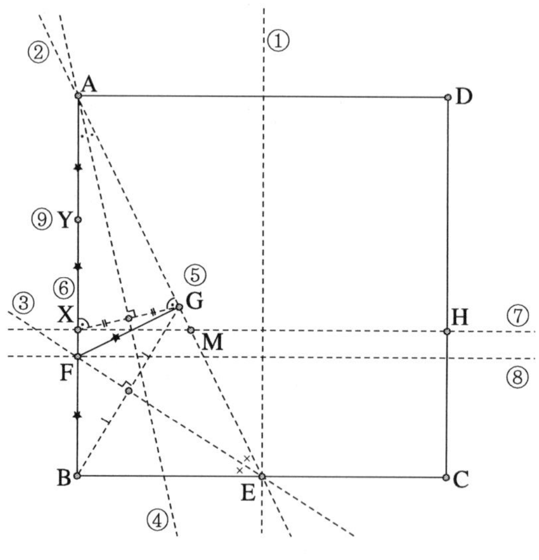

그림 2-14

Q 문제 15 선분 AB는 점 X에 의해 황금분할 됨을 보여라.($\overline{AB}\cdot\overline{XB}=\overline{AX}^2$)

(풀이) $\overline{XM}=\frac{1}{2}\overline{AX}$, $\overline{BF}=\overline{FY}$이고, $\overline{BY}$는 F에서 이등분된다.

$$\begin{aligned}\overline{AB}\cdot\overline{AY}+\overline{FY}^2 &= (\overline{AF}+\overline{FB})(\overline{AF}-\overline{FY})+\overline{FY}^2\\ &= (\overline{AF}+\overline{FY})(\overline{AF}-\overline{FY})+\overline{FY}^2\\ &= \overline{AF}^2\\ &= \overline{AG}^2+\overline{FG}^2\end{aligned}$$

$$\therefore \overline{AB}\cdot\overline{AY}=\overline{AG}^2=\overline{AX}^2\,(\because \overline{FY}=\overline{FG})$$

$$\overline{AX}^2=(2\overline{XM})^2=(2\overline{FB})^2=\overline{BY}^2\,(\because \overline{XN}=\overline{FG}, \overline{FG}=\overline{FB})$$

$$\therefore \overline{AX}=\overline{BY}, \overline{AY}=\overline{XB}$$

$$\therefore \overline{AB}\cdot\overline{XB}=(\overline{AX}=\overline{XB})\bullet(\overline{XB})=\overline{AX}^2$$

따라서, $\overline{AB}$는 점 X에서 황금비로 나누어진다. 또한, $\overline{BA}$는 점 Y에 의해 황금분할 된다. ◈

2.4.2 삼각 종이접기 표준법

수학에서 사용하는 <삼각자>와 똑같은 각도를 나타낼 수 있다. 30°, 45°, 60°, 90°등의 각이 나타난다. 다음 그림에서 찾아보아라. (문제 20 참조)

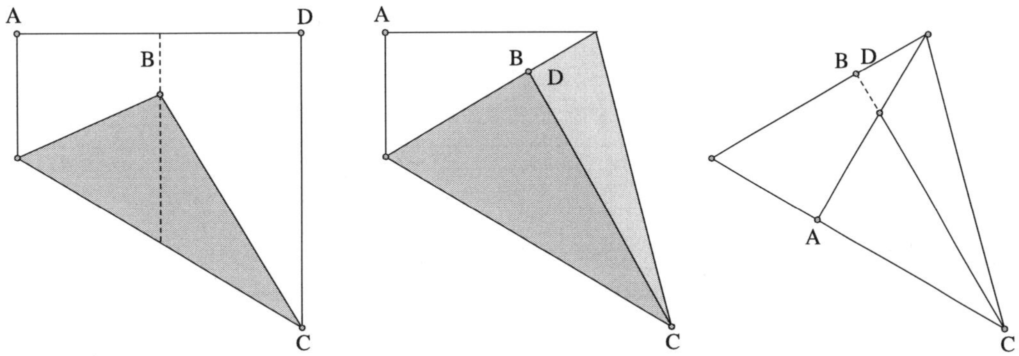

그림 2-15 삼각자

탐구 문제 8 [그림 2-15]에서 생기는 각도를 구해 보아라.

2.4.3 1 : $\sqrt{2}$ 비율 접기($\overline{AM}$: $\overline{MN}$ 의 비율)

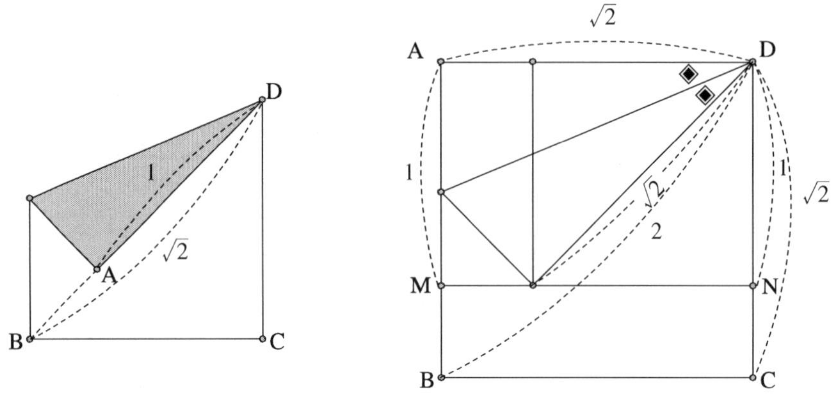

그림 2-16

2.4.4 임의의 각의 삼등분

고전 작도에서는 작도시 눈금없는 자와 컴퍼스만으로는 불가능한 임의의 각의 삼등분이 종이접기로는 가능하다. 다음과 같이 종이를 접었을 때, 접힌 선은 각의 삼등분선이 됨을 증명할 수 있다. 아래 그림과 같이 점 P를 잡고 접어 $\angle PBC = \theta$ 라 한다.

(임의의 각의 3등분을 접는방법은 2.5.1절의 문제 22에서 다시 다루었으므로 참조바란다.)

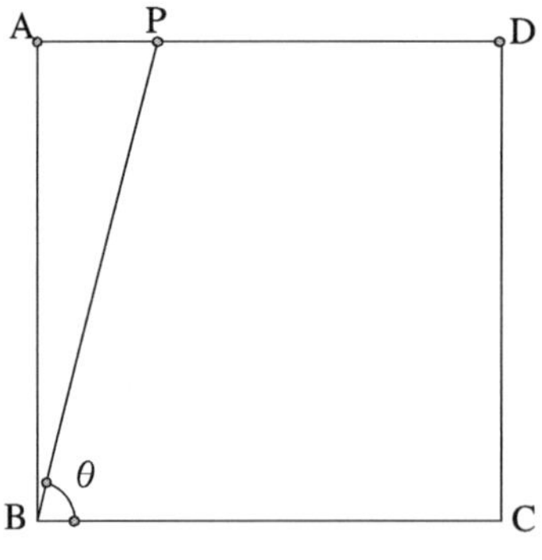

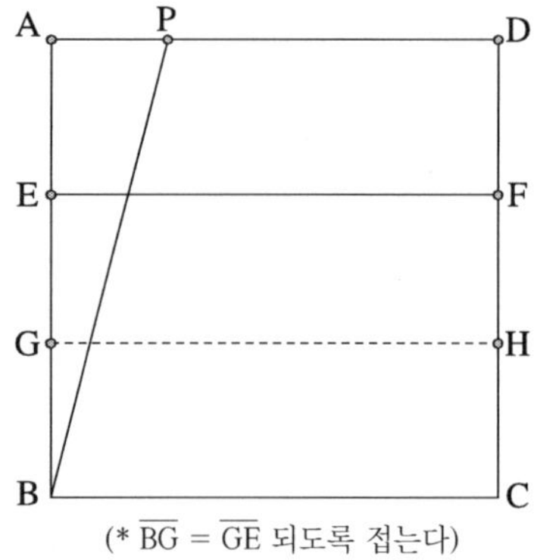

(* $\overline{BG}$ = $\overline{GE}$ 되도록 접는다)

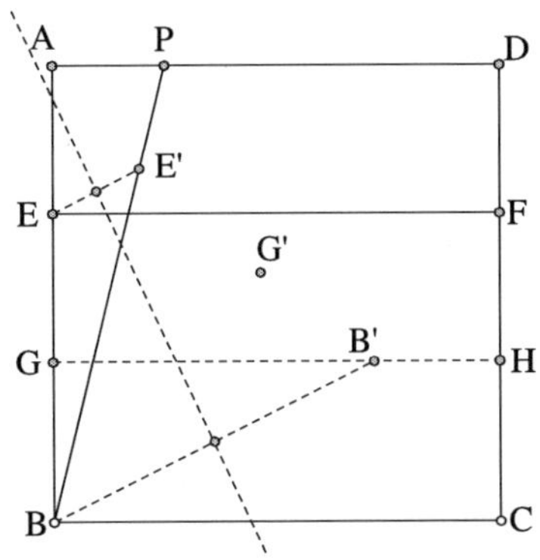

(* E′, B′를 지나는 직선을 접는다)

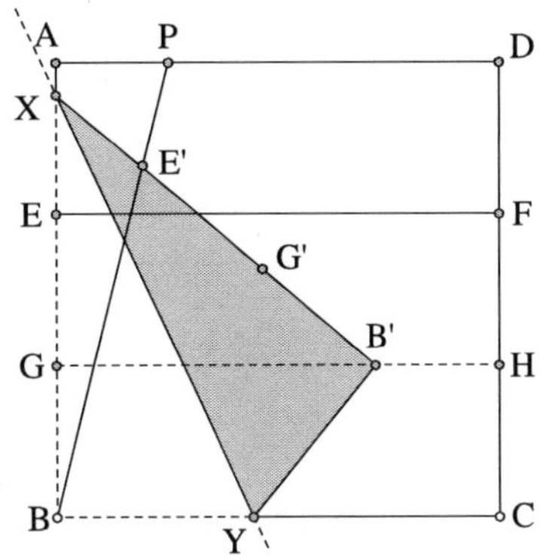

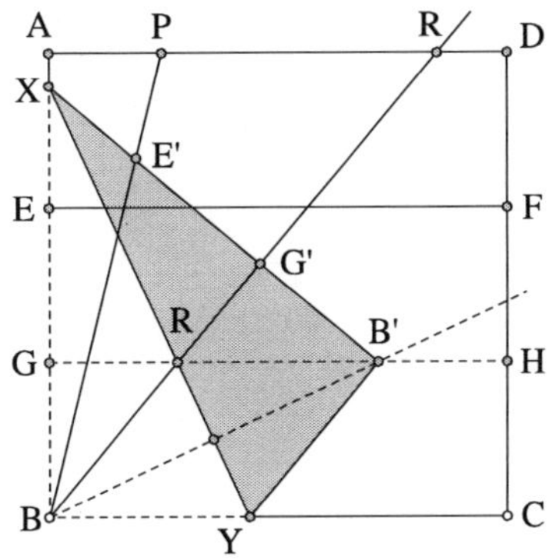

그림 2-17

Q 문제 16 임의의 각 PBC가 삼등분됨을 보여라.

(풀이) ① $\triangle BE'G' \equiv \triangle BB'G'$

$\therefore \angle BG'E' = \angle BB'G' = 90°$

$\overline{BG'}$ 는 공통

$\overline{B'G'} = \overline{G'E'}$

$\therefore \angle E'BG' = \angle G'BB'$

② ㅁRBYB는 평행사변형이므로

$\overline{BY} \,/\!/\, \overline{RB'}$, $\overline{RB} \,/\!/\, \overline{B'Y}$

$\therefore \angle RBB' = \angle B'BY$

2.5 종이접기를 통한 각의 분할

기하학에서 임의의 각은 작도로 삼등분할 수 없다는 사실을 대수적으로 증명되어 있다. 그러나 많은 수학자들이 그 사실을 인정하기 싫어서 새로운 시도를 많이 해 왔다. 작도란 눈금 없는 자와 컴퍼스만으로 할 수 있는 활동을 말한다. 그러나 종이 접기는 단순한 흔적으로 임의의 각을 삼등분해 봄으로써 기하학적으로 불가능하다고 판단했던 사실을 새로운 도구로 삼등분할 수 있게 되었다. 이러한 사실을 인식함으로써 모든 면에서 새로운 도구를 사용하여 수학적인 아이디어를 창출하고 새로운 수학에 대한 즐거움을 누릴 수 있도록 하고자 한다.

2.5.1 각의 등분

아주 간단한 시도이다. 학생들이 토론을 시도해 볼 수 있는 성질을 조사해 볼 수 있다.

문제 17 정사각형 색종이 ABCD ([그림 2-18] 참조)의 꼭짓점 B와 꼭짓점 D를 연결한 선을 중심으로 접어 보자. 이 때 접힌 선은 무엇을 의미하는지 말해 보아라([그림 2-19] 참조).

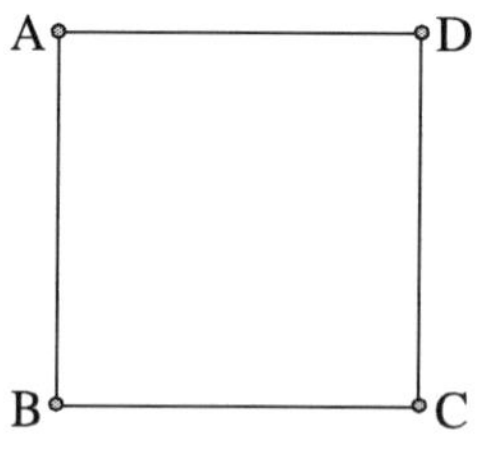

그림 2-18

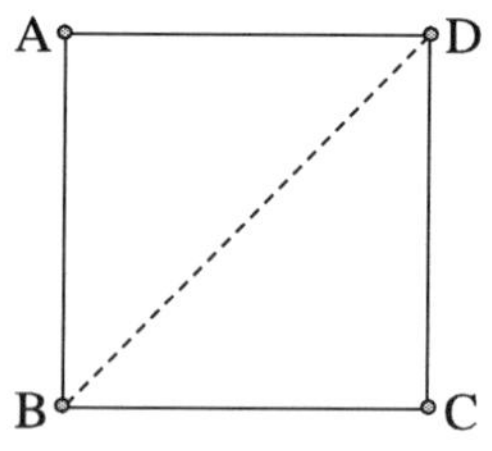

그림 2-19

예상되는 답변 (1) 정사각형 색종이의 면적을 이등분한다.

(2) ∠ABC, ∠CDA 를 이등분한다.

(3) 합동인 이등변삼각형이다.

Q 문제 18 정사각형 색종이로 30°의 각을 만들어 보아라.

이 활동은 학생들이 직각을 삼등분한다는 사실들을 인식할 수 있을 것이다. 따라서 작도로도 직각을 삼등분하는 것과 종이 접기로 삼등분하는 것을 비교해 보도록 하자.

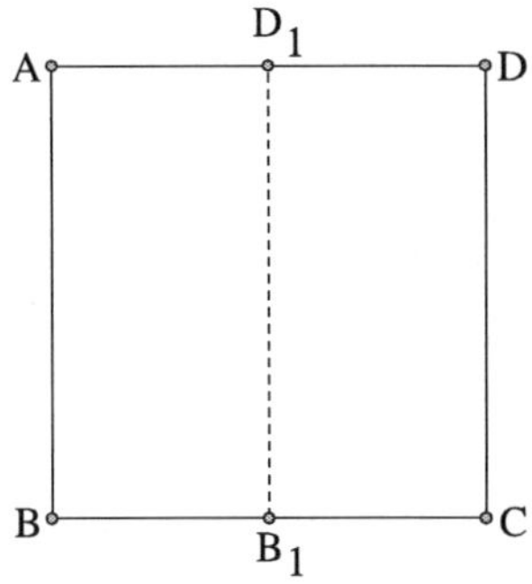

그림 2-20

(예상되는 답변)

접는 순서

(1) 변 AB과 변 CD를 겹치게 접고, 접혀진 선을 B_1D_1이라 하자.([그림 2-20] 참고).

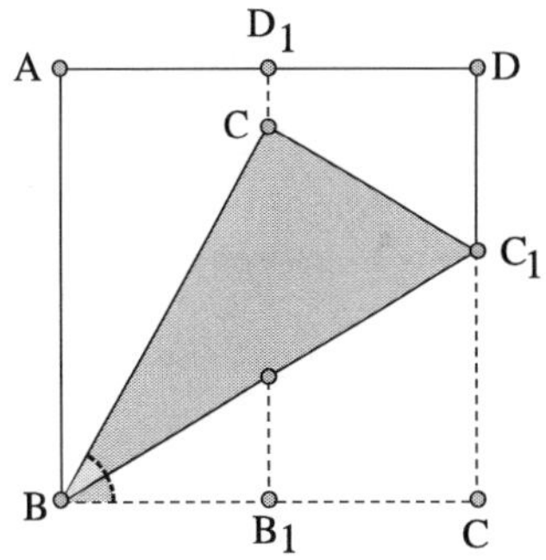

그림 2-21

(2) 변 BC을 정점 B를 중심으로 하여 정점 C를 접어서 접힌 선 B_1D_1위에 겹치게 접는다. 여기서 접혀진 선을 BC_1이라고 하면 $\angle CBC_1$은 30°가 된다.([그림 2-21] 참조)

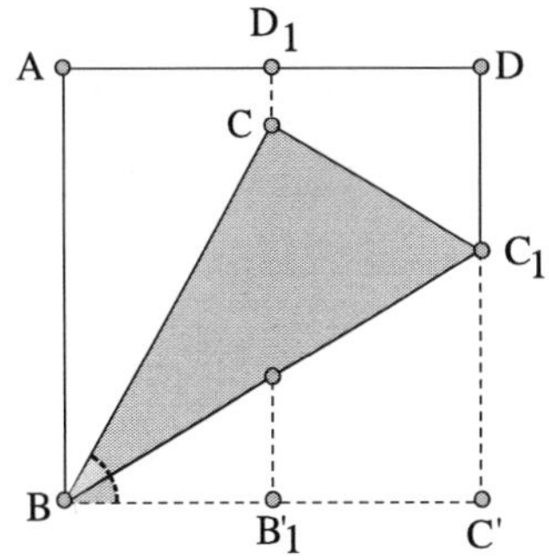

그림 2-22

(풀이1) 꼭짓점 C와 꼭짓점 C의 원래 위치인 C′을 연결한다. $\angle CBC'$에 대하여

$$\overline{BB'_1} = \overline{C'B'_1},\ \overline{BC'} \perp \overline{B'_1C}$$

따라서, $\triangle CBC'$은 $\overline{CB} = \overline{CC'}$인 이등변삼각형이다.

더욱이, 꼭짓점 B를 중심으로 하여 변 BC를 접어서 점 C가 변 $D_1B'_1$ 위에 오도록 접으면 $\overline{CB} = \overline{C'B}$ 가 된다. 따라서 $\triangle CBC'$은 정삼각형이 된다. 더욱이 $\triangle CBC_1 \equiv \triangle C'BC_1$ 은 합동이므로

$$\angle CBC_1 = \angle C'BC_1 = \frac{1}{2}\angle CBC'.$$

따라서 $\angle CBC_1 = 30°$ 이다.([그림 2-22] 참조)

(풀이2) 또한 증명은 여러 가지 방법으로 제시될 수도 있다. 삼각비를 알고 있다고 하자. [그림 2-22]에서 변 BC와 변 BB'_1의 길이를 비교하면 2 : 1이다. 그러므로 삼각비에 의해서 $\angle CBA$는 30°이다. 이와 같은 방법은 종이 접기와 수학에서 여러 가지로 응용될 수 있다. ◈

Q 문제 19 한 변의 길이가 10인 정사각형 종이 ABCD가 있다. 변 AB, CD의 중점을 각각 M, N이라고 하고, 점 B가 선분 MN 위에 오도록 접었다. 절선 AE에 대해 B를 접어서 대응되는 점 B′이라고 하자. 이때, 선분 BE의 길이를 구하여라.

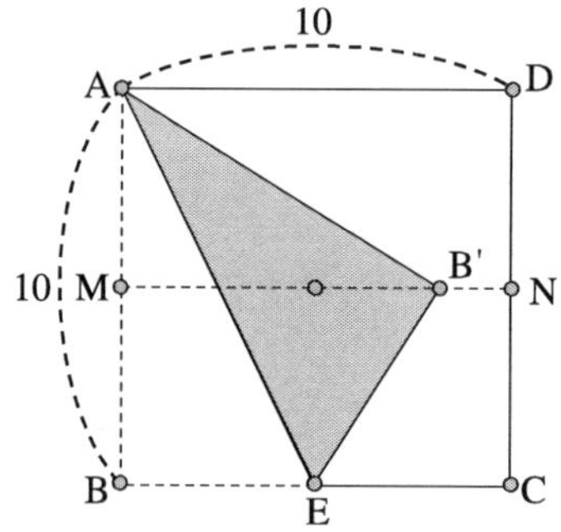

그림 2-23

(풀이1) 직접 종이를 접어 보면 직관적으로 $\triangle AB'E \equiv \triangle ABE$임을 알 수 있다. 더욱이 $\overline{MA}$와 $\overline{AB'}$의 비가 1 : 2이므로 $\triangle AMB$는 $\angle AB'M = 30°$인 직각삼각형임을 보이면 확실히 증명이 된다.

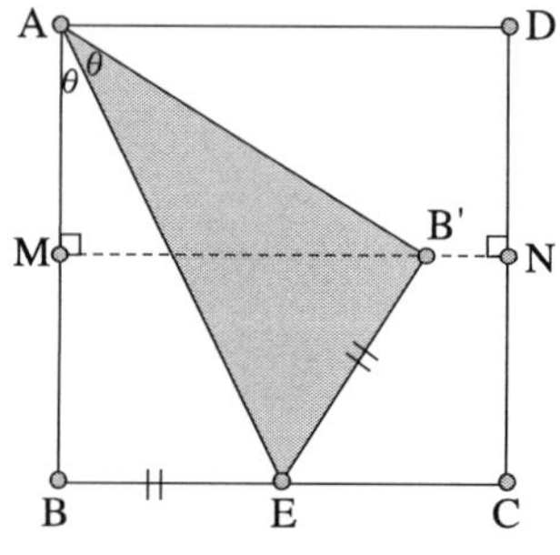

그림 2-24

(풀이2) $\triangle AB'E \equiv \triangle ABE$ ·························· ①

이므로 직각삼각형 AMB′에 대하여

$$\overline{AB'} : \overline{AM} = \overline{AB} : \overline{AM} = 2 : 1$$

이다. 따라서 $\triangle AMB'$은 $\angle AB'M = 30°$인 직각삼각형이므로 $\angle MAB' = 60°$와 ①에 의해 $\angle MAE' = 30°$이고, $\triangle ABE$는 $\triangle BAE$가 한 각이 30°인 직각삼각형이다. 따라서

$$\overline{BE} = \overline{AB} \times \tan 30° = \frac{\overline{AB}}{\sqrt{3}} = \frac{10\sqrt{3}}{3}$$ ([그림 2-24] 참조). ◈

문제 20 각도기가 없을 때 색종이를 접어서 다양한 각도기를 만들어 볼 수 있다. 직접 만들어 몇 가지 각을 측량할 수 있을지 알아보자.

(풀이) 앞에서 30°에 대해서는 색종이로 접어 보았다. 그것을 이용하여 다양한 방법으로 접근할 수 있다.
15°, 30°, 45°(= 15° + 30°), 60°, 75°, 90°, 105°(= 30° + 75°), 120°(= 60° + 60°) 등이 있다. 혹시 다른 각을 잴 수도 있는지도 탐구해 보아라. ◈

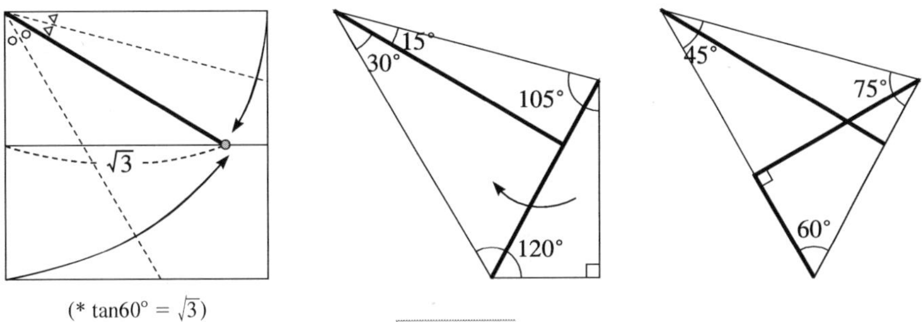

그림 2-25

실제로 일정한 간격으로 되어 있는 종이를 접었을 때의 나타나는 현상을 관찰할 수 있을 것이다. 직접 학생들이 가지고 있는 테이프를 이용하여 직접 만들어 보고 일정한 규칙이 있는 지를 살펴 볼 수 있다. 아래의 문제는 하나의 예에 불구하고 학생들이 스스로 다양한 테이프를 이용하여 넓이와 각의 관계를 탐구해보자.

문제 21 폭이 3cm인 테이프에서 선분 AB를 축으로 접었을 때, $\angle ACB = 45°$라 하자. 삼각형 $\triangle ACB$의 넓이를 구하여라.([그림 2-26] 참조) 45°를 접는 방법에 대해서도 생각해 보자.

(풀이) [그림 2-26]과 같이 각들을 a, a', b라 하자. 선분 AB는 테이프를 접어서 생긴 선이므로 $a = b$, $a' = a$이다. 따라서 $a' = b$

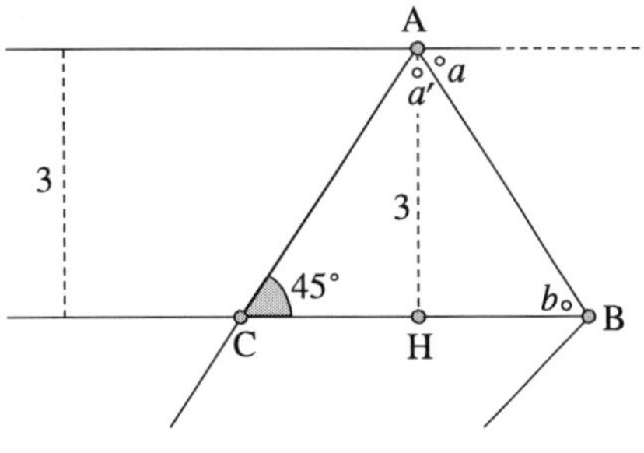

그림 2-26

이므로 $\triangle ACB$는 이등변삼각형이다. 따라서 $\overline{CA}=\overline{CB}$이다. 여기서 [그림 2-26]과 같이 $\triangle ACH$는 $\angle ACH = \angle CAH = 45°$인 직각이등변삼각형이므로 $\overline{CA}=\sqrt{2}\,\overline{AH}=3\sqrt{2}=\overline{CB}$이다. 따라서,

$$\triangle ABC = \overline{AH} \times \frac{\overline{CB}}{2} = \frac{9\sqrt{2}}{2}$$ ◈

Q 문제 22 정사각형 색종이를 이용하여 임의의 각을 삼등분하는 방법을 말하고 그 이유를 설명하여라.

(풀이) 컴퍼스와 자로는 임의의 각을 삼등분할 수 없다는 것은 명백하지만 종이 접기로는 가능하다는 것을 학생들 스스로 파악할 수 있다는 사실을 알게 한다. 따라서 학생들이 아래와 같은 순서대로 접는 방법이 제시될 수 있다. 그렇다면 그 이유를 설명하도록 지도한다.

접는 순서

(일본에서 아베(H. Abe)의 한 각의 삼등분)

그림과 함께 설명하도록 한다.

① 정점 B를 지나고 임의의 $\angle PBC$를 만든다([그림 2-27] 참조).

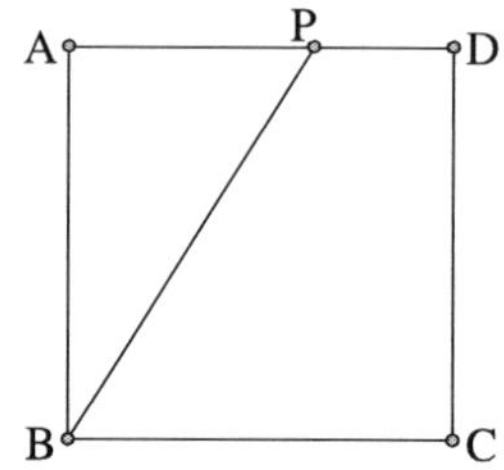

그림 2-27

② 적당한 폭으로 $\overline{BC}$에 평행하게 두 번을 접어서 펴면 두 선분 $\overline{GH}$, $\overline{EF}$이 나타난다. ([그림 2-28] 참조)

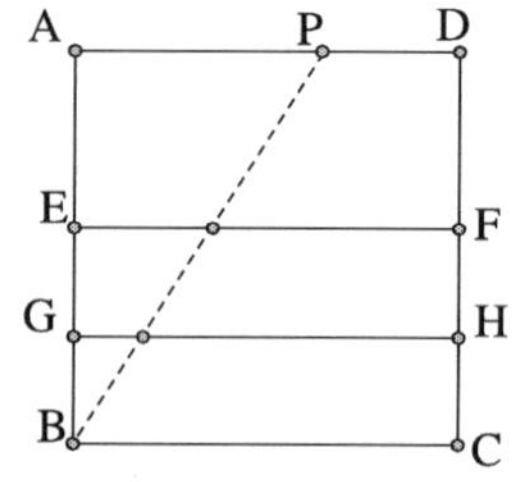

그림 2-28

③ 그림과 같이 점 B를 선분 GH 위에, 접어서 대응되는 그 점을 N이라 하고 점 E는 선분 BP에 오도록 접어서 그 위에 대응되는 점을 M이라 한다. (두 점 B와 E를 이동한다.) ([그림 2-29] 참조)

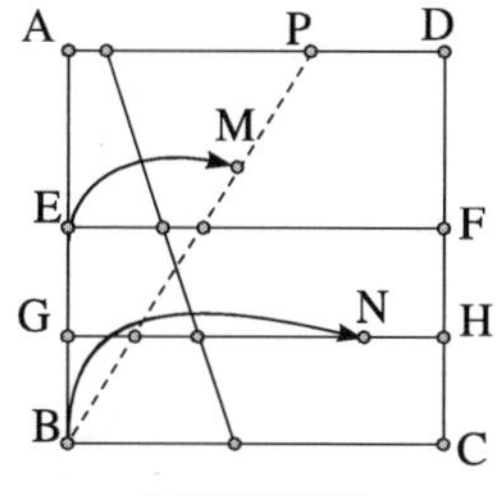

그림 2-29

④ 두 점 B, E를 이동하여 위치에 정확하게 맞도록 접는다. ([그림 2-30] 참조)

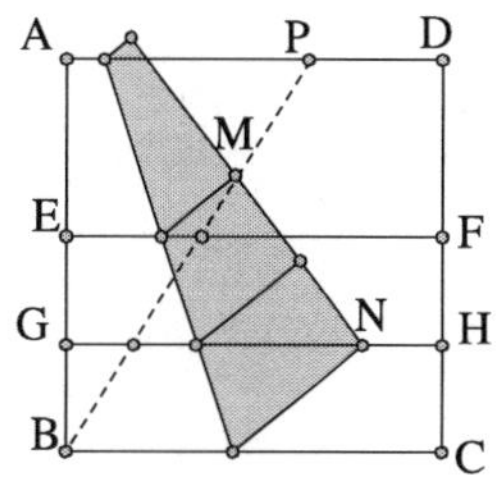

그림 2-30

⑤ $\overline{QQ'}$ 를 연장하여 선분 DC와 만나는 점을 R라 한 후 $\overline{BR}$ 을 연결한다. ([그림 2-31] 참조)

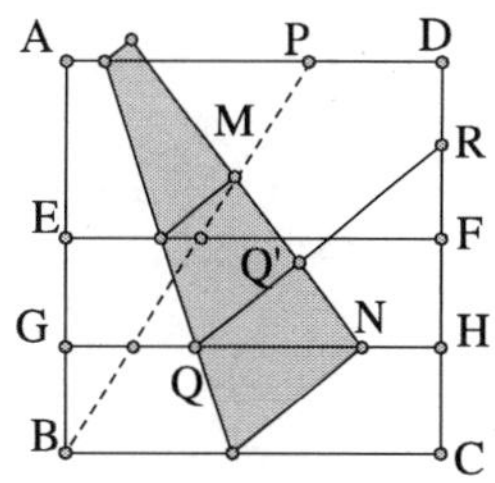

그림 2-31

⑥ 선분 BR을 그으면 ∠PBR 이 나타난다. ([그림 2-32] 참조)

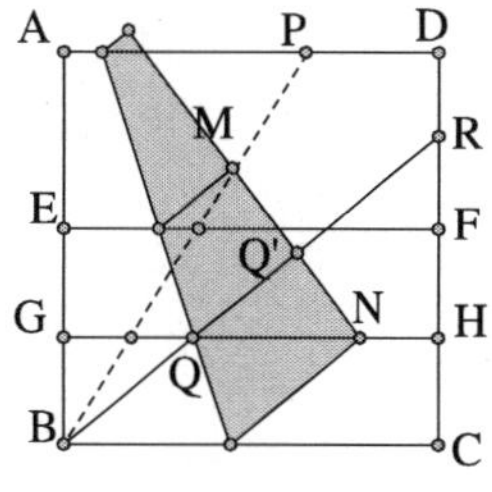

그림 2-32

⑦ 선분 BN을 그으면 ∠NBC 이 나타난다.

참고

직각을 삼등분하는 사실을 앞에서 이미 다루었다. 지금은 임의의 각을 삼등분하는 방법을 탐구하고 있다. 다양한 방법이 나타날 수 있다.

예상답변 1

예각의 경우 삼등분하는 방법을 생각해 보자. 정사각형의 종이를 접는 방법의 핵심은 점 E를 선분 BP 상에 점 M에, 점 B를 선분 GH 상의 점 N에 겹치게 하는 것이다. 위의 방법에 의하여 선분 GB는 선분 Q'N에 포개진다. 그리고 $\triangle BGQ$와 $\triangle NQ'Q$에서

$\angle BGQ = \angle NQ'Q = \angle R$,

$\overline{GB} = \overline{Q'N}$,

$\overline{GQ} = \overline{QQ'}$.

$\therefore \triangle BGQ \equiv \triangle NQ'Q$ ---------------------- ①

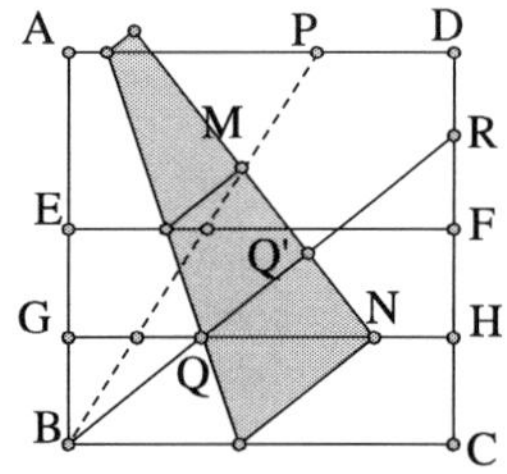

그림 2-33

또한 $\overline{EG} = \overline{MQ'}$, $\overline{GB} = \overline{NQ'}$이므로

$\overline{NQ'} = \overline{Q'M}$,

$\overline{BQ'}$ 은 공통변이고

$\overline{BQ'} \perp \overline{MN}$

$\therefore \triangle BQ'M \equiv \triangle BQ'N$

그러므로 $\angle NBQ' = \angle MBQ'$ -------------------- ②

이제는 ①로부터 $\triangle GBN \equiv \triangle Q'BN$이므로

$\angle QBS = \angle QNS$ 이다.

또한 $\overline{GH} // \overline{BC}$이므로 $\angle QNB = \angle NBC$ -------- ③

([그림 2-33] 참조)

따라서, ①, ②, ③에 의하여 선분 BQ, BS는 삼등분선이 된다([그림 2-34] 참조).

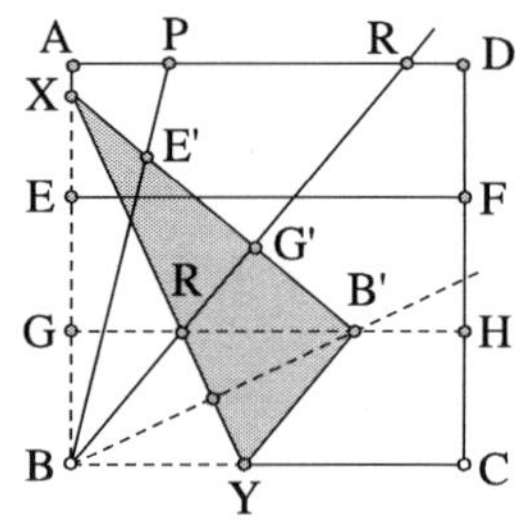

그림 2-34

예상답변 2

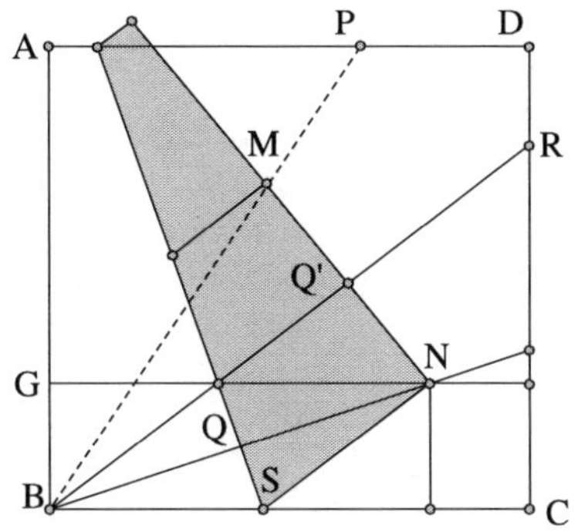

그림 2-35

만일 ∠PBC=θ가 예각이 아니라면 θ의 이등분 또는 사등분의 각을 만들면 등분한 각이 예각이 되므로 이것을 θ라고 하고 삼등분하여 그 크기만큼씩 등분하면 본래의 각의 삼등분은 그들의 2배 혹은 4배로서 얻어지게 되어 임의의 각을 삼등분하게 되는 것이다. ◈

2.5.2 관련 문제

다음 문제들은 실제로 종이를 접은 상태에서 문제를 접근하면 그림을 그려서 학습하는 것보다 효율적이라고 판단이 된다. 이러한 활동에서 종이 접기와 관련된 각의 문제를 관찰하고 탐구해 보자.

Q 문제 23 정사각형의 종이의 대각선을 중심으로 접고, 다음 도형과 같이 접어서 만든 도형에서 $\angle x$는 몇 도인가?([그림 2-36] 참조)

(풀이) [그림 2-36]에서

$\angle DAC = \angle BEC = \angle DGC = 45°$.

또한 그림에서 180°을 삼등분하고 있으므로

$\angle ACD = \angle FCB = \angle DCG = 60°$.

삼각형의 내각의 합이 180°이므로 $\angle ADC = \angle EBC = 75°$이다.

따라서 사각형의 내각의 합에서

$\angle x + 75° + 75° + 60° = 360°$

$\therefore \angle x = 150°$ ◈

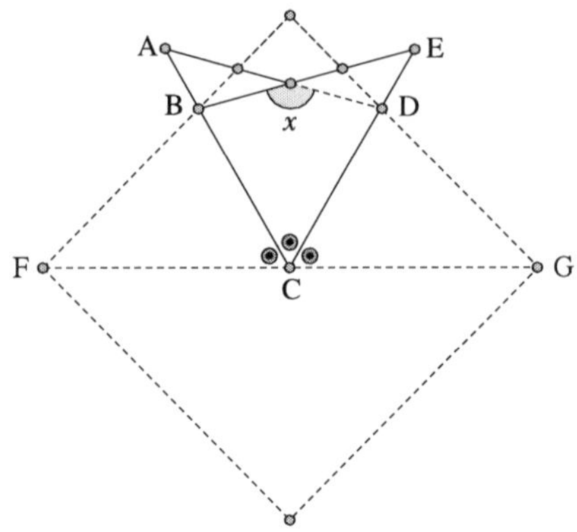

그림 2-36

탐구 문제 9 [그림 2-36]의 도형을 직접 접어보는 방법을 생각해보자. 그리고 180°를 삼등분하는 방법도 생각해보자.

2.6 예제다루기 I

종이접기의 특징은 대칭성에 있다. 그 특성을 잘 이용하여 절선의 수학적 내용을 몇 가지의 사례를 통하여 살펴보자. 여기서의 종이접기에 의해 작도는 자와 컴퍼스로 가능한 범위이다.

2.6.1 접기의 기본

[그림 2-37]을 참고하여 아래 (1) ~ (4)를 실습해보아라.

(1) 선분의 수직이등분선을 접는다.(두 점 A, B가 일치되도록 접는다)[그림(a)]

(2) 각의 이등분선을 접는다.(선분 AB, AP를 겹치도록 접는다.)[그림(b)]

(3) 임의의 점에서 선분에 수선을 접는다.(접힌 선이 점 P를 지나도록 점 A를 선분 AB가 겹치도록 접는다.)[그림(c)]

(4) 두 점을 지나는 직선을 접는다.(두 점 P, Q를 포함하도록 접는다)[그림(d)]

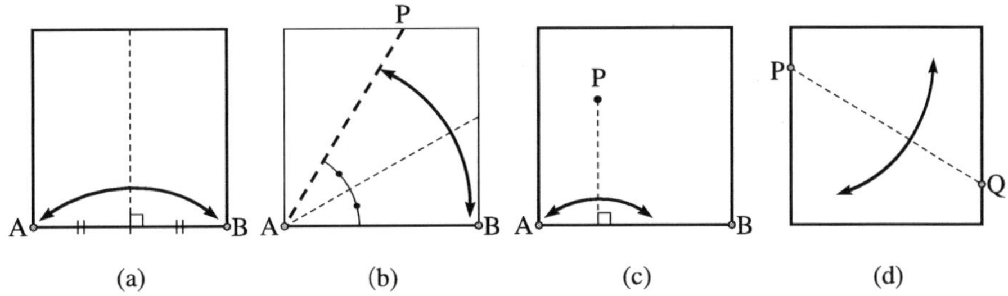

그림 2-37

2.6.2 삼각형의 각의 이등분선과 비

삼각형 ABC의 꼭짓각 C([그림 2-38]의 (e)와 (f) 참조) 또는 각 A의 연장선 AE(접힌 종이로 설명, [그림 2-38]의 (g) 참조)의 이등분선 CF를 접고, 다음에 꼭짓점 C가 점 F에 겹치도록 접는다.([그림 2-38]의 (f)와 (g), 외각에 대해서도 동일) 그러면 그림(f), (g)에서 사각형 CDFE는 사다리꼴이 된다.

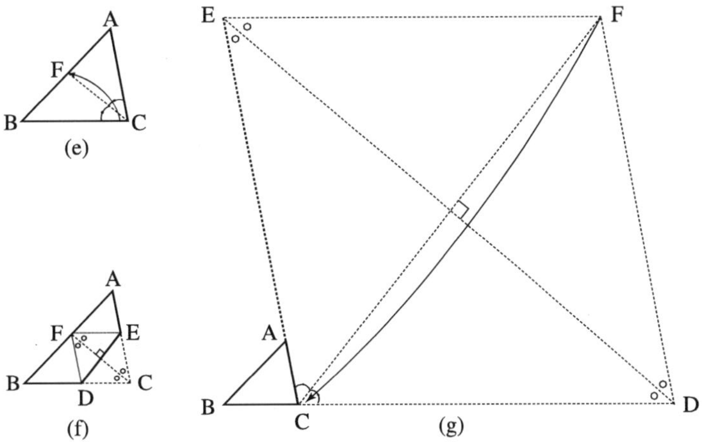

그림 2-38

$\overline{FE}//\overline{BC}$, $\overline{FD}//\overline{AC}$ 이므로 사각형 CDFE는 평행사변형이다.

또한 이것에서 $\triangle AFE \backsim \triangle FBD \backsim \triangle ABC$이고 $\overline{FE}=\overline{FD}$에 주의하면

$$\overline{AF} : \overline{FB} = \overline{FE} : \overline{BD} = \overline{AC} : \overline{BC} \text{ 이다.}$$

$$\because \overline{AF} : \overline{AB} = \overline{FE} : \overline{BC} \quad \text{또는} \quad \overline{AF} : \overline{FE} = \overline{AB} : \overline{BC}$$

단, 그림(e)에서 $\overline{AC} \neq \overline{BC}$ 이다.

2.6.3 대칭이동

탐구 문제 10 xy-평면 위에 세 점 A(0, 3), B(2, 0), C(4, 2)을 꼭짓점으로 하는 삼각형([그림 2-39] 참조)에서 다음 물음에 대하여 답하여라.

어떤 직선에 대해 두 번 접으면 점 C가 점 A에 겹친다. (점 A가 이동이 되도록 접는다.) 이 때, 이 직선의 방정식을 구하여라. 또한, 점 B가 이동했던 점의 좌표를 구하여라.(단, 접었을 때 겹치는 두 점 A, C를 이은 선분 AC는 이 직선을 접었을 때의 흔적이 나타난 선이다.)

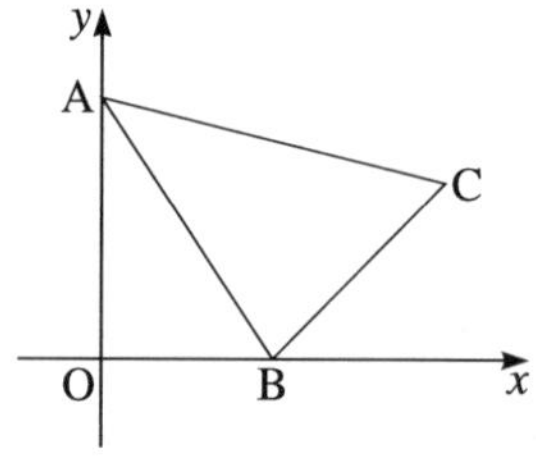

그림 2-39

Q 문제 24 직선에 관하여 대칭이동([그림 2-40]과 [그림 2-41] 참조)

두 점을 $A(x, y)$, $B(x', y')$라 하면 원점을 지나고 x축과 이루는 각이 θ인 직선에 대하여 대칭이동은

$$\begin{pmatrix} x' \\ y' \end{pmatrix} = \begin{pmatrix} \cos 2\theta & \sin 2\theta \\ \sin 2\theta & -\cos 2\theta \end{pmatrix} \begin{pmatrix} x \\ y \end{pmatrix} \text{---------①}$$

이다. 여기서 $m = \tan\theta$라 하면

$$\begin{pmatrix} x' \\ y' \end{pmatrix} = \frac{1}{1+m^2} \begin{pmatrix} 1-m^2 & 2m \\ 2m & m^2-1 \end{pmatrix} \begin{pmatrix} x \\ y \end{pmatrix} \text{---②}$$

로 나타난다([그림 2-40] 참조). ①과 ②가 얻어지는 이유를 설명하여라.

또한 $y = mx + n$로 나타내는 직선에 대하여 대칭이동은

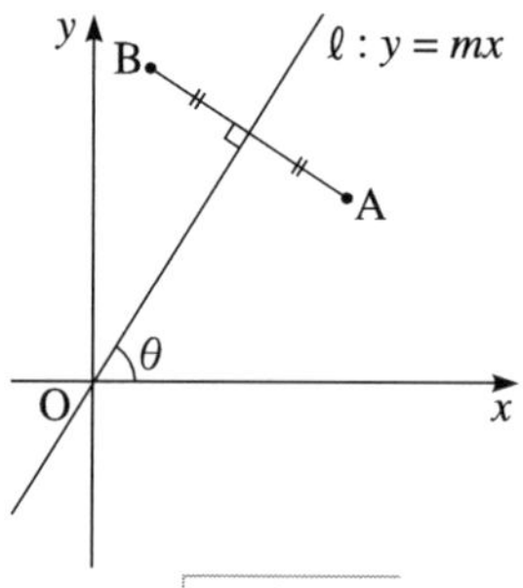

그림 2-40

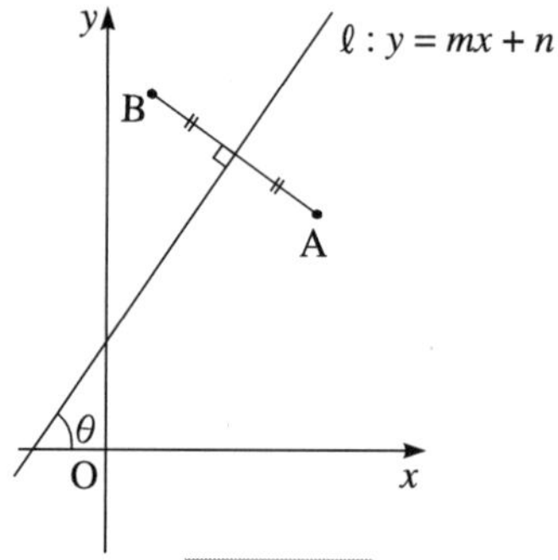

그림 2-41

$$\begin{pmatrix} x' \\ y' \end{pmatrix} = \frac{1}{1+m^2}\begin{pmatrix} 1-m^2 & 2m \\ 2m & m^2-1 \end{pmatrix}\begin{pmatrix} x \\ y \end{pmatrix} \quad \text{③}$$

으로 나타난다([그림 2-41] 참조). ③에 대해 설명하여라.

(풀이) ①

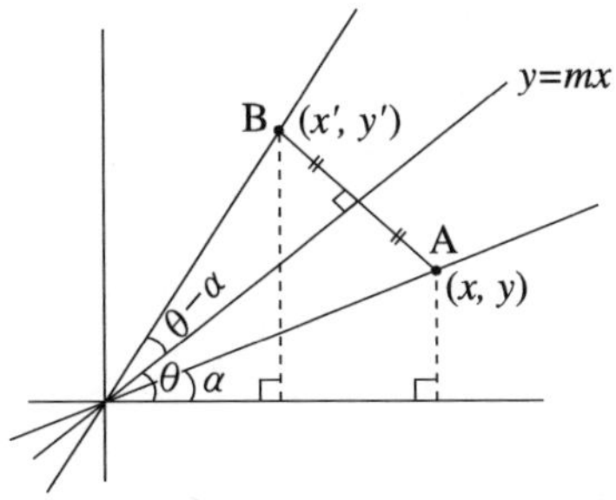

$x=\cos\alpha,\ y=\sin\alpha$ 그리고 $x'=\cos(2\theta-\alpha),\ y'=\sin(2\theta-\alpha)$이다.

한편 삼각함수 합차공식에 의해서

$$\begin{aligned} x' &= \cos(2\theta-\alpha) = \cos 2\theta\cos\alpha + \sin 2\theta\sin\alpha \\ &= x\cos 2\theta + y\sin 2\theta \\ y' &= \sin(2\theta-\alpha) = \sin 2\theta\cos\alpha - \cos 2\theta\sin\alpha \\ &= x\sin 2\theta - y\cos 2\theta \end{aligned}$$

를 얻을 수 있다. 따라서,

$$\begin{pmatrix} x' \\ y' \end{pmatrix} = \begin{pmatrix} \cos 2\theta & \sin 2\theta \\ \sin 2\theta & -\cos 2\theta \end{pmatrix}\begin{pmatrix} x \\ y \end{pmatrix}$$

이다.

②

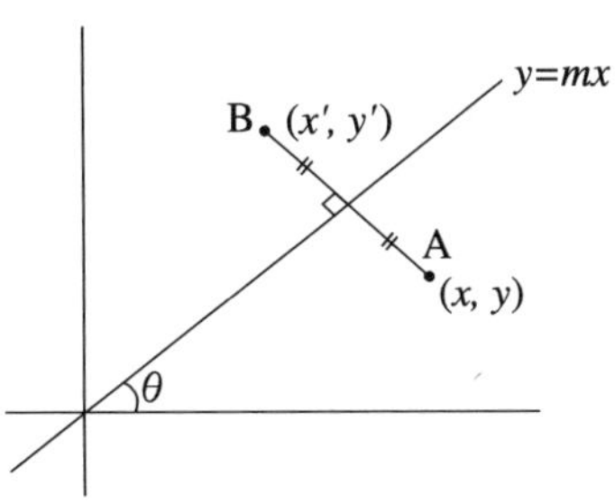

두 점 (x, y), (x', y')를 지나는 직선은 $y=mx$에 수직이 되고, 두 점의 중점은 $y=mx$ 위에 있게 된다.

따라서,

$$\frac{y-y'}{x-x'}=-\frac{1}{m},\quad \frac{y+y'}{2}=\frac{m(x+x')}{2}$$

을 얻을 수 있다. 이 두 식을 정리하면

$$\begin{pmatrix} x' \\ y' \end{pmatrix}=\begin{pmatrix} \frac{1-m^2}{1+m^2} & \frac{2m}{1+m^2} \\ \frac{2m}{1+m^2} & \frac{m^2-1}{1+m^2} \end{pmatrix}\begin{pmatrix} x \\ y \end{pmatrix}$$

이다.

③ 위의 ①, ②와 같은 방법으로 보일 수 있다. ◈

탐구 문제 11 문제 24에서 기울기 $m=\frac{1}{\sqrt{3}}$인 경우에 대해서 어떻게 될지 탐구해보자.

2.6.4 접힌 선의 엄밀한 탐구

1) 수업용 프린트

[그림 2-42]와 같이 직사각형의 종이를 접어서 간단히 이등분선(직선)을 그을 수 있다. 또한 삼각형의 한 꼭짓점에서 대변에 수선을 그을 수 있다. 직사각형 종이를 아래 [그림 2-42]의 왼쪽과 같이 접어 다시 펼쳐 본다. 자국이 직선으로 나타난다. 여기서 이 접힌 선을 엄밀하게 조사해 보기로 하자.

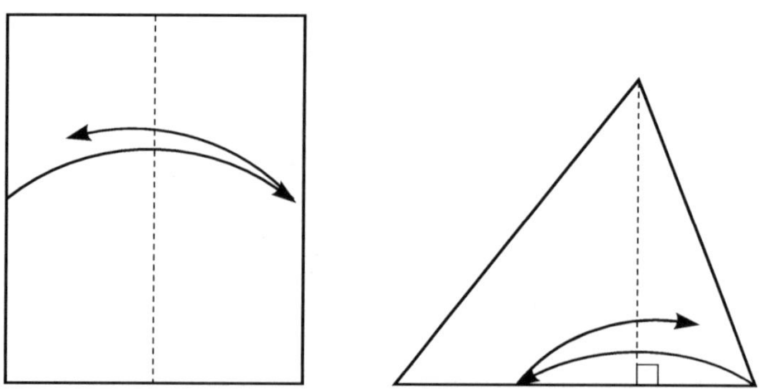

그림 2-42

2) 종이를 접었을 때 나타난 조건

물음 [그림 2-43]과 같이 종이 내부의 한 점에서 여러 방향으로 접어서 펼쳐 보아라(단, 이 경우에 접는 방향은 고정된 내부점에서 반직선으로 접는 것을 의미한다). 어떤 선분들이 생기는가?

생각 ②는 ①을 펼친 상태, ④는 ③을 펼친 상태를 나타낸다.

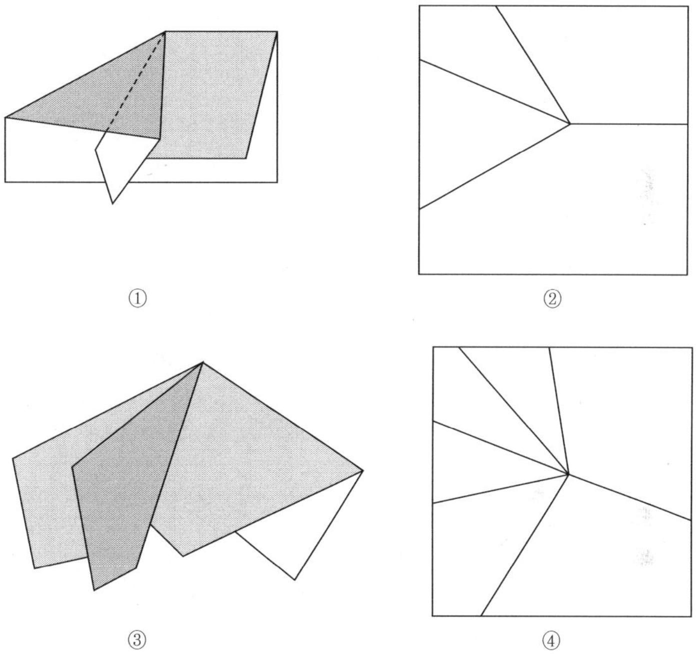

그림 2-43

Q 문제 25 [그림 2-43]의 ①, ③과 같이 한 점을 중심으로 임의로 접어서 나타난 선의 개수를 조사하여 보아라. 또한 이와 같이 접어서 펼치면 최종적으로 몇 개의 접힌 선이 나타나는가?

풀이 접는 방법의 수를 n이라 했을 때, $n \le$ 선의 개수 $\le 2n-2\,(n \ge 3)$. ◈

Q 문제 26 또한 접힌 자국과 나타난 선의 관계를 조사하여 보아라.

풀이 한 번 접을 때마다 두 개의 접은 선이 나타난다. ◈

문제 27 접힌 선에서 나타난 하나의 각 합이 180° 되는 경우에는 [그림 2-43]의 ①, ②의 경우를 명백하게 만족하는가?(힌트 : [그림 2-44]는 원 모양의 종이를 원의 중심을 중심으로 하여 접었을 때의 모습이다.)

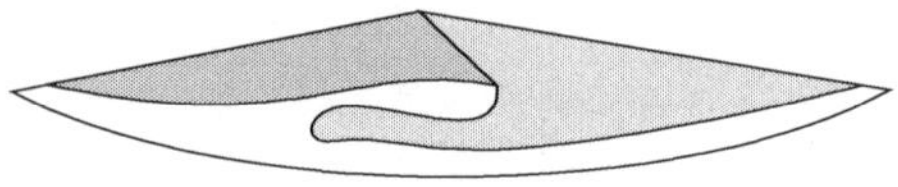

그림 2-44

풀이 $2n(n \geq 2)$ 번 접었을 때 만족한다. ◈

2.6.5 삼각형의 오심

앞의 2.3.1에서 삼각형의 성질에 관한 내용을 바탕으로 삼각형의 오심에 관한 문제들을 다루어 보도록한다.

1) 내심

삼각형 종이를 아래 [그림 2-45]와 같이 세 각의 이등분선을 접으면 접힌 선이 한 점에서 일치한다는 것을 알 수 있다.

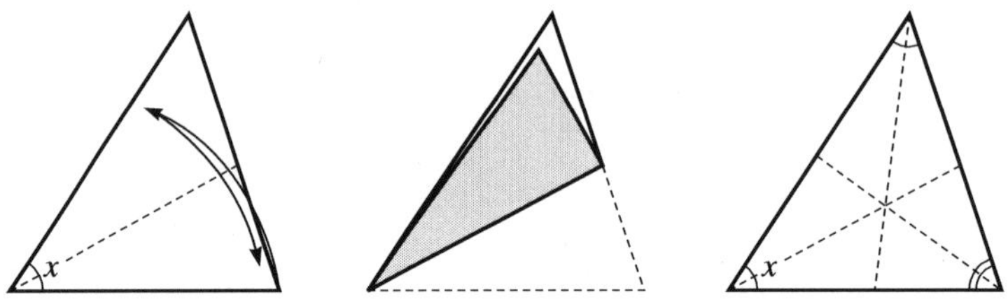

그림 2-45

아래의 [그림 2-46]의 △ABC에 대하여 이 내심을 정점으로 하여 변 BC에 수선을 그으면 접힌 선 ID를 그은 것과 같다는 것을 알 수 있다. 즉, 이 접힌 선은 내심 I에서 선분 BC에 내린 수선을 긋는 것이다. 나머지 두 변에 대해서도 똑같은 방법으로 조작하여 수선을 긋는다. 아래의 [그림 2-46]의 오른쪽과 같이 주어진 삼각형에 대해 똑같이 조작하여 접으면 세 개의 수선이 겹친다는 것을 알 수 있다.

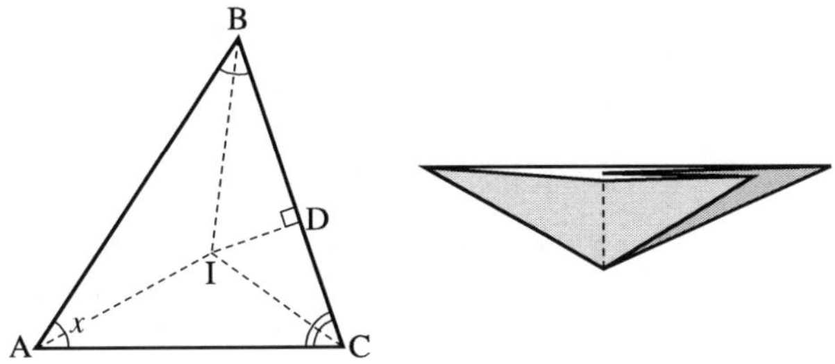

그림 2-46

탐구 문제 12 [그림 2-46]의 △ABC에 대하여 $\overline{AD}-\overline{AC}$와 $\overline{DB}-\overline{DC}$의 관계를 그림으로 설명하여라. ($\overline{AD}>\overline{AC}$)

탐구 문제 13 [그림 2-47]과 같이 사각형에 내접하는 원을 그린 후 주어진 사각형을 삼각형과 동일한 방법으로 네 개의 수선이 일치하도록 접어보자.

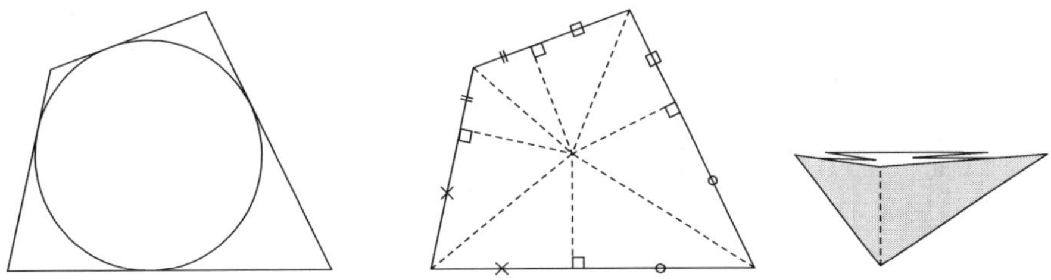

그림 2-47

위의 탐구문제 13과 관련하여 네 변 사이의 관계를 알아보면 대응되는 두변의 길이의 합이 같다는 것을 알 수 있다.

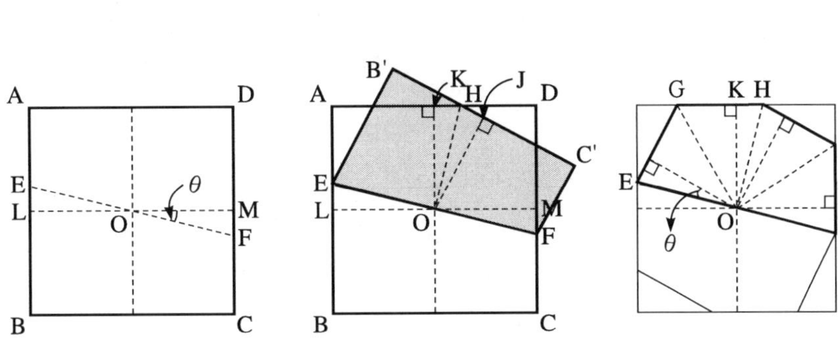

그림 2-48

[그림 2-48]에서 이 다각형의 겹쳐진 부분을 펼치면 팔각형이 된다.

대칭성을 고려해 본다면 이 팔각형에서 정사각형의 내접원을 공유하고 있는 것은 [그림 2-49]의 첫 번째 그림과 같은 모양의 여덟개의 합동인 삼각형이다(예, $\triangle OGE \equiv \triangle OGH$). 따라서 정사각형 한 변의 길이를 1이라 할 때 삼각형 OEG의 넓이가 최소가 되는 θ를 구할 수 있을 것이다. 최소가 되기 위해서는 θ의 크기를 변화해 볼 수 있다. 이 때 그 해를 구해보면 $\theta = \frac{\pi}{8}$ 이다.

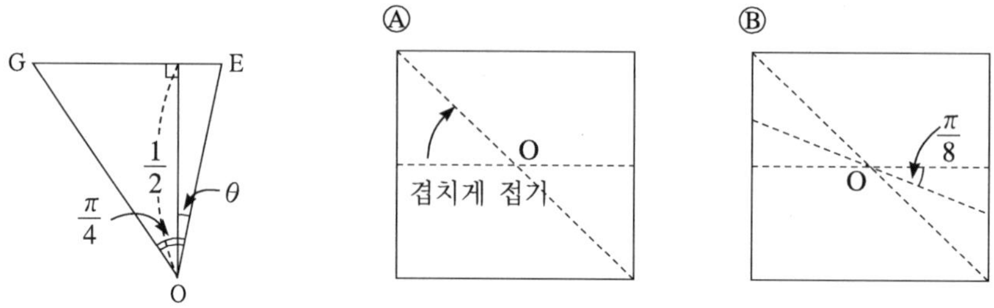

그림 2-49

탐구 문제 14 ① $\theta < \frac{\pi}{8}$ 은 경우를 생각해서 접어보자.
② $\theta = \frac{\pi}{8}$ 일 때 왜 삼각형 OEG의 넓이가 최소인가?

탐구 문제 15 한 변의 길이가 1인 정사각형의 종이를 하나의 선분에 의해 접었을 때 이 중심이 되는 부분의 다각형을 P라 하자. P에서 선대칭한 도형이 오각형이 되도록 접었을 때 P의 면적의 최솟값을 구하여라. [동경공업대, 2001]

탐구 문제 16 오른쪽 [그림 2-50]과 같이 네 변의 길이가 1이고 외각의 크기가 $\theta(0 < \theta < \pi/2)$ 인 오각형 넓이의 최댓값을 구하여라. [동경공업대, 1995]

탐구 문제 17 [그림 2-50]과 같은 오각형의 경우 변의 길이가 1인 네 변이 똑같은 직선에 올 수 있도록 접어보아라.

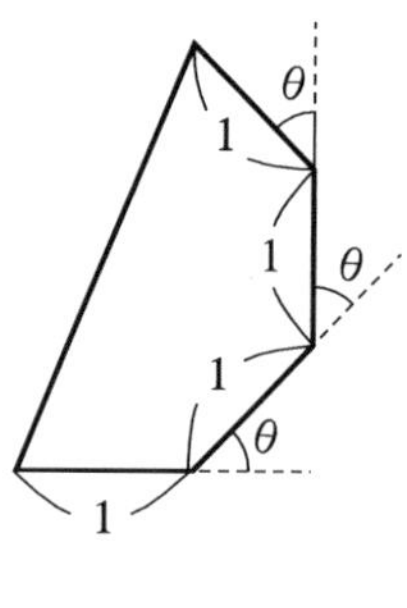

그림 2-50

2) 외심

Q 문제 28 삼각형의 세 변에 수직이등분선을 접는다. 세 개의 수직이등분선이 한 점에서 만나는 것을 확인하여라([그림 2-51] 참조).

(풀이)

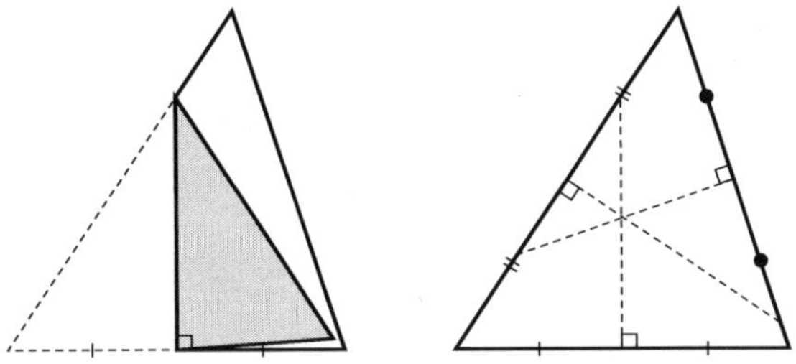

그림 2-51

Q 문제 29 [그림 2-52]와 같이 세 수직이등분선의 교점을 포함하고 세 개의 꼭짓점이 겹치도록 접어서 교점과 세 꼭짓점과의 거리가 동일하다는 것을 보이고, 또 그 이유를 설명하여라.

(풀이)

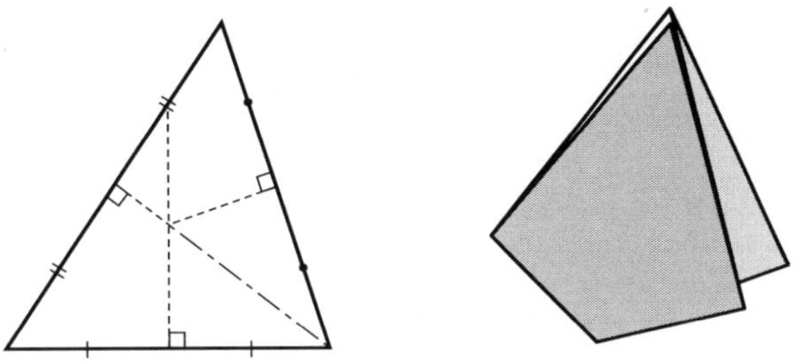

그림 2-52

3) 무게중심

[그림 2-53]과 같이 삼각형의 한 변에 중점을 잡고 대응 꼭짓점에서 이 중점에 이은 직선(즉, 중선)을 접는다. 이것을 세 변에 동일하게 조작하여 접으면 세 직선은 한 점에서 만나는 것을 확인할 수 있다.

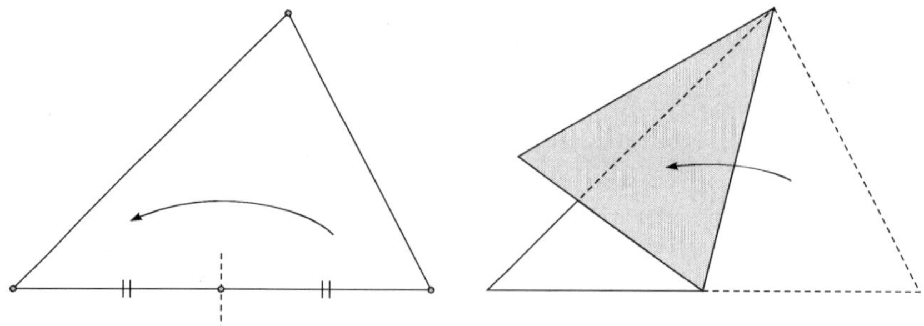

그림 2-53

Q 문제 30 종이접기를 통해 무게중심을 접었을 때, 무게중심은 중선을 2 : 1로 나누게 됨을 확인해 보아라.

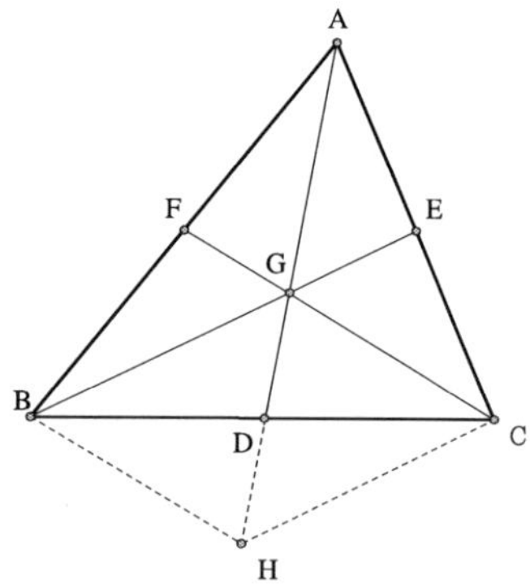

그림 2-54

(풀이) ([그림 2-54] 참조) △ABC의 중선 BE, CF의 교점을 G, $\overline{AG}$ 의 G쪽의 연장선에 $\overline{AG}=\overline{GH}$ 가 되도록 점 H를 잡고, $\overline{AH}$ 와 $\overline{BC}$ 의 교점을 D라 하면, △ABH에서

$$\overline{AF}=\overline{FB},\quad \overline{AG}=\overline{GH}$$
$$\therefore \overline{BH}//\overline{FG},\quad \overline{BH}=2\overline{FG}$$

마찬가지로

$$\overline{CH}//\overline{FG},\quad \overline{CH}=2\overline{EG}.$$

그러므로 사각형 GBHC는 두 쌍의 대변이 평행이므로 평행사변형이다.

$$\therefore \overline{BD}=\overline{DC},\quad \overline{GD}=\overline{DH},\quad \overline{BH}=\overline{CG},\quad \overline{CH}=\overline{BG}$$

또한 $\overline{AD}$ 가 중선이므로

$$\overline{AG}:\overline{GD}=\overline{AG}:\frac{1}{2}\overline{GH}=2:1$$
$$\overline{CG}:\overline{CF}=\overline{BH}:\overline{FG}=2:1$$

마찬가지로 $\overline{BG}:\overline{GE}=2:1$이 된다.

따라서 삼각형의 세 중선은 한 점에서 만나게 되고 그 점에서 중선은 2 : 1의 비로 나누어지게 된다. ◈

Q 문제 31 삼각형의 각 꼭짓점에서 삼각형의 밖에 있는 한 직선에 그은 수선의 길이의 합은 이 삼각형의 무게중심에서 이 직선에 그은 수선의 길이의 세 배와 같음을 확인해 보아라.

GSP를 이용한 작도 순서

① 삼각형 ABC를 작도한다.

② 삼각형 ABC의 외부에 하나의 직선을 작도한다.

③ 삼각형 ABC의 무게중심을 작도한다.

④ 각 꼭짓점에서 직선에 수선을 작도하여 수선의 길이를 측정한다.

⑤ 무게중심에서 수선을 작도하여 수선의 길이를 측정한다.

⑥ 각 꼭짓점에서의 수선의 길이들의 합을 구하여 무게중심에서의 수선의 길이와 비교한다.

(풀이) ([그림 2-55] 참조) △ABC의 무게중심 G, 변 $\overline{BC}$의 중점을 M, $\overline{AG}$의 중점을 N이라 하면 A, B, C, G, M, N에서 삼각형의 밖에 있는 한 직선에 각각 수선을 그어 그 발을 각각 A′, B′, C′, G′, M′, N′라고 한다. 이들의 수선은 서로 평행하다.
사다리꼴 NMM′N′에서 G는 $\overline{NM}$의 중점이므로

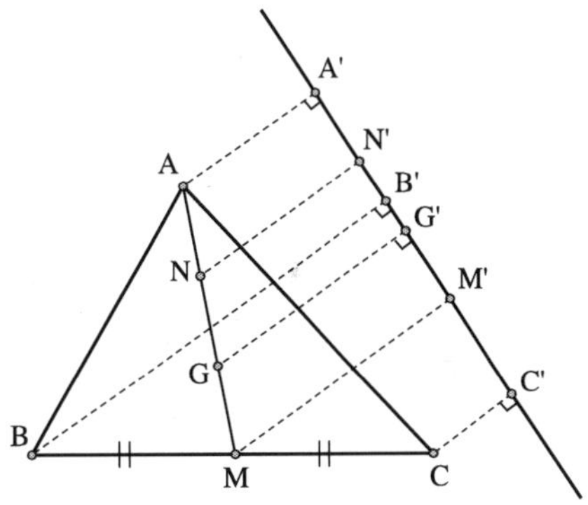

그림 2-55

$$\overline{NN'}+\overline{MM'}=2\overline{GG'} \quad \text{①}$$

사다리꼴 BCC′B′에서 M은 $\overline{BC}$의 중점이므로

$$\overline{BB'}+\overline{CC'}=2\overline{MM'} \quad \text{②}$$

사다리꼴 AGG′A에서 N은 $\overline{AG}$의 중심이므로

$$\overline{AA'}+\overline{GG'}=2\overline{NN'} \quad \text{③}$$

①+②+③하고 양변에 공통된 것을 빼면

$$\overline{AA'}+\overline{BB'}+\overline{CC'}=\overline{MM'}+\overline{NN'}+\overline{GG'}=3\overline{GG'}$$

이다. 그러므로 삼각형의 각 꼭짓점에서 삼각형의 밖에 있는 한 직선에 그은 수선의 길이의 합은 이 삼각형의 무게중심에서 이 직선에 그은 수선의 길이의 세 배와 같다. ◈

문제 32 [그림 2-56]에서와 같이 △ABC에서 $\overline{BN}$, $\overline{CM}$을 각각 B, C로부터의 중선이라 하고, $\overline{BN}$, $\overline{CM}$의 교점을 G라 할 때, □AMGN = △GBC 임을 확인하여라.

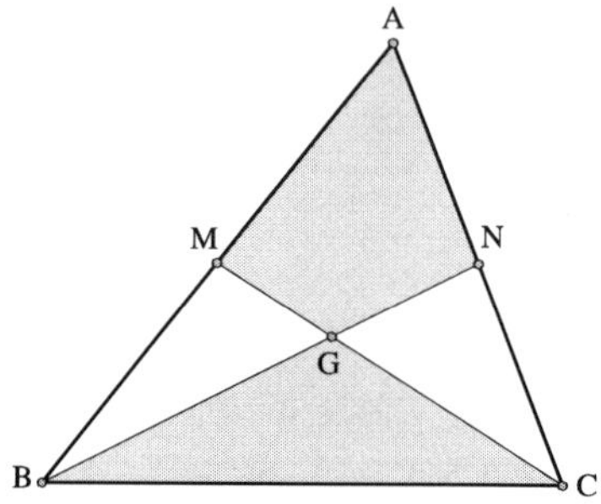

그림 2-56

GSP를 이용한 작도 순서

([그림 2-57] 참조)

① 임의의 삼각형 ABC를 작도한다.

② 선분 AB, AC를 선택하여 작도메뉴의 중점을 선택하여 각각 M, N이라 하자.

③ 선분 BN, CM의 교점을 G라 한다.

④ 점 A, M, G, N를 선택하여 작도 메뉴의 내부를 선택한다.

⑤ 점 B, C, G를 선택하여 작도메뉴의 내부를 선택한다.

⑥ 각각의 내부를 선택하여 측정메뉴의 넓이를 구한다.

⑦ 그 결과를 알아보고 그 이유를 알아본다.

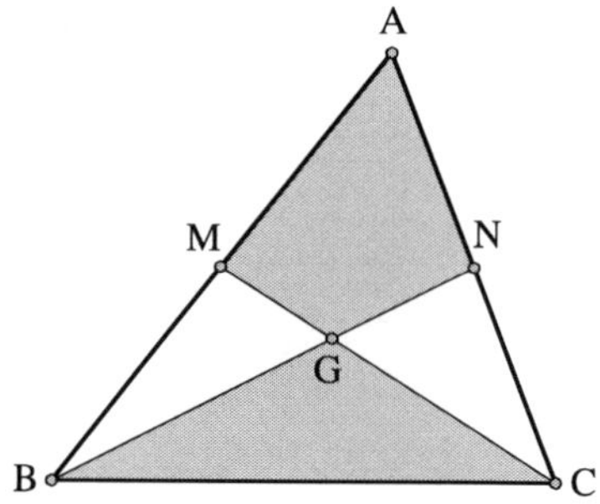

그림 2-57

풀이

M, N은 각각 $\overline{AB}$, $\overline{AC}$의 중점이므로 $\triangle AMC = \frac{1}{2}\triangle ABC = \triangle BCN$

$$\therefore \triangle AMC - \triangle GCN = \triangle BCN - \triangle GCN$$

따라서 □AMGC ≡ △GBC이다. ◈

Q 문제 33 $\triangle ABC$의 무게중심을 G라 하면 $\triangle BCG = \triangle CAG = \triangle ABG = \frac{1}{3}\triangle ABC$가 됨을 확인해 보아라([그림 2-57] 참조).

(풀이) $\overline{AG}$의 연장이 $\overline{BC}$와 만나는 점을 L이라 하면 $\overline{BL} = \overline{LC}$ 이므로

$$\triangle ABL = \triangle ACL,\ \triangle GBL = \triangle GCL.$$

$$\therefore\ \triangle ABL - \triangle GBL = \triangle ACL - \triangle GCL$$

따라서,

$$\triangle ABG = \triangle ACG$$

이다. $\overline{BG}$ 의 연장이 $\overline{AC}$ 와 만나는 점을 M이라 하면 $\overline{AM} = \overline{MC}$ 이므로 위와 같이 하여 $\triangle ABG = \triangle ACG$이다.

$$\therefore\ \triangle BCG - \triangle CAG = \triangle ABG$$ ◈

4) 수심

탐구 문제 18 삼각형의 세 꼭짓점에서 내린 수선은 한 점에서 만난다. 종이접기를 이용하여 확인해보아라([그림 2-58] 참조).

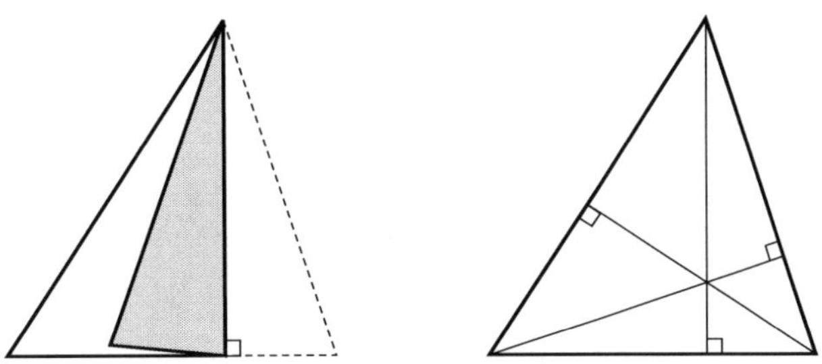

그림 2-58

5) 방심

탐구 문제19 아래 [그림 2-59]와 같이 삼각형 종이의 한 꼭짓점에서 별도의 작은 삼각형을 생각한다. 내심과 동일하게 한 내각의 이등분선과 두 외각의 이등분선을 접는다. 이 세 선이 한 점에서 만난다. 이 점을 꼭짓점 A의 **방심**이라 한다. 동일하게 접었을 때 접힌 세 선이 한 점에서 일치하는 것을 세 꼭짓점에서 확인하여라.

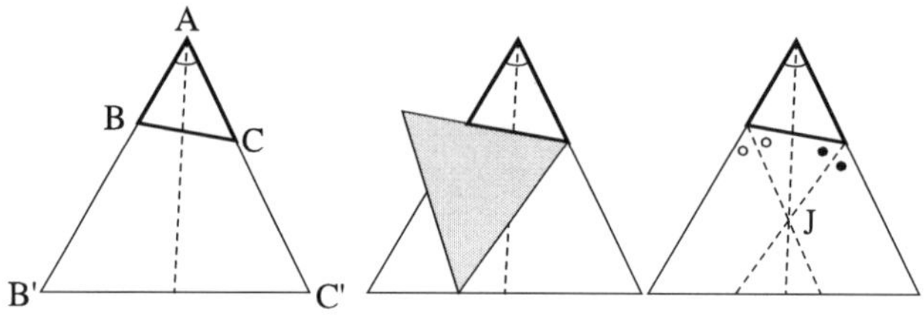

그림 2-59

Q 문제 34 탐구문제 19에서 접은 교점 J에서 세 변에 이르는 거리가 동일하다는 것을 종이접기로 확인해 보아라. 또한 $\overline{BH}+\overline{CH'}=\overline{BC}$ 임을 확인하여라. ([그림 2-60] 참조)

(풀이)

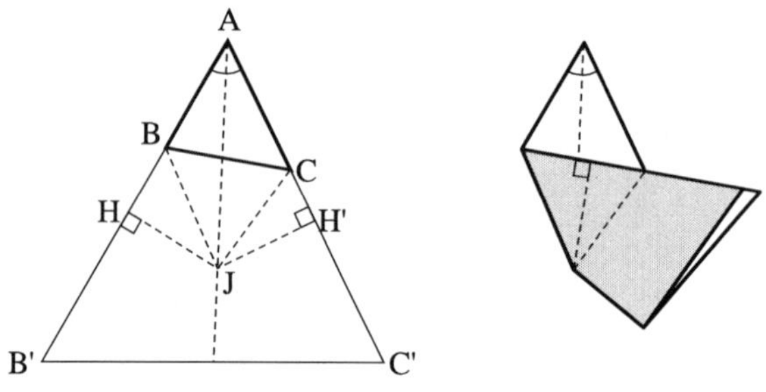

그림 2-60

◈

2.6.6 삼등분에 관하여

제1장의 Haga의 기본정리들에서는 정사각형의 한 변을 삼등분하는 것에 대하여 살펴보았다. 이제부터 삼각형, 직사각형의 변을 삼등분하는 것에 관하여 알아보자.

1) 삼각형

탐구 문제20 △ABC에서 변 AC의 중점을 D, 중선 BD의 중점을 E라 하자. 이 때, 선분 AE의 연장선이 변 BC와 만나는 교점을 P라 하면 $\overline{BP}=\frac{\overline{BC}}{3}$ 임을 설명하여라.([그림 2-61] 참조)

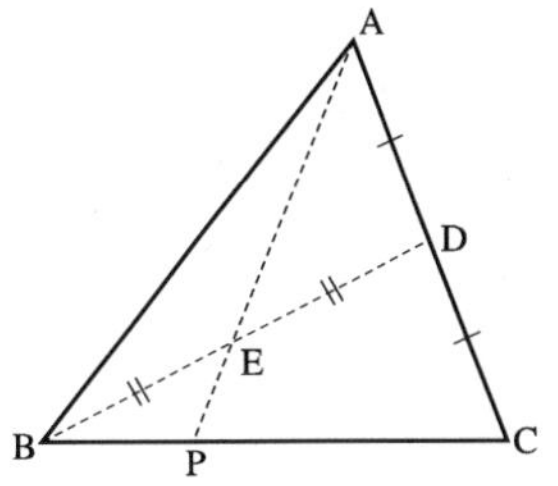

그림 2-61

2) A4, B4 등의 규격용지

A4와 B4 용지(세로 : 가로 =1 : $\sqrt{2}$)의 변을 삼등분하는 간단한 방법에 대해 알아보자.

탐구 문제21 [그림 2-62]의 ①과 같이 점선으로 접었을 때, ②번에 표시된 꼭짓점이 무엇을 삼등분하고 있는지 설명하여라.

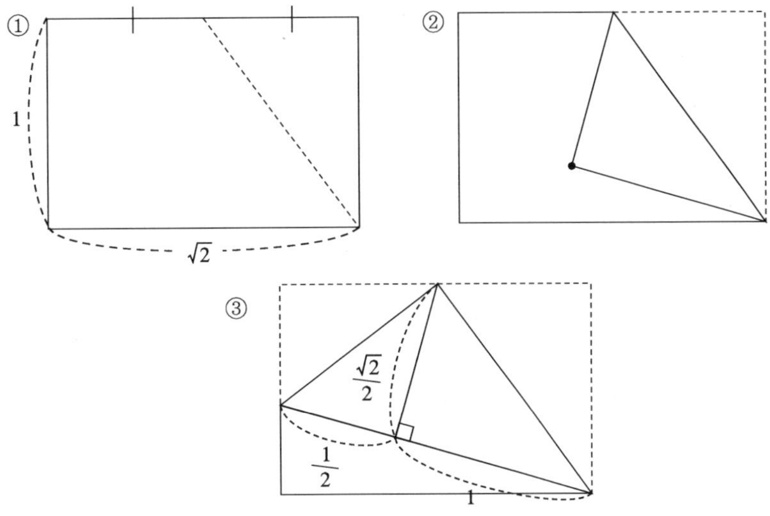

그림 2-62

3) 종이테이프를 삼등분하기

탐구 문제 22 폭이 4인 테이프를 [그림 2-63]과 같이 겹치게 접었을 때 삼각형 ABC의 넓이를 최소가 되게 하는 θ와 그때의 넓이를 구하여라.

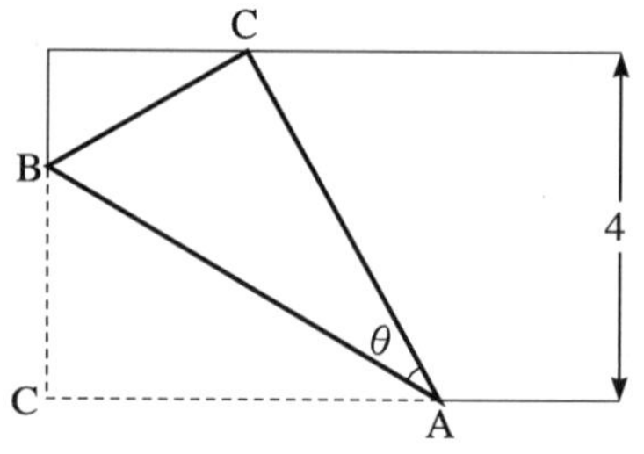

그림 2-63

탐구 문제 23 위의 탐구문제 22에서 $\theta = 30°$ 일때, △ABC의 넓이가 최소가 되고 이때 점 B는 테이프의 폭을 삼등분하는 점이다. 왜 그런지 설명하고, 실제로 작도한다면 어떻게 될지 생각해 보아라.

탐구 문제 24 직사각형의 종이를 [그림 2-64]와 같이 접으면 겹치는 부분이 삼각형이 된다. 이 삼각형이 이등변삼각형이 됨을 설명하여라.

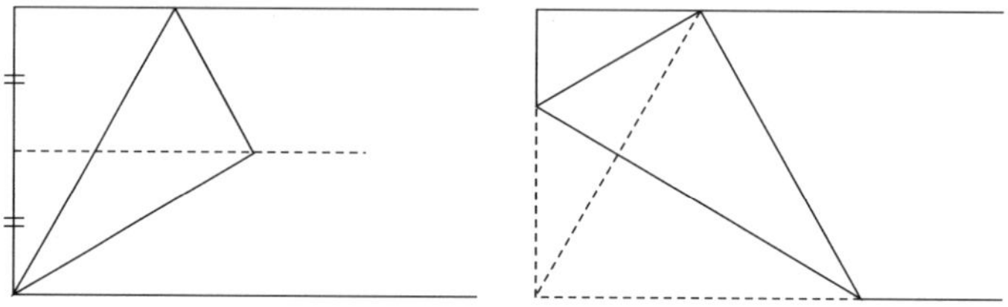

그림 2-64

탐구 문제 25 위의 탐구문제 24에서 겹치는 부분의 삼각형의 넓이를 최소가 되도록 하기 위해 어떻게 접을 수 있을까?

탐구 문제 26 위의 탐구문제 24에서 겹치는 부분이 정삼각형이 되도록 접는 방법을 생각해 보아라.

탐구 문제 27 테이프를 접어서 정오각형이나 정칠각형을 만들어 보아라.

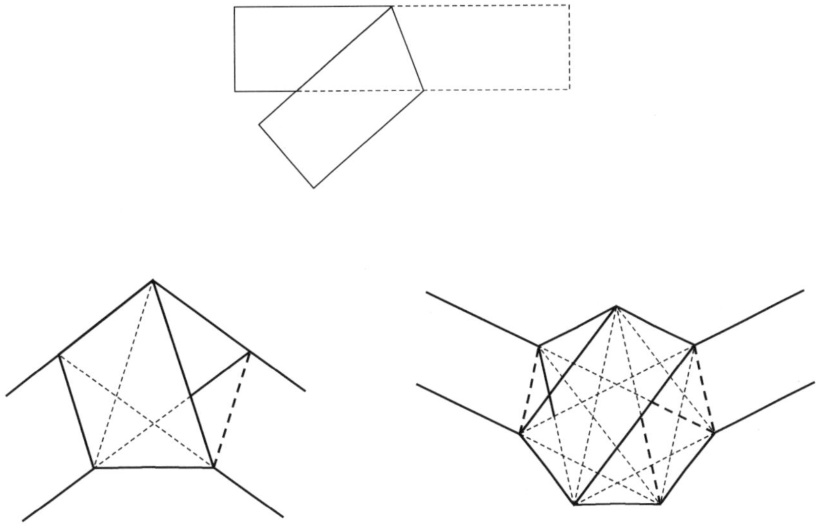

그림 2-65

2.7 예제다루기 II

한 변의 길이가 6cm인 정사각형이 있다. 이 때 두 변 위를 움직이는 두 점 P, Q를 이용해 만든 도형의 넓이에 관한 문제들(문제 35~37)을 생각해보자.

Q 문제 35 두 점 P, Q가 한 꼭짓점으로부터 $x$cm 이동하였다([그림 2-66] 참조). 만들어진 삼각형의 넓이가 3cm^{2}일 때, x는 얼마인가?

(풀이) $\frac{1}{2}x^2 = 3 \iff x^2 = 6 \iff x = \pm\sqrt{6}$

$\iff 0 \le x \le 6$이므로 $x = \sqrt{6}$. ◈

이러한 P, Q의 움직임을 [그림 2-66]과 같이 GSP를 이용하여 작도해 보자.

GSP를 이용한 작도 순서

① 정사각형을 작도한다.

② 선분 BC 위에 한 점 Q를 작도한다.

③ 점 B를 중심으로 하고 점 Q를 원 위의 점으로 하여 원을 작도하고 그때 작도된 원과 선분 AB가 만나는 점을 P라 한다.

④ 원을 숨기고 삼각형 BQP의 내부를 작도한 후에 측정메뉴에서 삼각형의 넓이를 구한다.

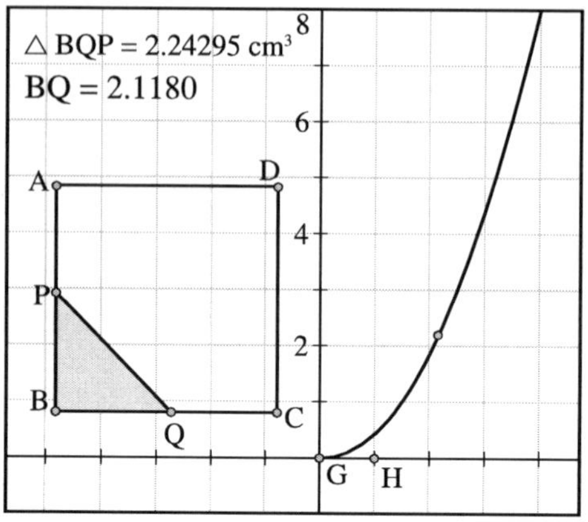

그림 2-66

⑤ 점 B와 점 Q를 선택하여 측정메뉴의 거리를 구한다.

⑥ 선분 BQ의 측정값과 삼각형 BQP의 넓이를 선택하여 그래프 메뉴의 좌표평면에 점을 찍는다. 이 점과 점 Q를 선택하여 작도 메뉴의 자취를 선택하면 삼각형의 넓이를 관찰 할 수 있는 그래프가 나타난다.

문제 36 두 개의 점 P, Q가 [그림 2-67]과 같이 두 개의 꼭짓점으로부터 x만큼 움직인다. 그림의 삼각형의 면적이 3cm^2일 때, x의 값을 구하여라.

풀이 $\frac{1}{2}x(6-x)=3 \iff x(6-x)=6$

$-x^2+6x-6=0 \iff x^2-6x+6=0$

$x=3\pm\sqrt{3} \iff 0\leq x\leq 6$이므로

$x=3+\sqrt{3}$, $x=3-\sqrt{3}$이다. 두 경우 어느 쪽이나 범위에 들어간다. 그것은 하나가 x이면 다른 하나는 $6-x$가 된다는 의미이다. ◈

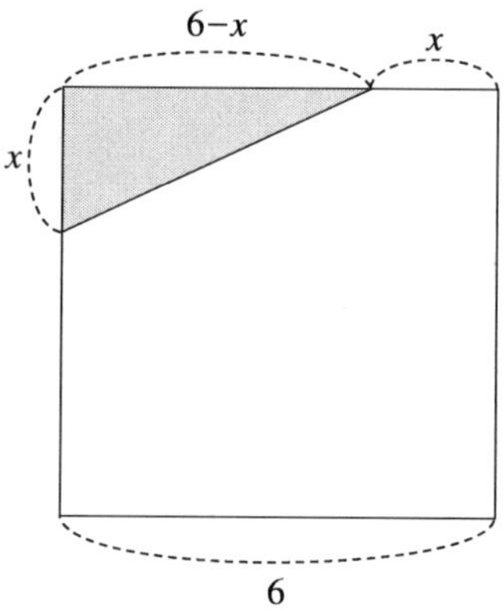

그림 2-67

이와 같이 방정식은 해가 문제의 조건에 맞는지를 생각해 보아야 한다. 즉, 구해진 해에 대해 검산을 하여야 한다. 이차방정식의 해는 최대 서로 다른 두 개가 존재하므로 검산이 매우 중요하다. 중요한 것은 원래의 방정식에 적용시켜 보는 것이 아니라 원래의 설정의 조건에 맞는지를 판단하는 것이다. GSP를 활용하여 작도해 보자.

GSP를 이용한 작도 순서

① 정사각형을 작도한다.

② 선분 BC 위에 한 점 P를 작도한다.

③ 점 B와 점 P를 선택하여 '작도메뉴'의 선분을 선택한다. 점 A를 중심으로 하고 선분 BP를 반지름으로 하는 원을 작도하여 선분 AB와 만난 점을 점 Q라고 한다. 점 P, Q, B를 선택하여 삼각형을 작도하고 내부도 선택한다.

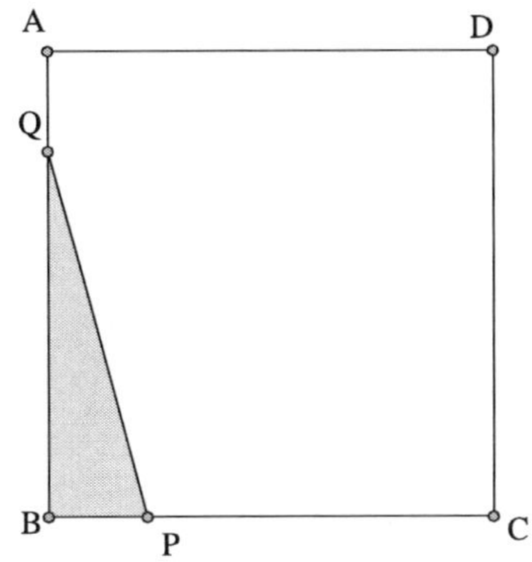

그림 2-68

④ 선분 BP의 길이, 삼각형의 넓이를 '측정메뉴'에서 구한다.

⑤ BP의 측정값과 삼각형 BQP의 넓이를 선택하여 '그래프 메뉴'의 좌표평면에 점을 찍는다. 이 점과 점 P를 선택하여 '작도메뉴'의 자취를 선택하면 $\overline{BP}$ 길이의 변화에 따른 삼각형의 넓이를 관찰 할 수 있는 그래프가 나타난다.

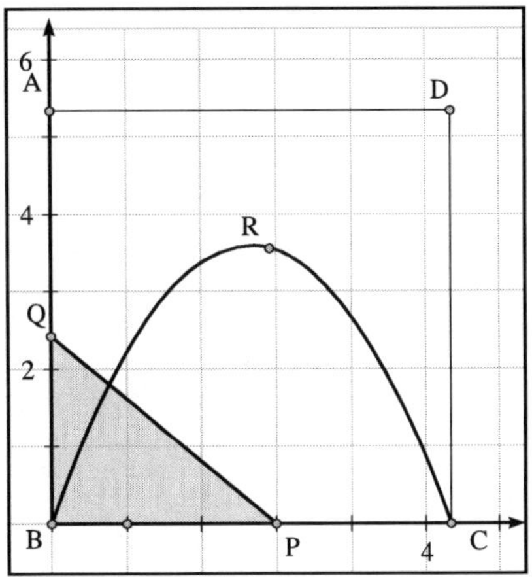

그림 2-69

⑥ 점 R를 선택하여 '보기메뉴'에서 흔적보이기 하면 점 P가 움직이는 모습을 관찰할 수 있다.

⑦ 점 P와 점 R를 선택하여 자취를 구한다.

문제 37 두 점 P, Q가 [그림 2-70]과 같이 두 꼭짓점으로부터 x만큼 움직인다. 이때, P로부터 평행선을 그어 사다리꼴을 만든다. 이 사다리꼴의 넓이가 8cm^2일 때, x의 값을 구하여라.

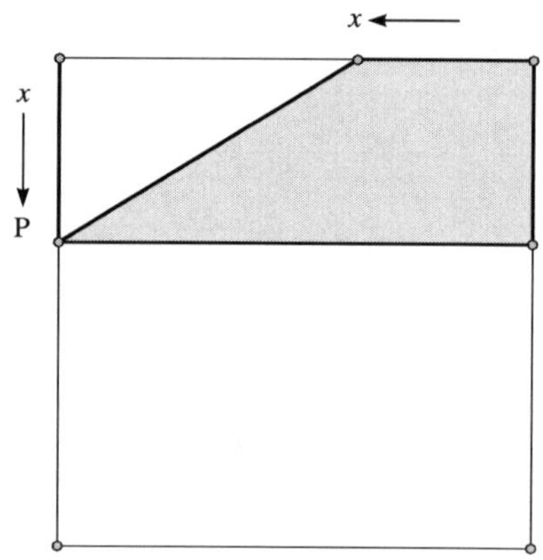

그림 2-70

풀이 $\frac{1}{2}(x+6)x=8$

$\iff (x+6)x=16$

$\iff x^2+6x-16=0$

$\iff (x+8)(x-2)=0$

$\iff x=-8,\ 2$

$\iff x=2\ (\because 0\le x\le 6)$

◈

탐구 문제 28 다음 정사각형에서 x의 변화에 따른 색칠된 도형의 면적을 구해보아라.

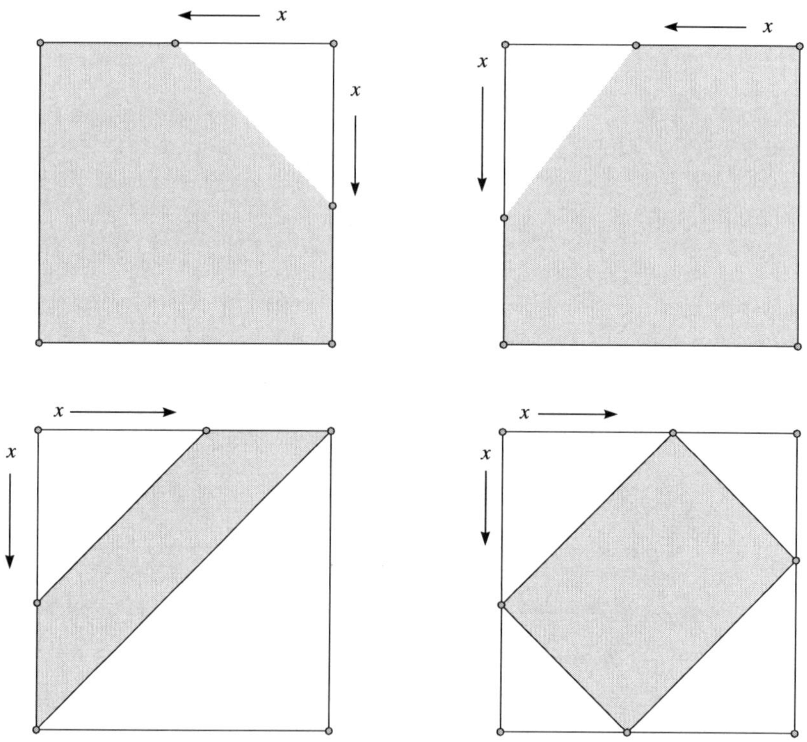

그림 2-71

Q 문제 38 $\triangle ABC$의 넓이는 16, 변 BC의 길이는 4이다. 변 BC와 평행한 직선이 두 변 AB, A와 만나는 점을 각각 P, Q라 하고, 점 P를 지나 변 AC에 평행한 직선과 Q를 지나 변 AB에 평행한 직선과의 교점을 R이라 한다. [고등학교(중), 중학교 (상)]

(1) $\triangle ABC$와 $\triangle PQR$의 공통부분의 넓이 y를 PQ의 길이 x로 나타내어라.

(2) y의 최댓값과 그 때의 x의 값을 구하여라.

풀이 R이 $\triangle ABC$의 내부에 있을 때와 외부에 있을 때로 나누어 생각한다. 특히 R이 변 BC위에 있을 때에는 P가 AB의 중점이 된다.

(1) R이 $\triangle ABC$의 내부 또는 변 BC 위에 있을 때 $0 < x \leq 2$이고

$\triangle ABC \backsim \triangle RPQ$

$\therefore \dfrac{\triangle RPQ}{\triangle ABC} = \dfrac{\overline{PQ}^2}{\overline{BC}^2} = \dfrac{x^2}{4^2}$

$\triangle RPQ = y$이고

$\triangle ABC = 16$이므로

$y = x^2$ ([그림 2-72] 참조)

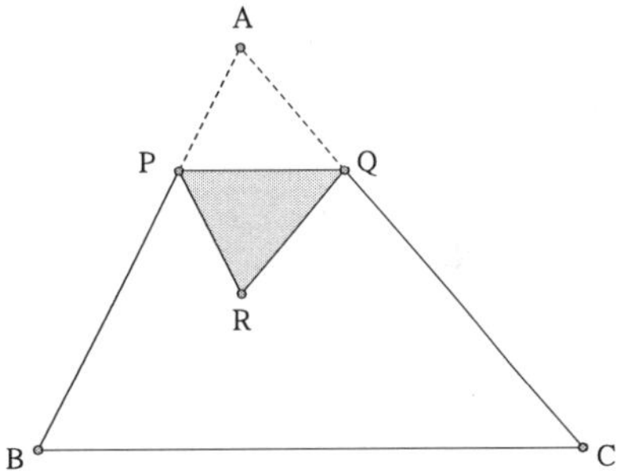

그림 2-72

(2) R이 $\triangle ABC$의 외부에 있을 때,

$2 < x < 4$ 이고 $\overline{TS} = \overline{BT} + \overline{SC} - \overline{BC} = 2x - 4$이다.

또한 $\triangle RST \backsim \triangle RPQ \backsim \triangle ABC$이고

$\dfrac{\triangle RST}{\triangle ABC} = \dfrac{\overline{ST}^2}{\overline{BC}^2} = \dfrac{(2x-4)^2}{4^2}$이다.

$\therefore \triangle RTS = (2x-4)^2$

① $0 < x \leq 2$ 일 때,

$y = x^2$

② $2 < x < 4$ 일 때,

$y = -3x^2 + 16x - 16$

$= -3(x - \frac{8}{3})^2 + \frac{16}{3}$

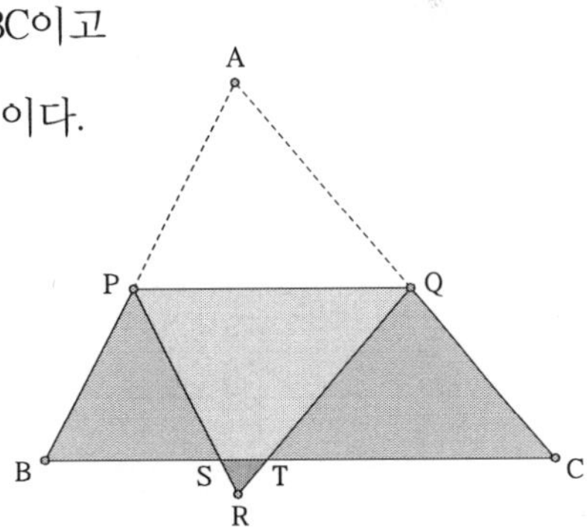

그림 2-73

이므로 $x = \frac{8}{3}$일 때, 최댓값 $\frac{16}{3}$을 가진다.([그림 2-73] 참조) ◈

문제 39 한 변의 길이가 a인 정사각형의 종이의 각 꼭짓점을 A, B, C, D라고 하자. 이 때 변 AB의 중점을 M이라 하고, DM에 관하여 A의 대칭점을 E라 할 때, △EBC의 넓이를 구하여라. [고등학교(중), 중학교(상)]

(풀이) A(0, 0), B(a, 0)라 하자. M$\left(\frac{a}{2},\ 0\right)$이므로 직선 DM의 방정식은

$$y=-2x+a \quad \cdots\cdots ①$$

이다. E(α, β)라고 놓으면 $\overline{AE}$의 중점 $\left(\frac{\alpha}{2},\ \frac{\beta}{2}\right)$은 ① 위에 있으므로 $\frac{\beta}{2}=-2\cdot\frac{\alpha}{2}+a$가 된다. 따라서

$$\beta=-2\alpha+2a \quad \cdots\cdots ②$$

이다. $\overline{AE}\perp\overline{DM}$이므로

$\frac{\beta}{\alpha}\times(-2)=-1$이 된다. 즉

$$\alpha=2\beta \quad \cdots\cdots ③$$

이므로 ②, ③에서 $\alpha=\frac{4}{5}a$가 된다.

$$\therefore \triangle EBC=\frac{1}{2}\cdot a\cdot\left(a-\frac{4}{5}a\right)=\frac{a^2}{10}$$

문제 40 한 변의 길이가 1인 정사각형 ABCD의 내부에 사각형 PQRS가 [그림 2-74]와 같이 내접하고 있다. $\overline{AP}=\overline{BQ}=\overline{CR}=\overline{DS}$이고 그 길이를 x라 할 때, 사각형 PQRS의 넓이를 x로 나타내면? (단, $0\le x\le\frac{1}{2}$)

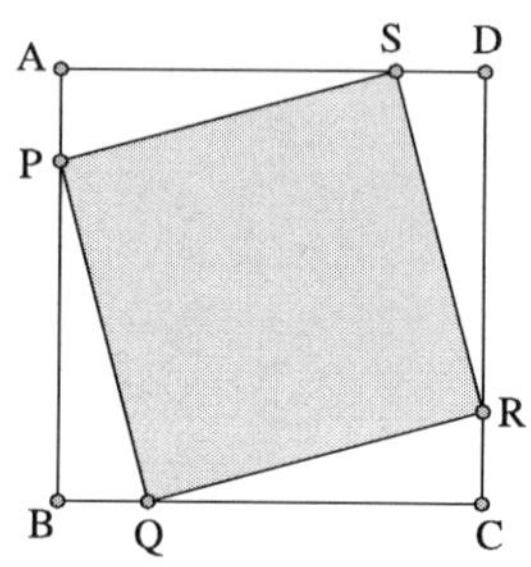

그림 2-74

(풀이1) △APS ≡ △BQP ≡ △CRQ ≡ △SDR이므로

$\overline{PQ}=\overline{QR}=\overline{RS}=\overline{SP}$가 된다.

또한 $\angle APS+\angle BPQ=\angle APS+\angle ASP=90°$

이므로 $\angle QPS=90°$이다.

마찬가지 방법으로 구하면 사각형 PQRS의 네 내각이 모두 90°이므로 △APS 에서

$$\square PQRS=\overline{PS}^2=\overline{AP}^2+\overline{AS}^2=x^2+(1-x)^2$$
$$=2x^2-2x+1$$

참고 $\angle A = \angle B = \angle C = \angle D = 90°$

$\overline{AP} = \overline{BQ} = \overline{CR} = \overline{DS}$, $\overline{AS} = \overline{BP} = \overline{CQ} = \overline{DR}$이므로

$\triangle APS \equiv \triangle BQP \equiv \triangle CRQ \equiv \triangle DSR$(SAS 합동)

풀이2 □PQRS는 주변의 네 삼각형은 모두 두 변의 길이가 x, $(1-x)$이고 그 끼인각이 90°인 직각삼각형이다.

$$\therefore \ \square PQRS = \square ABCD - \triangle APS$$

$$= 1 - 4 \cdot \frac{1}{2} \cdot x(1-x)$$

$$= 1 - 2x + 2x^2$$

◈

문제 41 [그림 2-75]와 같은 직사각형 색종이를 접어서 두 꼭짓점 A, C가 일치하도록 하였다. $\overline{AB} = 2$, $\overline{AD} = 4$일 때, $\overline{EF}$의 길이를 구하여라. [수능기출문제]

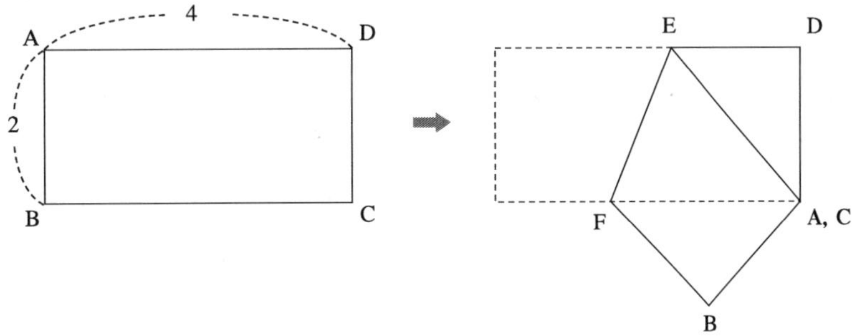

그림 2-75

풀이 $\overline{AE} = x$로 놓으면 $\overline{ED} = 4 - x$, $\overline{EC} = \overline{AE}$이므로 $\overline{EC} = x$. 직각삼각형 ECD에서

$$x^2 = (4-x)^2 + 2^2$$

$$\Leftrightarrow \ x^2 = 16 - 8x + x^2 + 4,$$

$$\Leftrightarrow \ 8x = 20$$

$$\Leftrightarrow \ x = 2.5$$

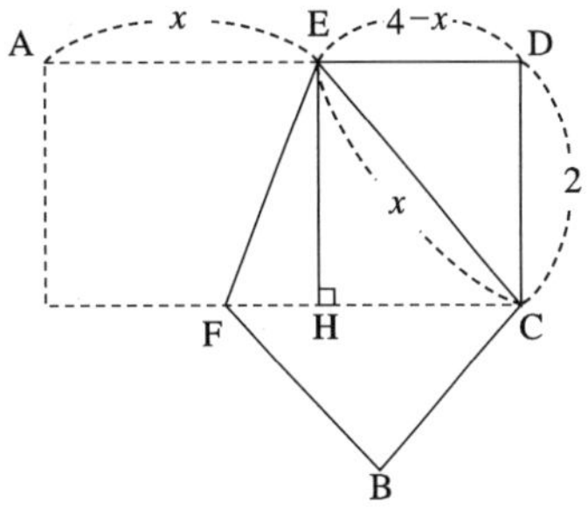

그림 2-76

점 E에서 $\overline{FC}$에 수선 EH를 그으면

직각삼각형 EFH에서

$$\overline{FH} = x - (4 - x) = 2x - 4 = 5 - 4 = 1.$$

$$\therefore \overline{EF} = \sqrt{\overline{EH}^2 + \overline{FH}^2} = \sqrt{2^2 + 1^2} = \sqrt{5}$$

◈

Q 문제 42 [그림 2-77]과 같이 각 변의 길이가 6, 10으로 크기가 같은 두 직사각형이 한 변을 공유하고 있다. 직사각형 ABCD를 점 A를 중심으로 시계 방향으로 회전시켜 점 B가 변 PQ 위에 오도록 했을 때, 선분 QR의 길이를 구하여라.

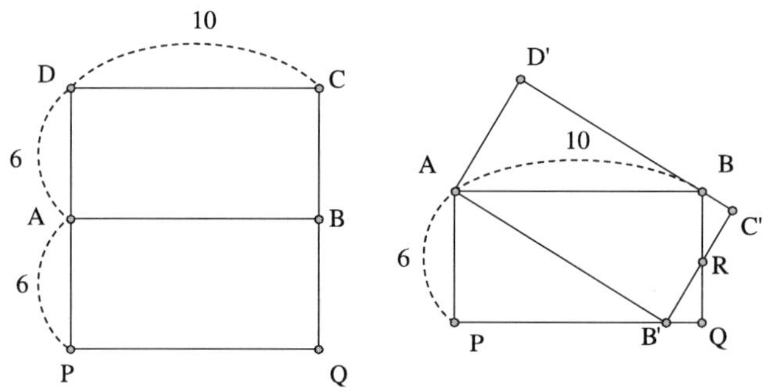

그림 2-77

(풀이) $\overline{AB} = \overline{AB'}$ 이므로 $\overline{PB'} = \sqrt{\overline{AB'}^2 - \overline{AP}^2} = \sqrt{10^2 - 6^2} = 8$

$$\therefore \overline{B'Q} = 2$$

$\triangle BC'R \equiv \triangle B'QR$ 이므로

([그림2-78] 참조)

$\overline{RQ} = x$, $\overline{BR} = y$ 라고 하면

$x + y = 6$, $y^2 = x^2 + 2^2$

$$\therefore x^2 - (6 - x)^2 + 4 = 0$$

$$\therefore x = \frac{8}{3},\ y = \frac{10}{3}$$

따라서, 선분 QR의 길이는 $\frac{8}{3}$이다.

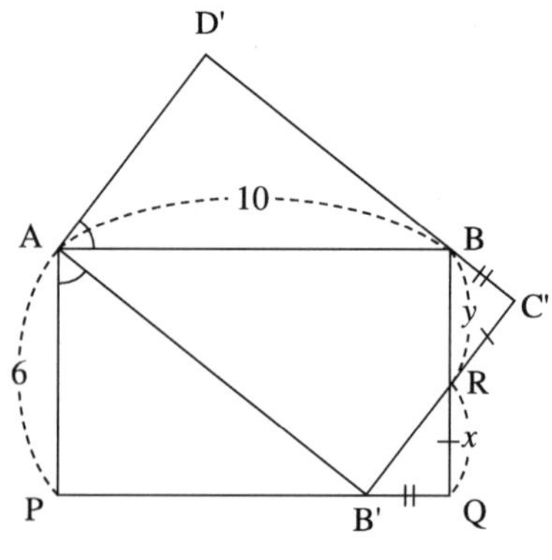

그림 2-78

◈

Q 문제 43 [그림 2-79]와 같이 직각삼각형 A′B′C는 직각삼각형 ABC를 점 C를 중심으로 회전한 것이다.
점 B, C, A′은 직선 l위에 있고, $\overline{BC}=1$, $\angle A=30°$, $\angle B=90°$일 때, 다음 물음에 답하여라.
(1) 색칠된 부분의 둘레의 길이를 구하여라.
(2) 색칠된 부분의 넓이를 구하여라.

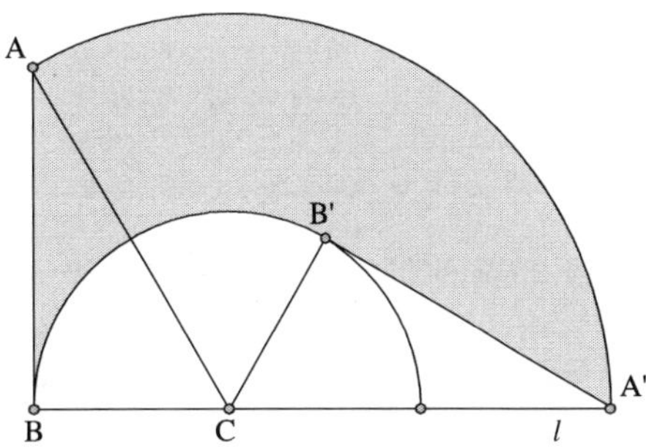

그림 2-79

풀이 (1) 구하는 부분의 둘레의 길이는 $\overline{AB}$, $\overline{A'B'}$, $\overset{\frown}{AA'}$, $\overset{\frown}{BB'}$의 합으로 구할 수 있다. △ABC는 $\angle A=30°$, $\angle ACB=60°$인 직각삼각형이므로

$\overline{AB}=\sqrt{3}\,\text{cm}$, $\overline{AC}=2\text{cm}$.

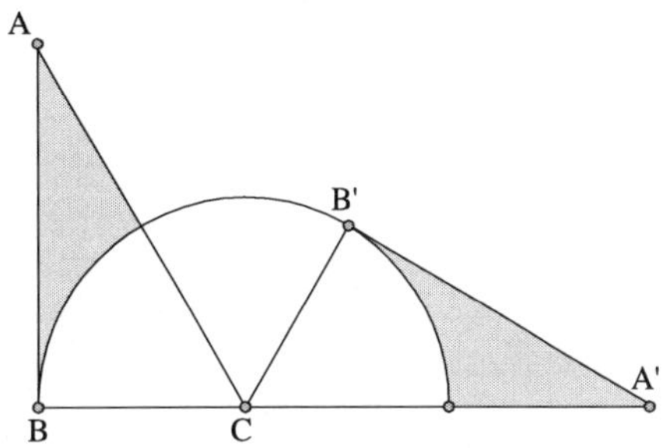

그림 2-80

따라서
$\overline{AB}=\overline{A'B'}=\sqrt{3}$,

$\overset{\frown}{AA'}=2\times2\times\pi\times\frac{120°}{360°}=\frac{4}{3}\pi$,

$\overset{\frown}{BB'}=1\times2\times\pi\times\frac{120°}{360°}=\frac{2}{3}\pi$.

그러므로 색칠된 부분의 둘레의 길이는

$\sqrt{3}\times2+\frac{4}{3}\pi+\frac{2}{3}\pi=2\sqrt{3}+2\pi$ 이다.

(2) △ABC 내부의 색칠된 부분을 △A′B′C의 내부에 이동한다면 구하는 넓이는 두 부채꼴 넓이의 차이이다.

큰 부채꼴의 넓이는

$2^2\pi\times\frac{1}{3}=\frac{4}{3}\pi$

이고, 작은 부채꼴의 넓이는

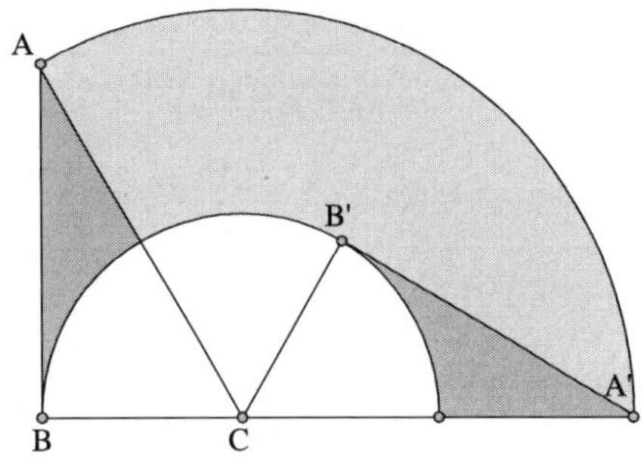

그림 2-81

$$1^2\pi\times\frac{1}{3}=\frac{\pi}{3}$$

이다. 따라서 구하는 넓이는

$$\frac{4}{3}\pi-\frac{1}{3}\pi=\pi$$

◈

GSP를 이용한 작도 순서 ([그림 2-82], [그림 2-83] 참조)

① 선분 j을 작도하고 선분 위에 직각삼각형의 작은 선분 AB를 작도한다.

② 선분 j와 점 A를 선택하여 작도메뉴의 수선을 선택하여 수선을 작도한다.

③ 점 B를 중심점으로 지정하고 선분 j를 선택하여 변환메뉴의 회전이동을 선택하면 대화상자가 나타난다. 그 대화상자에 60°를 입력하여 회전이동한다.

④ 점 B와 회전이동한 선분을 선택하여 작도메뉴의 평행선을 작도한다. 수선과 평행선의 교점C을 잡는다.

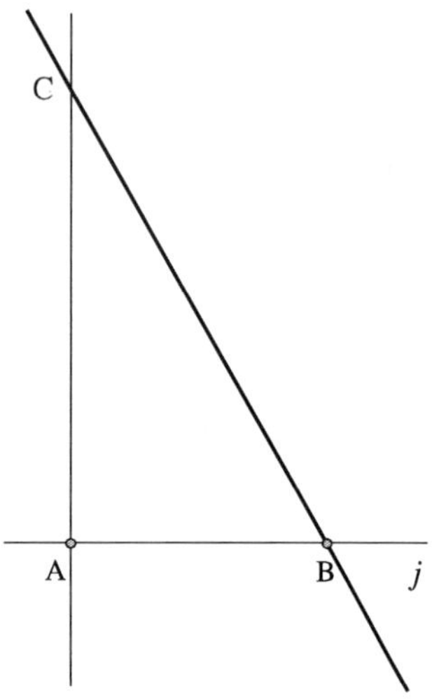

그림 2-82

⑤ 세 점 A, B, C를 선택하여 삼각형을 작도한다.

⑥ 점 B가 원의 중심이고, 점 A가 원 위의 점이 되는 원을 작도한다.

⑦ 원과 선분 j와의 교점 D를 잡고, 원을 숨기기 한다. 그 다음 점 B, 점 D, 점 A를 차례로 선택하여 작도메뉴에 원 위의 호를 선택하여 반원을 작도한다.

⑧ 반원을 선택하여 호 위의 점을 선택하여 호 위의 점 A′를 잡는다.

⑨ 점 A′과 점 B를 이어 선분을 작도한다.

⑩ 점 A′을 지나고 선분 A′B에 수직인 수선을 작도한다.

⑪ 점 A′, 선분 AC를 선택하면 원을 작도

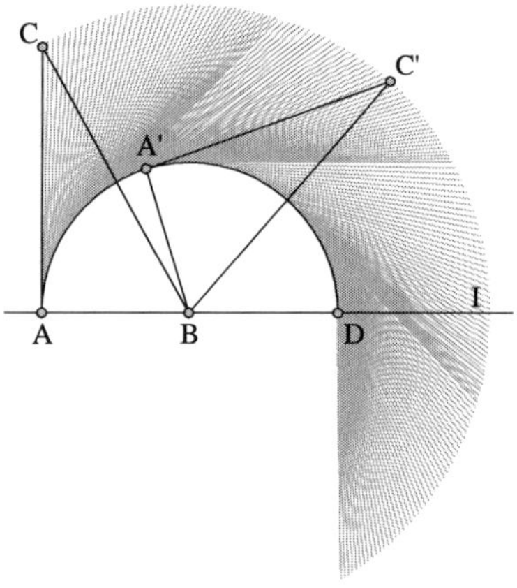

그림 2-83

하여 ⑩에서 작도한 수선과의 교점을 작도한다.

⑫ 필요없는 부분들을 숨기고 꼭짓점을 선택하여 삼각형을 작도한다.

⑬ 선분 A′C′를 선택하여 흔적남기기 해 본다. 어떤 모양인지를 관찰해 볼 수 있다.

⑭ 점 A′과 선분 A′C′를 선택하여 작도메뉴의 자취를 구해 보면 아름다운 그림이 나타난다.

Q 문제 44 [그림 2-84]와 같이 정사각형의 색종이 ABCD에서 변 AD 위의 점을 X라 하자[그림 ①]. 이제 정사각형의 색종이를 정점 C가 X에 놓이도록 접는다[그림 ②]. 접힌 선 PQ를 연필로 긋는다[그림 ①]. 다음은 점 B가 X에 놓이도록 접는다[그림 ④]. 접힌 선 RS을 연필로 긋는다[그림 ⑤]. 이와 같이 종이를 접어 접힌 선의 끝점 P, Q, R, S에 대하여 다음의 (1)과 (2)가 만족됨을 설명하여라.

(1) 점 X의 위치에 관계없이 선분 PR와 선분 QS의 길이는 같다.
(2) 선분 PR과 선분 QS의 길이의 합은 정사각형 ABCD의 한변의 길이와 같다.

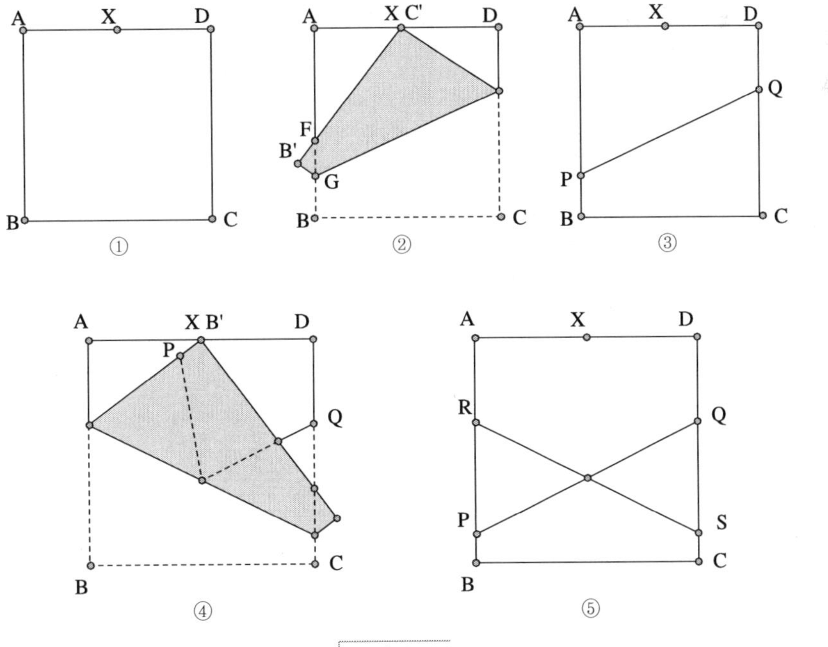

그림 2-84

풀이 (1) 선분 PQ와 RS의 교점을 T, T에서 $\overline{BC}$에 내린 수선의 발을 T′이라 하자.

$\overline{PQ}$는 선분 XC, $\overline{RS}$는 선분 XB의 각각의 수직이등분선이므로

$\overline{TC} = \overline{TX}$, $\overline{TB} = \overline{TX}$ 이다.

따라서 $\overline{TC} = \overline{TB}$ 즉, 이등변삼각형 TBC에 대해서 T′은 $\overline{BC}$의 중점이므로

$$\overline{TP} : \overline{TQ} = \overline{TR} : \overline{TS} = \overline{T'B} = \overline{T'C} = 1 : 1$$

따라서, $\overline{PR} : \overline{QS} = 1 : 1$이다.

$\therefore \overline{PR} = \overline{QS}$

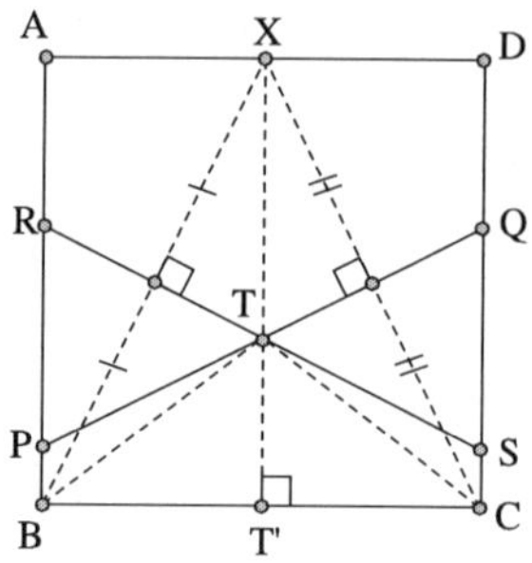

그림 2-85

(2) [그림 2-86]과 같이 각을 나타내면 $\angle a = \angle b\,(= 90° - \angle ABX)$이고, 같은 방법으로 $\angle e = \angle d$이므로 $\angle c\,(= \angle e) = \angle d$.

$\therefore \triangle TRP \backsim \triangle XBC$ (두 각이 같으므로)

여기서 닮음비는 각각 $\overline{RP}$, $\overline{BC}$는 밑변으로 보고, T, X에서 내린 수선의 길이인 높이를 비로 생각하면 1 : 2이므로

$$\overline{PR} = \frac{1}{2}\overline{BC}$$

이다. 따라서 (1)에 의해서 $\overline{PR} + \overline{QS} = \frac{1}{2}\overline{BC} \times 2 = \overline{BC}$. ◈

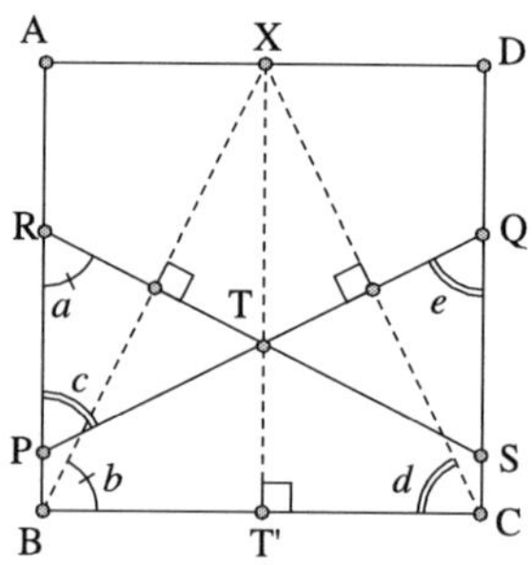

그림 2-86

참고

△TRP의 세 변 $\overline{TR}$, $\overline{RP}$, $\overline{PT}$는 △XBC의 세 변 $\overline{XB}$, $\overline{BC}$, $\overline{CX}$와 각각 직교하므로 $\triangle TRP \backsim \triangle XBC$이다.

GSP를 이용한 작도 순서

① 정사각형 ABCD를 작도한다.

② 점 X를 선분 AD 위에서 임의로 잡는다. 즉, 선분 AD를 선택한 후에 작도메뉴의 선분 AD 위의 점을 선택하여 작도한다.

③ 점 X와 점 B를 이은 선분을 작도한 후에 중점을 잡고, 다시 선분과 중점을 선택하여 수선을 작도한다. 그 수선과 선분 AB, 선분 CD와의 교점을 각각 R, S라 하자. 선분 RS를 작도한다.

④ 점 X와 점 C를 이은 선분을 작도한 후에 중점을 잡고, 다시 선분과 중점을 선택하여 수선을 작도한다. 그 수선과 선분 AB, 선분 CD와의 교점을 각각 P, Q라 하자. 선분 PQ를 작도한다.

⑤ 점 X를 움직일 때, $\overline{PR} : \overline{QS}$ 를 각 선분의 길이를 측정하여 관찰해 본다.

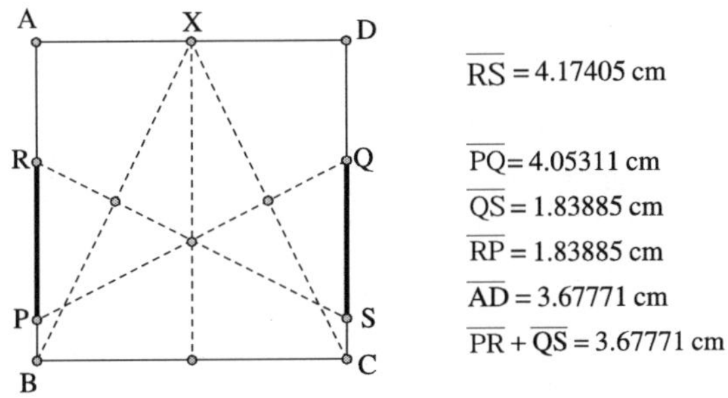

그림 2-87

⑥ 점 X를 움직일 때, $\overline{PR} + \overline{QS}$ 를 구해본다.

문제 45 정사각형 종이가 있다. 꼭짓점 하나를 A라고 하고, 그것을 왼쪽 위에 놓는다. [그림 2-88]과 같이 이 종이를 오른쪽 반을 접어서 왼쪽 반과 겹치게 접는다. 계속하여 아래 반을 접어서 위쪽 반에 겹치게 접으면 접혀진 도형은 다시 정사각형이 된다. 이때, 원래의 정사각형의 꼭짓점 A의 위치는 왼쪽 윗변에 그대로 유지한다.

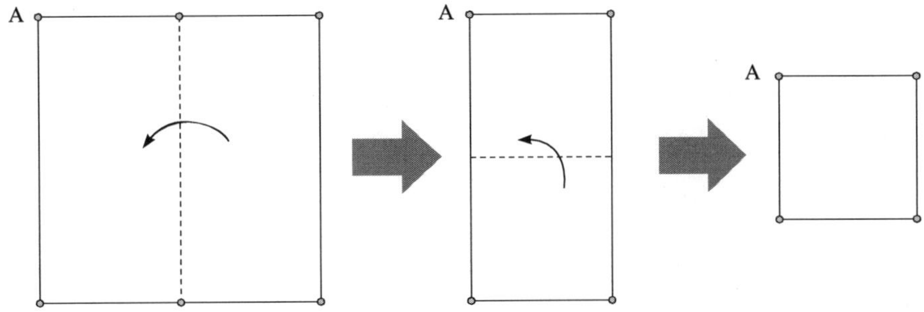

그림 2-88

위와 같이 접는 방법을 한 번 조작하고, 접었을 때의 정사각형에서 꼭짓점 A의 위치가 항상 왼쪽 위에 있도록 접는다. 이와 같은 조작을 반복한다. 몇 회의 조작을 시행한 후에 접었던 정사각형을 [그림 2-89]와 같이 대각선을 따라 가위로 자른다. 이때, 다음 물음에 답하여라.

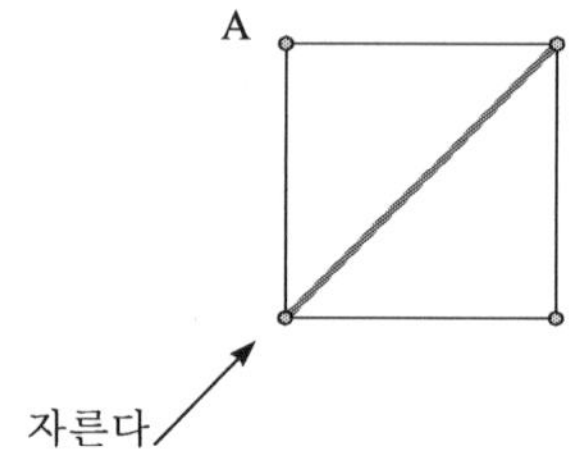

그림 2-89

(1) 조작을 1회 한 후에 대각선으로 가위로 자르면, 잘려진 도형의 선은 원래의 정사각형에서 어떠한 것으로 나타나는가?

(2) 조작을 2회 한 후에 대각선으로 가위로 자르면, 서로 다른 세 종류의 종이가 나타난다. 각각은 몇 매가 나타나는가? 넓이의 크기 순으로 구해 보아라.

(3) 조작을 2회 이상 이행한 후에 대각선으로 가위로 자르면 넓이가 서로 다른 종이가 몇 종류가 나타난다.

① 두 번째로 큰 종이가 $4n$매가 되어질 때, 첫 번째로 큰 종이의 매수를 n으로 나타내어 보아라.

② 첫 번째 큰 종이가 113가지로 나타났다. 종이는 전부 몇 매가 되는가?

풀이 (1) 조작을 역으로 거슬러 가면 아래 [그림 2-90]과 같이 되고 답은 아래 그림의 진한 선이다.

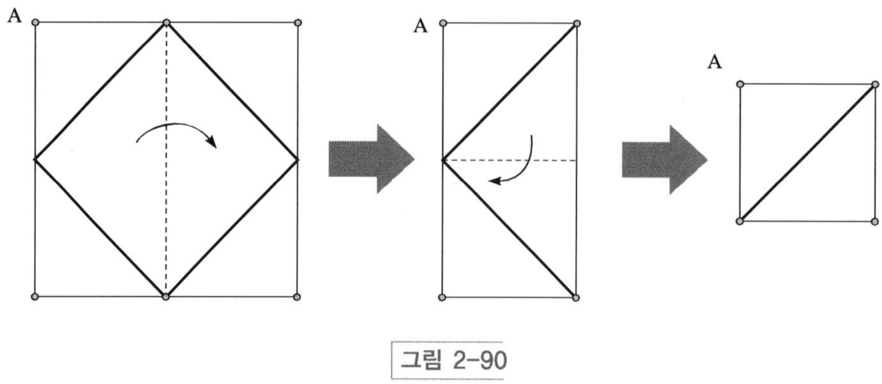

그림 2-90

(2) (1)의 답을 시작으로하여 조작을 역으로 거슬러 가면 결국 다음과 같은 [그림 2-91]이 나타난다.

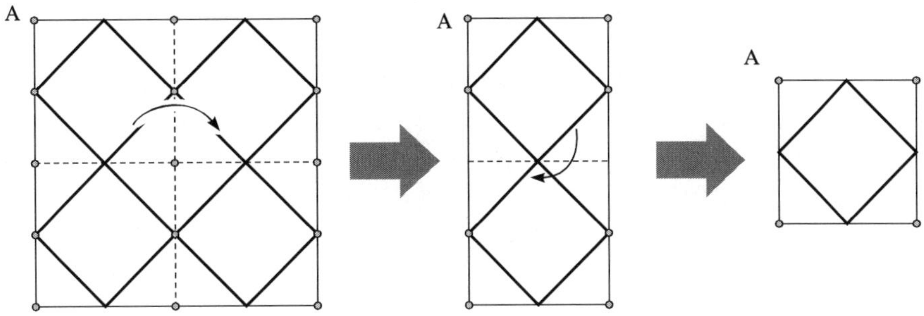

그림 2-91

답 : ① : 5매 ② : 4매 ③ : 4매

(3) 조작을 3회 시행하면 [그림 2-92]와 같고, 같은 방법으로 2회 이상 시행하면 (2)와 같이 대(大) · 중(中) · 소(小) 세 종류의 종이가 나타난다.

① 중(中)의 종이가 $4n$매일 때, 한 변의 길이가 n매씩이고, 이때, 그림에서 o표시의 열을 나열하면 대(大)는 n매, 이것이 n열이다. 또한 x 표시의 열에서 나란하게 대(大)는 $n+1$매, 이것이 $n+1$열이다. 따라서 대(大)의 매수는

$$n^2+(n+1)^2=2n^2+2n+1(\text{매})$$

② $n^2+(n+1)^2=113$을 만족하는 자연수 n은 $n=7$이므로 이때 ①에 의해서 중(中)은 $4\times7=28$매이다. 또한 소(小)는 항상 4매이므로 답은 $113+28+4=145$매이다. ◈

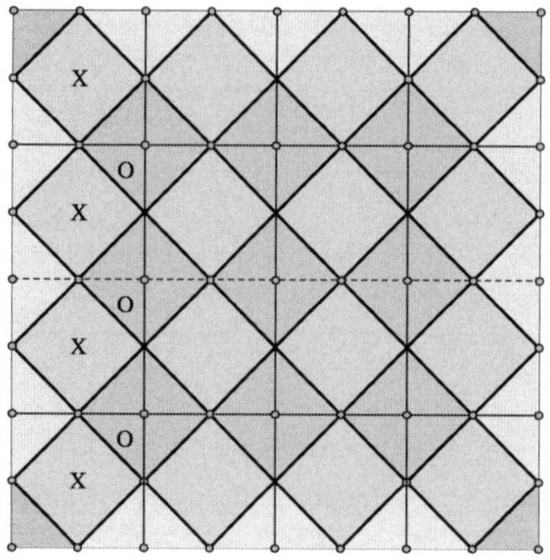

그림 2-92

문제 46 [그림 2-93]과 같이 한 변의 길이가 2인 두 정사각형이 있다. 이 중 한 정사각형의 꼭짓점의 하나가 다른 정사각형의 중심에 있다. 이 때, 두 정사각형이 겹치는 부분의 둘레의 길이의 최댓값을 구하여라.

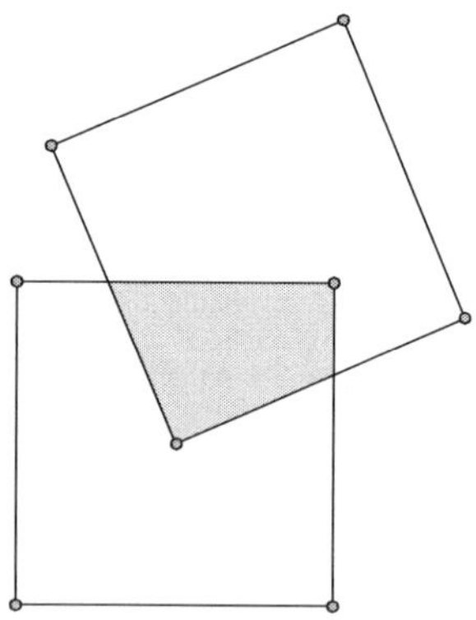

그림 2-93

(풀이) 그림에서 $\overline{DE}$의 길이를 x라 하면

$0 \le x \le 1$이고

$$\overline{OD} = \sqrt{1+x^2}.$$

직각삼각형 OAB와 ODE는 합동이므로

$$\overline{OA} = \sqrt{1+x^2}.$$

따라서, 도형 OACD의 둘레의 길이는

$2\sqrt{1+x^2} + (1-x) + (1+x) = 2 + 2\sqrt{1+x^2}.$

$0 \le x \le 1$이므로 $2 + 2\sqrt{1+x^2}$은 $x=1$일 때 최댓값

$2 + 2\sqrt{2}$

를 갖는다.

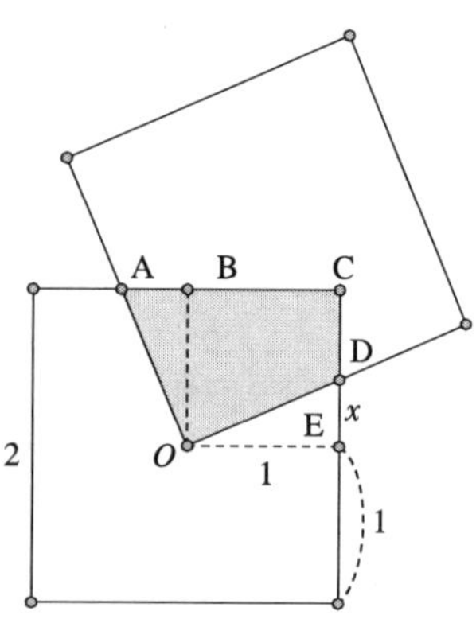

그림 2-94

Q 문제 47 가로, 세로의 길이가 각각 2, 1인 직사각형 모양의 종이 ABCD를 [그림 2-95]와 같이 대각선 AC를 접는 선으로 하여 꼭짓점 B가 옮겨간 점을 B′라 할 때, 두 점 B′과 D 사이의 거리를 구하여라.

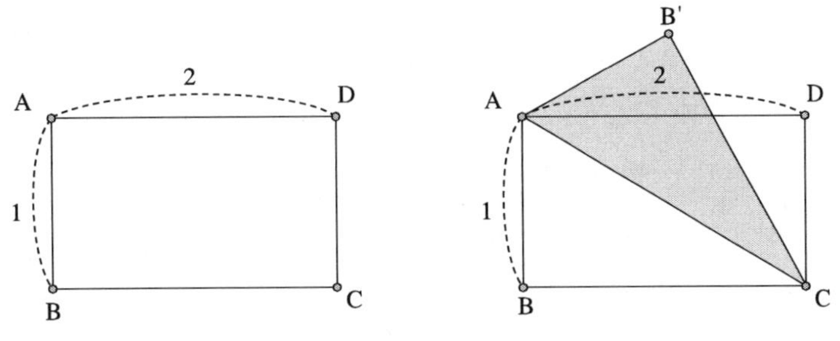

그림 2-95

(풀이) 점 B가 원점, 직선 AB가 y축, 직선 BC가 x축이 되도록 좌표축을 택하면 A(0, 1), B(0, 0), C(2, 0), D(2, 1)이고, 직선 AC의 방정식은

$$\frac{x}{2}+y=1.$$

B′은 직선 AC에 대하여 B(0,0)와 대칭이므로 $B'(\frac{4}{5},\frac{8}{5})$ 이다. 따라서 $B'(\frac{4}{5},\frac{8}{5})$과 D(2, 1)사이의 거리는

$$\sqrt{(\frac{4}{5}-2)^2+(\frac{8}{5}-1)^2}=\frac{\sqrt{45}}{5}=\frac{3\sqrt{5}}{5}$$

이다. ◈

Q 문제 48 $\overline{AD}=4$, $\overline{AB}=3$인 직사각형 모양의 종이 ABCD가 있다([그림 2-96] 참조). 대각선 AC를 접는 선으로 하여 평면 ABC가 평면 ACD와 수직이 되게 접는다. 접은 도형에서 내적 $\overrightarrow{AB'}\cdot\overrightarrow{DC}=\frac{b}{a}$($a$, b는 서로소인 자연수)일 때, $a+b$의 값을 구하여라.

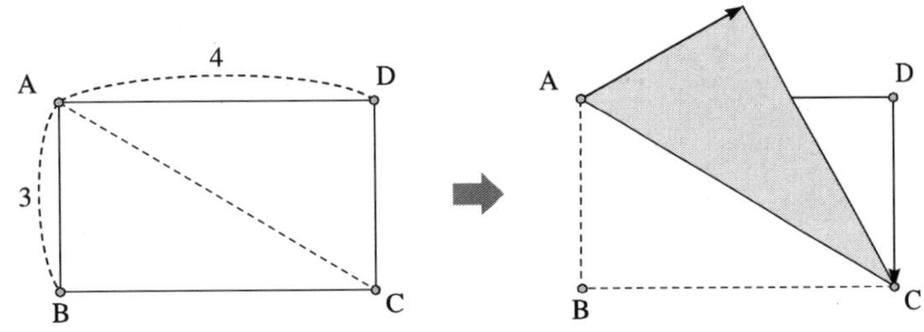

그림 2-96

풀이 $\overline{AB'}=\overline{DC}$인 점 B′에 대하여 $\overrightarrow{AC}\cdot\overrightarrow{DC}=\overrightarrow{AC}\cdot\overrightarrow{AB'}$가 성립한다.

점 B에서 평면 ACD에 내린 수선의 발을 E, 점 E에서 선분 AB′에 내린 수선의 발을 F라 하면 '삼수선의 정리'에 의해 $\overline{BF}\perp\overline{AB'}$이다.

$\cos(\angle BAE)=\dfrac{3}{5}$ 이므로

$$\overline{BE}=\frac{9}{5},\ \overline{AF}=\frac{27}{25},\ \cos(\angle BAB')=\frac{\overline{AF}}{\overline{AB}}=\frac{9}{25},$$

$$\overrightarrow{AB}\cdot\overrightarrow{CD}=\overrightarrow{AB}\cdot\overrightarrow{AB'}=\overline{AB}\times\overline{AB'}\times\cos(\angle BAB')=\frac{81}{25}$$

$$\therefore a+b=25+81=106$$

◈

Q 문제 49 [그림 2-97]과 같이 선분 AB 위의 한 점을 P라 하자. 선분 AP를 한 변으로 하는 정사각형의 넓이와 선분 PB를 한 변으로 하는 정삼각형의 넓이가 최소가 될 때, $\overline{AP}:\overline{PB}$를 구하여라.

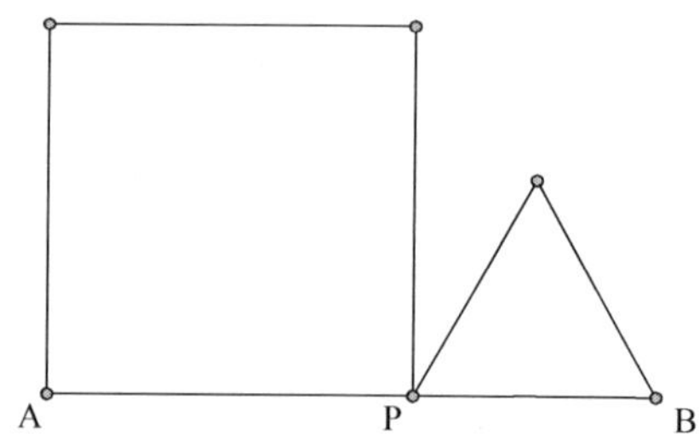

그림 2-97

풀이 $\overline{AB}=1,\ \overline{PB}=x\quad(0<x<1)$ 라 고 하면 $\overline{AP}=1-x$.

삼각형의 넓이 $=\dfrac{\sqrt{3}}{4}x^2$,

사각형의 넓이$=(1-x)^2$

이므로 삼각형과 사각형의 넓이의 합은

$$y=\frac{\sqrt{3}}{4}x^2+(1-x)^2=\frac{4+\sqrt{3}}{4}\left\{x-\frac{4(4-\sqrt{3})}{13}\right\}^2+\frac{4\sqrt{3}-3}{13}$$

이다. $0<x<1$이므로 $x=\dfrac{4(4-\sqrt{3})}{13}$ 일 때, y는 최소가 된다.

따라서, $\overline{AP}=1-x=\dfrac{\sqrt{3}(4-\sqrt{3})}{13}$이므로

$$\overline{AP}:\overline{PB}=1-x:x=\frac{\sqrt{2}(4-\sqrt{3})}{13}:\frac{4(4-\sqrt{3})}{13}=\sqrt{3}:4$$

◈

Q 문제 50 [그림 2-98]과 같은 정사각형 ABCD에서 선분 AB, 선분 BC의 중점을 각각 M, N이라 하고, $\overline{AN}$, $\overline{CM}$의 교점을 O라고 하자. □ABCD의 넓이에 대한 □AOCD의 넓이의 비를 구하여라.

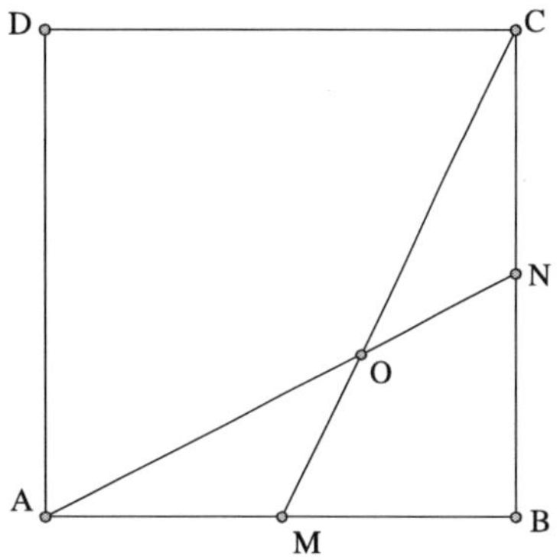

그림 2-98

GSP를 이용한 작도 순서

① 정사각형 ABCD를 작도한다.

② 선분 AB와 선분 BC의 중점을 각각 잡는다. 선분 AB와 선분 BC를 선택한 후에 작도메뉴의 중점을 선택하면 GSP에 중점 M, N를 잡을 수 있다.

③ 점 A와 점 C를 선택하여 작도메뉴의 선분을 선택하여 선분 AC를 작도하여 삼각형 ABC를 생각해 볼 수 있다.

물음1 △ABC에서 $\overline{AN}$과 $\overline{CM}$은 무엇인가?

물음2 점 O은 △ABC의 무엇인가?

물음3 $\overline{CO}$: $\overline{OM}$은 얼마인가?(GSP로 측정한다)

물음4 △AOM = △BOM인 이유는 무엇인가?

물음5 △AOC : △AMO는 얼마인가?

GSP 지도 활동

(1) 위의 물음들을 확인해 보고 단계별로 GSP로 접근하는 방법을 생각한다.

(2) 직접 도형들을 선택하여 넓이를 직접 GSP를 통해 구해 본다. 결과를 먼저 알고 논리적으로 풀이과정을 적어본다.

종이접기 정사각형 색종이를 직접 접어서 생각해 볼 수도 있다.

힌트 O가 삼각형 ABC의 무게 중심이므로 △AOB = △OBC= $\frac{1}{3}$ △ABC이다.

(풀이) 다음 [그림 2-99]와 같이 두 대각선 AC, DB를 그리면 O는 △ABC의 세 중선의 교점이므로 O는 △ABC의 무게 중심이다.

따라서, O로부터 △AOB의 높이는 C로부터 △ABC의 높이의 $\frac{1}{3}$이다.

정사각형 ABCD의 한 변의 길이를 S라 하면

$$\triangle AOB = \frac{1}{3}\triangle ABC = \frac{1}{3} \cdot \frac{1}{2}S^2 = \frac{1}{6}S^2$$

이다. 마찬가지로 $\triangle COB = \frac{1}{6}S^2$ 이므로

$$\square AOCD = \square ABCD - \triangle AOB - \triangle COB = S^2 - \frac{1}{3}S^2 = \frac{2}{3}S^2$$

이다. 그러므로 □ABCD의 넓이에 대한 □AOCD의 넓이의 비는

$$\frac{\square AOCD}{\square ABCD} = \frac{\frac{2}{3}S^2}{S^2} = \frac{2}{3}$$

◈

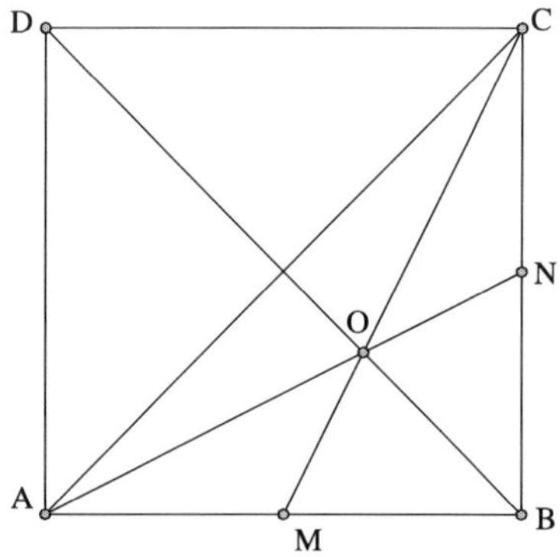

그림 2-99

탐구 문제 29 [그림 2-100]과 같이 한 변의 길이가 1인 정사각형 ABCD에서 $\overline{DP} = \overline{BQ}$인 점 P, Q를 잡을 때, 다음 물음에 답하여라.

(1) 사각형 ABOD의 넓이를 구하여라.

(2) 사각형 ABOD의 둘레를 구하여라.

(3) 사각형 ABOD의 넓이와 둘레가 같을 때의 P의 위치는 어떻게 되는지를 조사하여라.

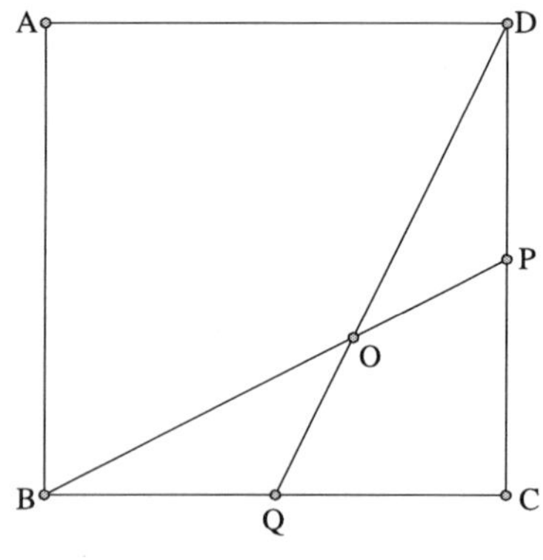

그림 2-100

Q 문제 51 한 변의 길이가 1인 정사각형 ABCD에서 변 AD, DC, CB, BA의 중점을 각각 E, F, G, H라 하고, 오른쪽 [그림 2-101]과 같이 정사각형에 여덟개의 선분을 그을 때, 이들 모든 선분으로 둘러싸인 어두운 부분의 넓이를 구하여라. 여기서, 색종이를 직접 접어보고 연필로 접힌 부분들을 생각해 보자.

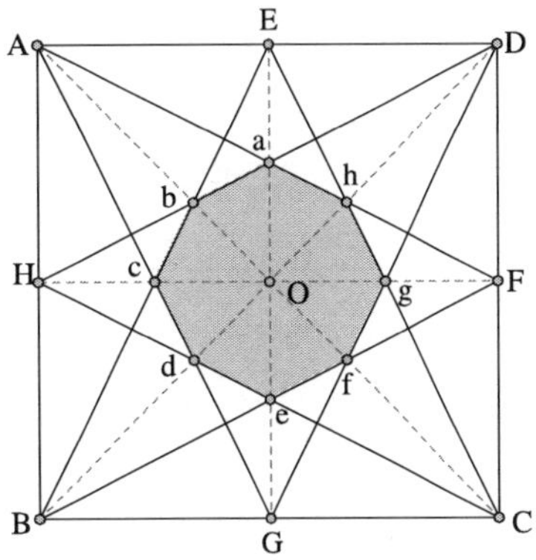

그림 2-101

(풀이) ([그림 2-102], [그림 2-103] 참조)

[그림 2-101]과 같이 정사각형의 중심 O를 잡고, 두 대각선 AG, HF를 그으면 팔각형 abcdefgh는 여덟개의 합동인 삼각형($\triangle Ohg \equiv \triangle Oha \equiv \triangle Oab \equiv \triangle Obc \equiv \triangle Ocd \equiv \triangle Ode \equiv \triangle Oef \equiv \triangle Ofg$, 이들은 정삼각형은 아님)으로 이루어진다. 이때, $\triangle Ohg$의 넓이를 구하여 보자.

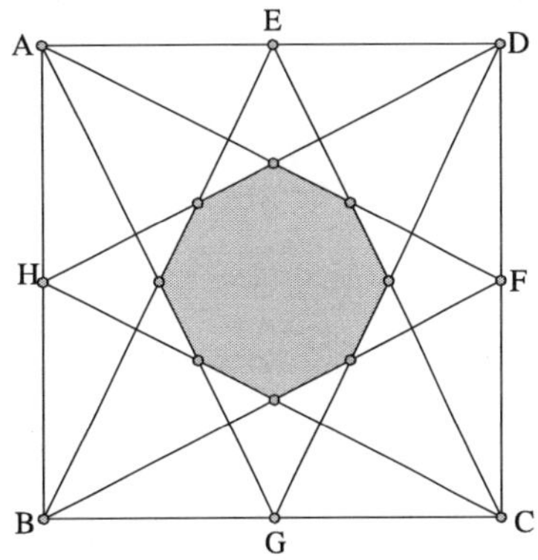

그림 2-102

$\overline{ED}=\overline{GC}=\frac{1}{2}$, $\triangle ECG=\frac{1}{2}\times 1\times\frac{1}{2}=\frac{1}{4}$.

$\triangle EgO \backsim \triangle DhE$이고 $Og : DE = 1 : 2$이므로 $\overline{Eh} : \overline{hg} = 2 : 1$.

$\triangle Ohg=\frac{1}{3}\triangle EgO=\frac{1}{3}\times\frac{1}{3}\times\frac{1}{3}\times\frac{1}{3}=\frac{1}{3}\times\frac{1}{16}=\frac{1}{48}$

이다. 따라서,

$$(\text{구하는 넓이}) = 8\times\frac{1}{48}=\frac{1}{6}$$

◈

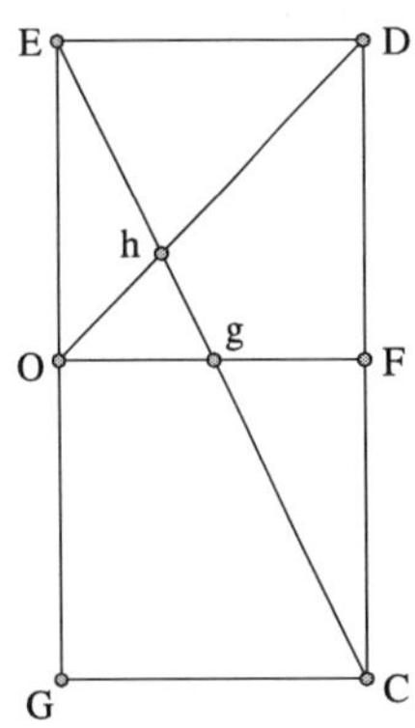

그림 2-103

GSP 활용

① GSP로 작도하여 점 a, b, c, d, e, f, g, h를 선택하여 작도메뉴의 다각형을 선택하면 다각형의 내부를 색칠할 수 있다.

② 다각형의 내부를 선택한 후에 다시 측정메뉴에 가면 넓이를 구할 수 있다.

③ 다각형의 넓이와 정사각형의 넓이를 직접 GSP로 구하여 넓이를 비교해 본다.

Q 문제 52 [그림 2-104]와 같이 폭이 5cm인 나무젓가락 포장종이를 $\angle ABC = 60°$가 되도록 접었다.

(1) 삼각형 ABC는 어떤 삼각형인가?

(2) 삼각형 ABC의 넓이를 구하여라.

힌트 젓가락 포장 종이를 접는다는 것에서 평행선의 성질과 접는 부분의 각이 모두 같다는 사실을 활용한다는 점이 중요하다.

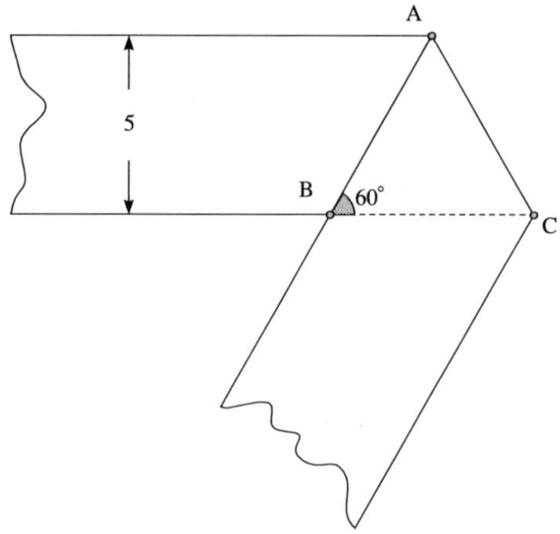

그림 2-104

풀이 $\angle BAC = \dfrac{180° - 60°}{2} = 60°$ 이므로 ΔABC는 정삼각형이고, 그 높이는 5이다. 이 때, 한 변의 길이는

$$5 \times \frac{2}{\sqrt{3}} = \frac{10\sqrt{3}}{3}.$$

$$\therefore\ \triangle ABC = \frac{1}{2} \times \frac{10\sqrt{3}}{3} \times 5 = \frac{25}{3}\sqrt{3}$$ ◈

Q 문제 53 [그림 2-105]에서 폭이 3cm인 테이프에서 선분 AB를 축으로 접었을 때, $\angle ACB = 45°$ 이다.

(1) $\angle CAB$는 얼마인가?

(2) 삼각형 ACB의 넓이를 구하여라.

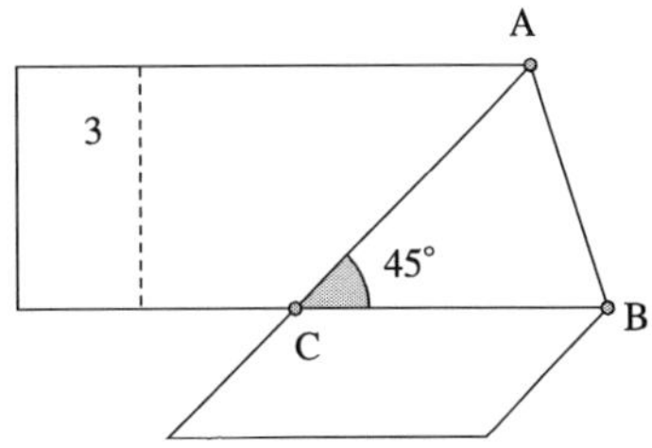

그림 2-105

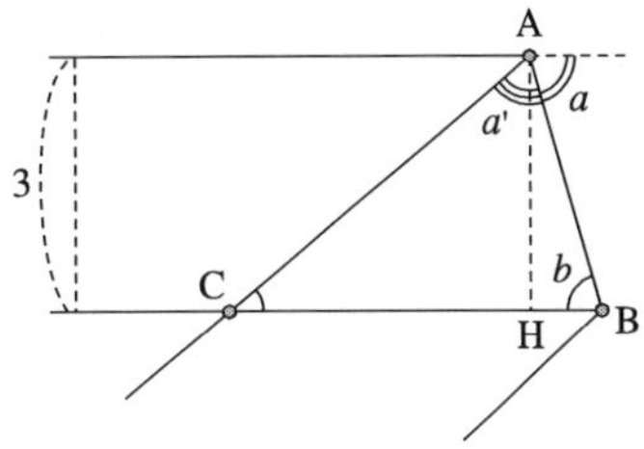

그림 2-106

풀이 [그림 2-106]과 같이 각들을 a, a', b 이라 하자. 선분 AB는 테이프를 접어서 나타난 자국이므로 $a = b, a' = a$ 이다. 따라서 $a' = b$ 이다. 따라서 $\overline{CA} = \overline{CB}$ 이다. 여기서 [그림 2-106]과 같이 $\triangle ACH$는 $45°$인 직각이등변삼각형이므로

$$\overline{CA} = 3\sqrt{2}, \quad \overline{AH} = 3.$$

$$\therefore \triangle ABC = \frac{\overline{AH} \times \overline{CB}}{2} = \frac{9\sqrt{5}}{2}$$

◈

Q 문제 54 [그림 2-107]에서

(1) $\overline{PA} = \overline{PB}$임을 설명하여라.

(2) $\angle APB > 90°$, $x = 5$일 때, y의 값을 구하여라.

(3) S의 면적이 최소가 될 때, y를 구하여라.

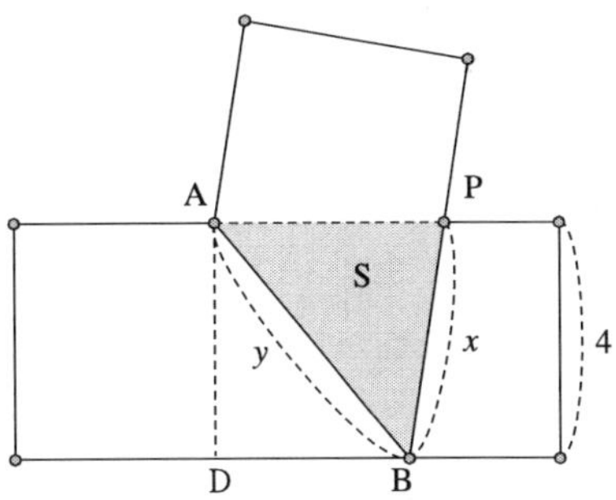

그림 2-107

풀이 (1) P의 원래의 위치를 P′이라고 하면, P, P′은 선분 AB에 관하여 대칭이므로 $\angle ABP = \angle ABP'$이다. $\overline{AP} // \overline{P'B}$ 이므로

$$\angle PAB = \angle ABP'$$

$$\therefore \overline{PA} = \overline{PB}.$$

(2) $x = 5$일 때, 피타고라스의 정리에 의해 $\overline{BC} = 3$.

따라서, $\overline{DC} = \overline{AP} = 5$이므로 $\overline{DB} = 8$.

$$\therefore y = \sqrt{4^2 + 8^2} = \sqrt{80} = 4\sqrt{5}$$

(3) S는 높이가 4인 삼각형이므로 밑변의 길이 $\overline{AP}$가 최소일 때 S의 면적이 최소가 된다. 한편 $\overline{AP}=\overline{BP}=x$이므로 x가 최소일 때 최소가 된다. 따라서 $x=4$이고 이때, S는 직각이등변삼각형이므로 $y=4\sqrt{2}$이다. ◈

참고

종이를 접어서 대칭

도형을 접어서 대칭하는 문제를 생각할 때에 기본이 되는 것은 접은 흔적이 이동한 점과 원래의 점을 연결하는 선분의 수직이등분이 된다는 것이다. 결국 [그림 2-108]에서처럼 점 A를 대칭축 l로 하여 접은 흔적과 접어서 대칭이동한 점을 B라 하면 접었던 흔적 l은 선분 AB의 수직이등분선이 된다.

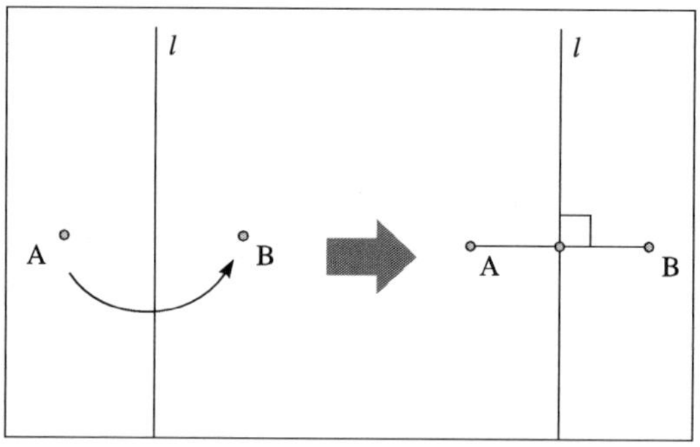

그림 2-108

문제 55 정사각형 ABCD에서 $\overline{PQ}\perp\overline{RS}$이면 $\overline{PQ}=\overline{RS}$이다. 이를 설명하여라.

(풀이) 아래의 [그림 2-109]와 같이 $\overline{PH}=\overline{SI}$이고

$\angle PHQ=\angle SIR=90°$이다.

$\angle PXS=\angle PYS=90°$이므로, $\angle QPH=\angle RSI$가 된다.

$\therefore \triangle PHQ \equiv \triangle SIR$

따라서, $\overline{PQ}=\overline{RS}$가 성립된다. ◈

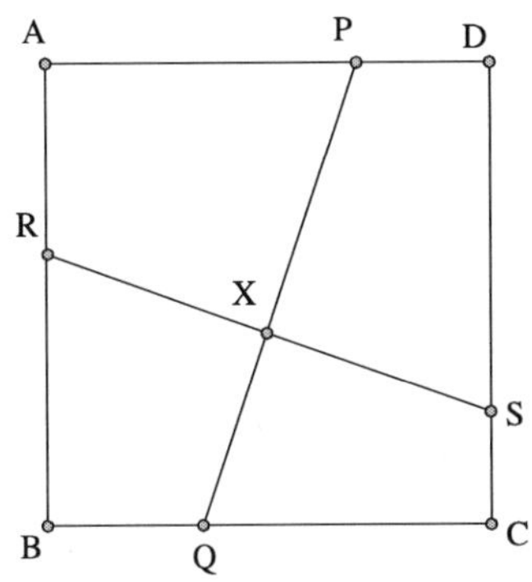

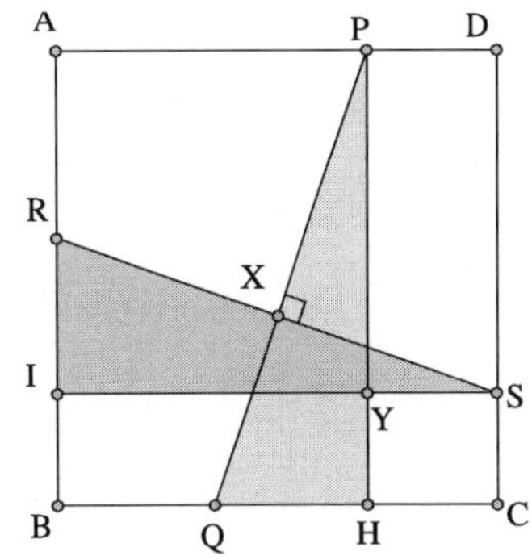

그림 2-109

문제 56 직사각형을 접어서 대칭일 때 [그림 2-110]과 같이 표시된 각이 각각 같아서 세 삼각형은 닮음이다. 이때 다음이 성립함을 설명하여라.

(1) $\overline{LN}$은 $\overline{AC}$의 수직이등분선이다.

(2) $\triangle AMN \backsim \triangle ABC$이다.

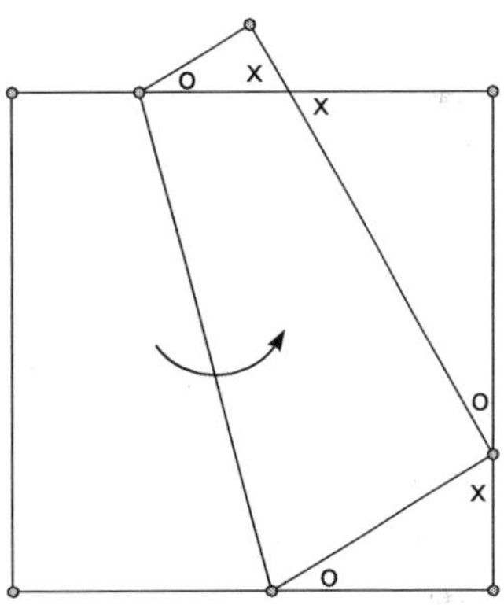

그림 2-110

풀이 ([그림 2-111] 참조)

(1) $\overline{CN}$이 접히기 전의 상태가 $\overline{AN}$이므로 $\overline{CN} = \overline{AN}$이고 $\overline{MN}$은 공통변이다. 또한, $\overline{AM} = \overline{CM}$이므로 $\triangle AMN \equiv \triangle CMN$.
따라서, $\angle AMN = \angle CMN = 90°$이다.

(2) $\angle CAB$은 공통각이고 $\angle AMN = \angle ABC = 90°$이므로 $\triangle AMN \backsim \triangle ABC$이다. ◈

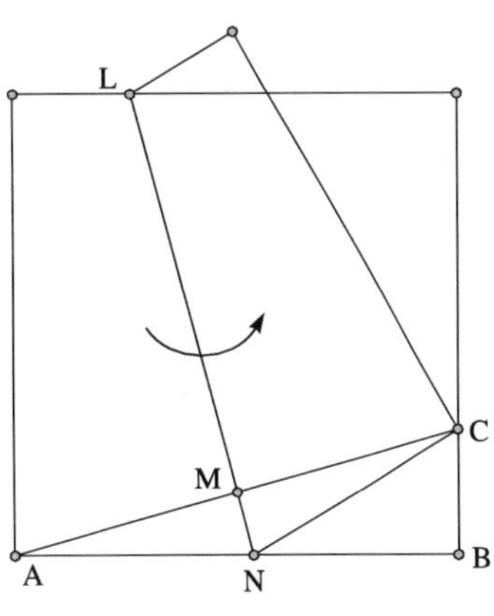

그림 2-111

문제 57 [그림 2-112]는 $\overline{EF}$를 대칭축으로 하여 접은 것이다. $\overline{AG}=8$, $\overline{BC}=24$, $\overline{BF}=9$일 때, 다음 길이를 구하여라.

(1) $\overline{BC'}$ (2) $\overline{AB}$

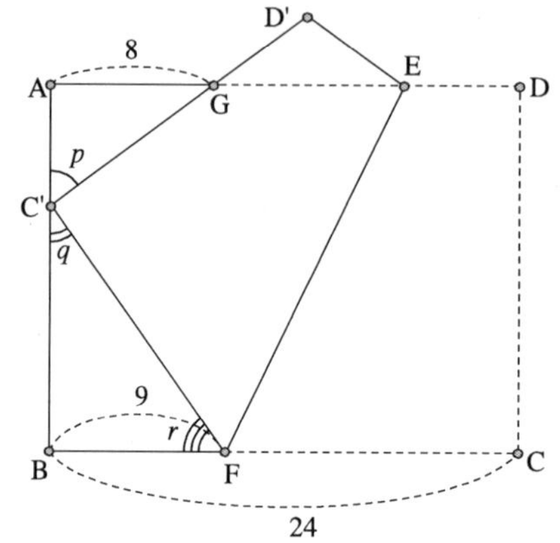

그림 2-112

(풀이) (1) $\overline{FC'}=\overline{FC}=24-9=15$이므로

$\triangle BFC'$ 에서 피타고라스의 정리를 이용하면

$$\overline{BC'}=\sqrt{15^2-9^2}=\sqrt{3^2\times5^2-3^2\times3^2}$$

$$=\sqrt{3^2\times(5^2-3^2)}=3\times4=12 \text{ -------- ①}$$

(2) [그림 2-112]에서 p, q, r의 값을 구하면

$$p+q=90^\circ$$

$$q+r=90^\circ$$

$$\therefore p=r$$

따라서, $\triangle GAC' \backsim \triangle C'BF$ -------- ②

①과 ②에 의해

$$\overline{AC'}=\overline{BF}\times\frac{\overline{AG}}{\overline{BC'}}=9\times\frac{8}{12}=6.$$

$$\therefore \overline{AB}=\overline{AC'}+\overline{C'B}=6+12=18$$

◈

참고

1. $\overline{BF} : \overline{FC'} = 3 : 5$이므로 $\triangle BF'C$는 3: 4: 5인 직각삼각형이고, $\triangle AC'G$도 3: 4: 5이다.
2. 문제 52에서 보조선 CC'로 긋고 선분 FI의 길이를 구할 수 있다. 또한 $\overline{AE}$의 길이를 구할 수 있다. $\triangle AGC' \backsim \triangle D'GE$이므로 $\overline{GC'}$, $\overline{D'G}$, $\overline{GE}$, $\overline{AE}$를 차례로 구할 수 있다. 즉, $\overline{GC'} = 10$.

$$\therefore \overline{GD'} = 18 - 10 = 8.$$

즉, $\triangle AGC' \equiv \triangle D'GE$이고 $\overline{GE} = 8$.

문제 58 한 변의 길이가 10인 정사각형 종이 ABCD에서 꼭짓점 B를 선분AD의 중점 E에 오도록 [그림 2-113]과 같이 접는다. 이때, 주어진 길이를 구하여라.

(1) $\overline{AF}$ (2) $\overline{DI}$ (3) $\overline{FG}$

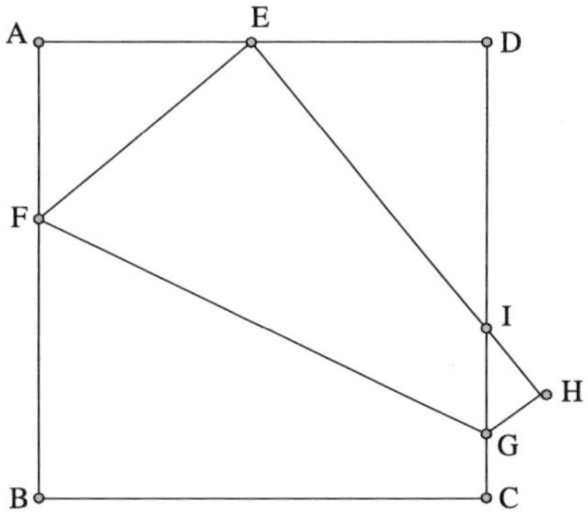

그림 2-113

기본 아이디어 1

아래의 [그림 2-114]와 같은 형태에서 직각삼각형의 피타고라스의 정리를 이용하면 $(a-x)^2 + b^2 = x^2$에서 $x = \frac{a^2+b^2}{2a}$가 된다.

기본 아이디어 2

정사각형 ABCD는 아래 [그림 2-115]에서 직각삼각형의 합동을 생각하면 정사각형 내에서 직교하는 이등분선 $\overline{PQ} = \overline{RS}$가 된다.

지금까지 등장한 기본 도형의 복합적인 형태들이다. 기본 아이디어 2는 정사각형의 내부에 직교하는 두 선분의 길이는 같다는 성질을 이용하면 된다.

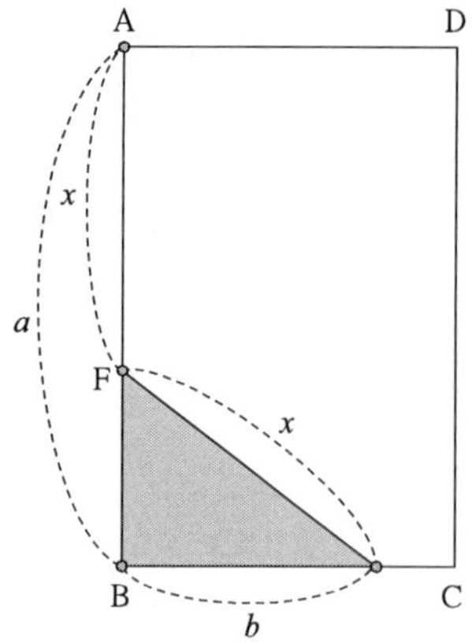

그림 2-114

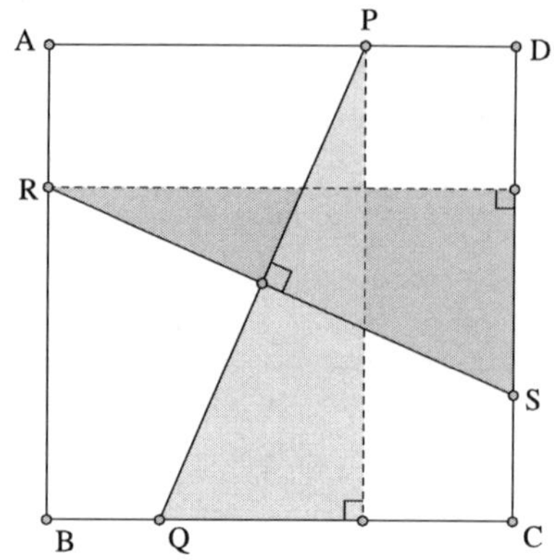

그림 2-115

풀이 (1) 구하는 $\overline{AF}$의 길이를 x라고 한다. 접어서 대칭된 것을 활용하면 $\overline{BF}=\overline{EF}=10-x$이다. 그래서, $\triangle AEF$에 피타고라스의 정리를 이용하면 $x^2+5^2=(10-x)^2$이다.

따라서, $\overline{AF}=x=\dfrac{15}{4}$가 된다([그림 2-116] 참조).

(2) $\triangle FAE \backsim \triangle EDI$에서 $\overline{AF}\times\overline{DI}=\overline{AE}\times\overline{DE}$이다.

$$\therefore \overline{DI}=\frac{\overline{AE}\times\overline{DE}}{\overline{AF}}=\frac{20}{3}$$

(3) 점 B는 선분 FG을 접어서 나타난 흔적이므로 접었을 때 만나는 교점을 E라고 하면 $\overline{BE}\perp\overline{FG}$이다.

따라서, $\overline{FG}=\overline{BE}$이다.([그림 2-117] 참조)

$$\therefore \overline{FG}=\overline{BE}=\sqrt{\overline{AB}^2+\overline{AE}^2}=\sqrt{125}=5\sqrt{5}$$ ◈

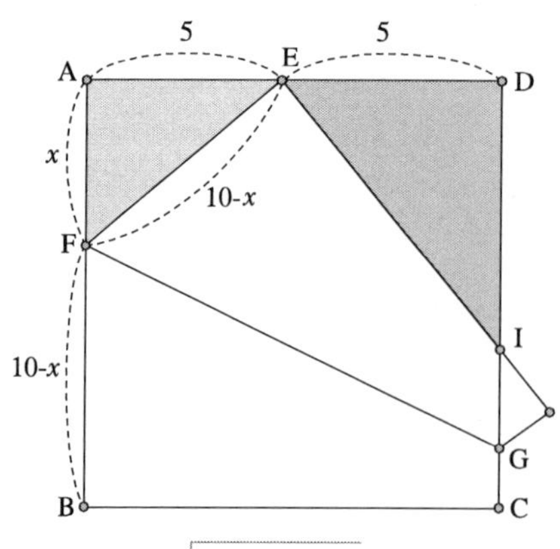

그림 2-116

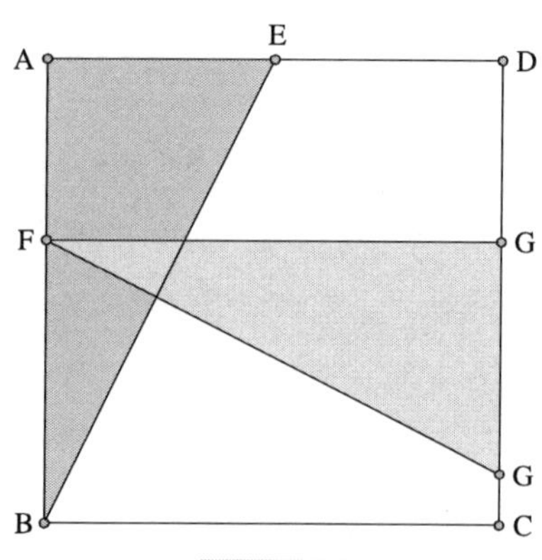

그림 2-117

문제 59 문제 58에서 $\overline{EI}$의 길이를 구하여라.

(풀이) 문제 58의 풀이에서 $\overline{DI}=\frac{20}{3}$, $\overline{ED}=5$이므로 피타고라스의 정리에 의하여

$$\overline{EI}=\sqrt{\left(\frac{20}{3}\right)^2+5^2}=\frac{25}{3}.$$ ◈

탐구 문제 30 한 변의 길이가 10인 정사각형 종이 ABCD에서 정점 B를 $\overline{AD}$ 위에 오도록 접고 그 교점을 E라 하자.

(1) $\overline{AE}=4$일 때, $\overline{AF}$, $\overline{DI}$, $\overline{FG}$의 길이를 구하여라.

(2) $\overline{AE}=6$일 때, $\overline{AF}$, $\overline{DI}$, $\overline{FG}$의 길이를 구하여라.

문제 60 [그림 2-118]과 같이 한 변의 길이가 18cm인 정사각형 ABCD에 $\overline{AE}=8$cm 이고 점 B가 $\overline{AD}$ 위에 오도록 접었을 때, $\overline{B'G}$의 길이를 구하여라.

(풀이) $\overline{EB'}=\overline{EB}=18-8=10$

이다. $\triangle AEB'$에서

$\overline{AB'}=\sqrt{10^2-8^2}=6$이고

$\overline{B'D}=\overline{AD}-\overline{AB'}=18-6=12$

이다.

$\triangle AEB' \backsim \triangle DB'G$에서

$\overline{AE}:\overline{DB'}=\overline{EB'}:\overline{B'G}$

이므로 $8:12=10:\overline{B'G}$이다.

$\therefore \overline{B'G}=15$ ◈

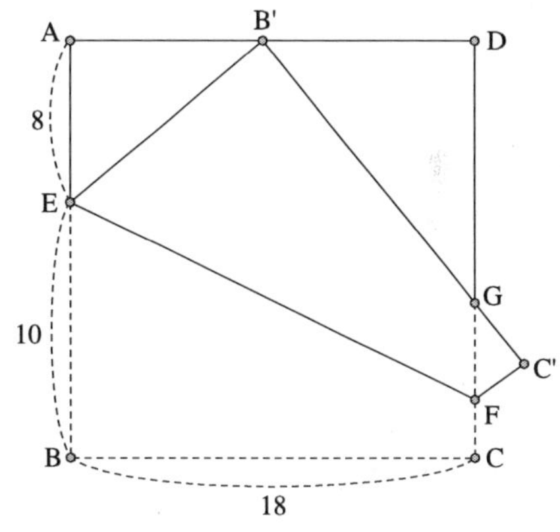

그림 2-118

참고

종이접기를 통해 많은 문항들이 개발될 수 있다. 그러나 근본적인 문제는 중3의 피타고라스의 정리를 이용해야만 되는 경우들이 많이 있기 때문에 저학년의 경우에는 닮음을 이용하는 문제로 개발되어야 하고, 중3 이상의 경우에는 피타고라스의 정리를 이용하는 문제로 정리해도 좋다. 또한 고등학생이상이라면 해석기하를 이용하는 문제를 개발하여도 좋다고 생각한다.

Q 문제 61 (1) 정사각형 종이 ABCD의 변 BC 위의 한 점을 P라고 한다. $\angle PAD$의 이등분선이 변 DC와 만나는 교점을 Q라고 한다면 $\overline{AP} = \overline{BP} + \overline{DQ}$임을 설명하여라.

([그림 2-119] 참조)

(2) 정사각형 ABCD의 변 BC, CD 위에 두점 P, Q를 $\angle PAQ = 45°$가 되어질 때, A에서 $\overline{PQ}$에 내린 수선의 길이는 이 정사각형의 한 변의 길이와 같음을 설명하여라.

([그림 2-120] 참조)

(풀이) 삼각형을 회전이동하여 생각해 보면 쉽게 접근할 수 있다.

(1) $\triangle ADQ$를 점 A를 중심으로 시계 방향으로 90° 회전이동하면 $\overline{AD}$는 $\overline{AB}$와 겹치게 된다.

$\triangle ADQ \equiv \triangle ABR$이기 때문에

$$\angle ARB = \angle AQD = \angle BAQ = \angle BAP + \angle PAQ = \angle BAP + \angle RAB$$
$$= \angle RAP \text{ (그림의 o, } x \text{ 를 참고)}$$

따라서, $\triangle PAR$은 $\overline{PA} = \overline{PR}$ 의 이등변삼각형이고

$$\overline{PA} = \overline{PR} = \overline{BP} + \overline{BR} = \overline{BP} + \overline{DQ}$$

이다.

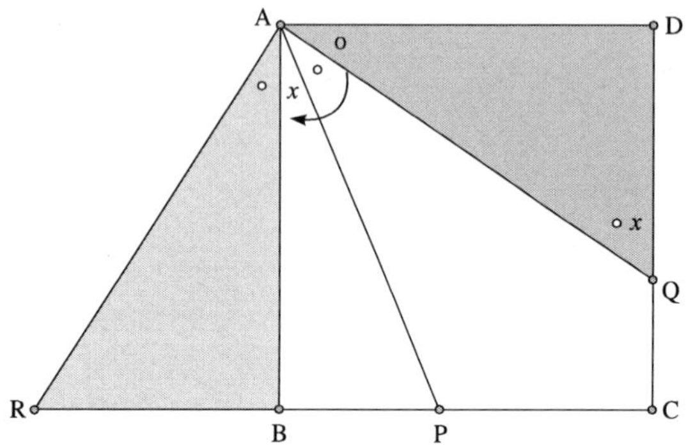

그림 2-119

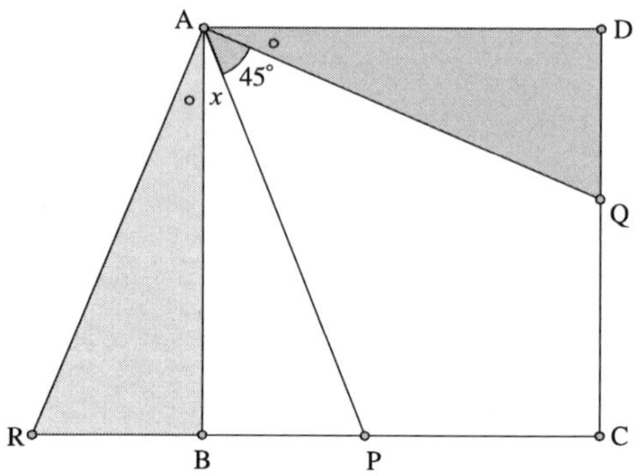

그림 2-120

(2) (1)과 같이 회전이동한다.

$\triangle ARP$와 $\triangle AQP$에 있어서

$$\angle RAP = \angle RAB + \angle BAP$$
$$= \angle QAD + \angle BAP = 45° = \angle QAP \text{ --------------- ①}$$

$\overline{AP}$가 공통 ------------------------- ①

$\overline{AR} = \overline{AQ}$ ------------------------- ②

①, ②, ③에 의해 △ARP ≡ △AQP가 된다. 대응되는 정점에서 대변에 내린 수선의 길이가 같기 때문에 이 수선의 길이는 정사각형의 한 변의 길이와 같아짐을 알 수 있다. ◈

문제 61의 GSP를 이용한 작도 순서

① 우선 [그림 2-121]과 같이 정사각형 ABCD를 작도한다.

② 점 D, A, P를 선택한 후에 작도메뉴에서 ∠PAD의 각의 이등분선을 작도한다. 각의 이등분선과 변 CD의 교점을 Q라 한다.

③ 선분 AP를 선택하여 측정메뉴의 길이를 측정한다. 또한 점 B, P를 선택하여 측정메뉴의 거리를 측정한다. 마찬가지로 점 D, Q도 선택하여 거리를 측정해 본다.

④ 점 A를 더블클릭하면 회전변환의 중심이 된다. 그리고 점 A, Q, D를 선택하여 작도메뉴의 내부를 선택하면 삼각형 AQD의 내부가 색칠이 되고, 삼각형 AQD의 꼭짓점과 내부를 선택하여 변환메뉴의 회전이동을 선택하여 −90°를 선택하면 회전이 된다.

⑤ 점 A, Q′, P를 선택한 후에 측정메뉴에서 각을 측정한다. 그리고 점 P, A, Q′를 선택한 후에 각을 측정하여 비교해 본다. ([그림 2-122] 참조)

⑥ ∠AQ′P = ∠PAQ′이 된다. 그 이유는 무엇인가?

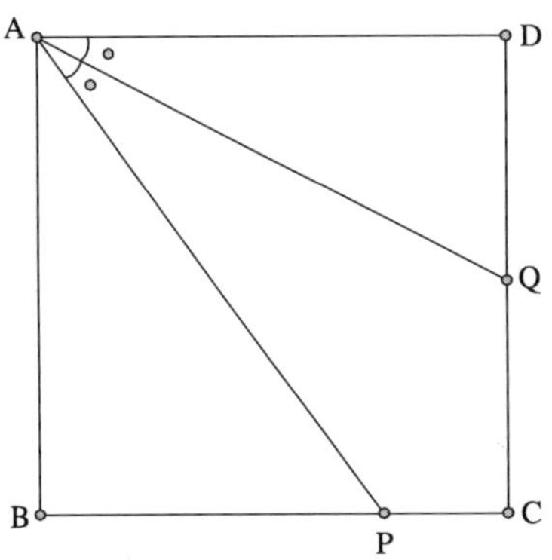

그림 2-121

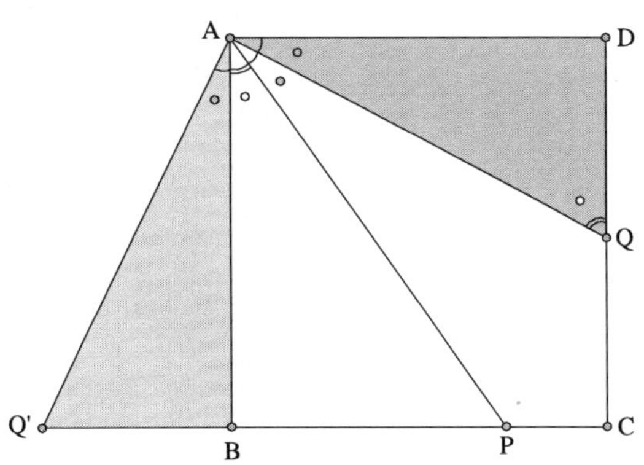

그림 2-122

□ 문제 61의 색종이를 활용한 종이접기

(2)의 경우에는 정사각형 색종이 ABCD에서 A를 중심으로 하고 점 D를 대각선을 넘지 않도록 접는다([그림 2-123] 참조).

그리고 점 B도 마찬가지로 점 D와 만나도록 접는다. 여기에서 점 D를 접었을 때 접힌 부분이 변 CD와의 교점을 Q, 점 B를 접었을 때 접힌 선이 변 BC와의 교점을 P라 하면 $\angle PAQ = 45°$가 된다. 이때, 점 A에서 선분 PQ에 내린 수선의 길이와 사각형 ABCD의 한 변의 길이가 같음을 증명할 수 있다([그림 2-124] 참조).

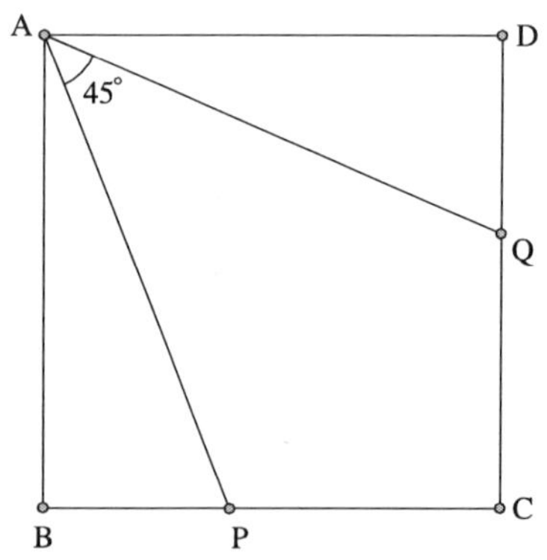

그림 2-123

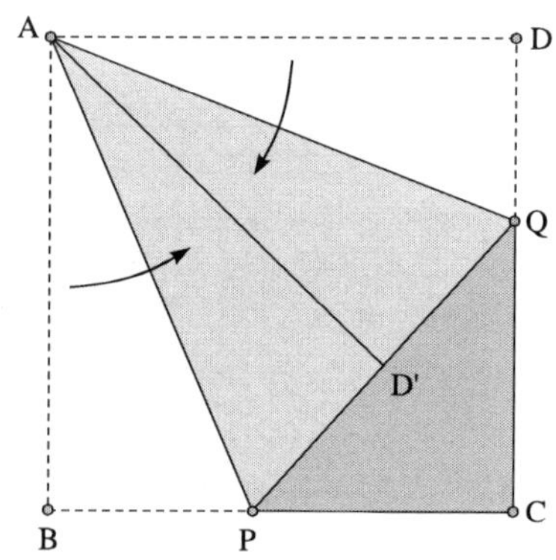

그림 2-124

Q 문제 62 [그림 2-125]와 같이 한 변의 길이가 9인 정사각형 ABCD의 변 BC 위의 한 점 E를 잡고 $\triangle$EAD의 이등분선이 $\overline{CD}$와 $\overline{BC}$의 연장선과 만나는 점을 각각 F, G라고 할 때, $\overline{AE}$의 길이를 구하여라.

(풀이) $\angle AGE = \angle DAF = \angle EAG$ 이다.

$\therefore \overline{AE} = \overline{EG} = x,\ \overline{EC} = x - 3$

따라서 $\overline{BE} = 9 - (x-3) = 12 - x$이므로 $\triangle$ABE에서

$$x^2 = 9^2 + (12 - x)^2$$

를 만족한다.

$$\therefore x = \frac{75}{8}$$

◈

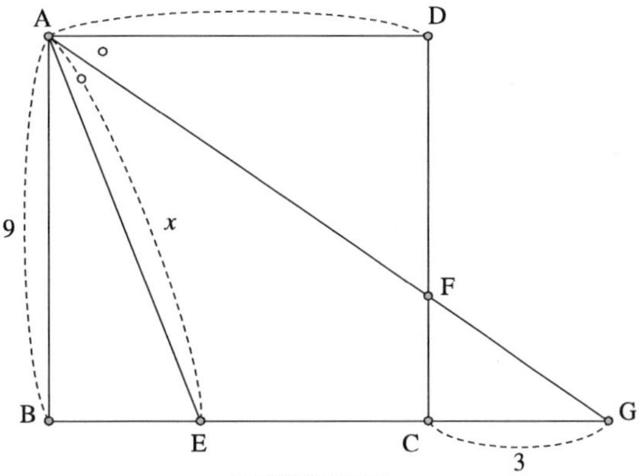

그림 2-125

Q 문제 63 정사각형 ABCD의 대각선 AC 위에 점 M을 $\overline{AM}=\overline{AB}$가 되도록 잡고 M에서 $\overline{AC}$에 수선을 그어서 $\overline{BC}$와 만나는 점을 N이라 하면 $\overline{BN}=\overline{MN}=\overline{MC}$임을 설명하여라.

□ 종이접기

단계1 점 B가 점 D에 닿도록 접는다.

단계2 다시 변 AB가 자국 AC에 닿도록 접는다.([그림 2-126] 참조)

단계3 AN의 중점을 구하기 위하여 A와 N이 닿도록 접는다. 이때 그 중점을 O라 하면 $\overline{AO}=\overline{ON}=\overline{OM}=\overline{OB}$가 됨을 알 수 있다.

단계4 점 A, B, N, M은 한 원 위에 있는 점임을 알 수 있다.

단계5 $\angle BAC+\angle ANM=180°$임을 알 수 있다. 따라서 $\angle BAC=\angle MNC$가 된다.

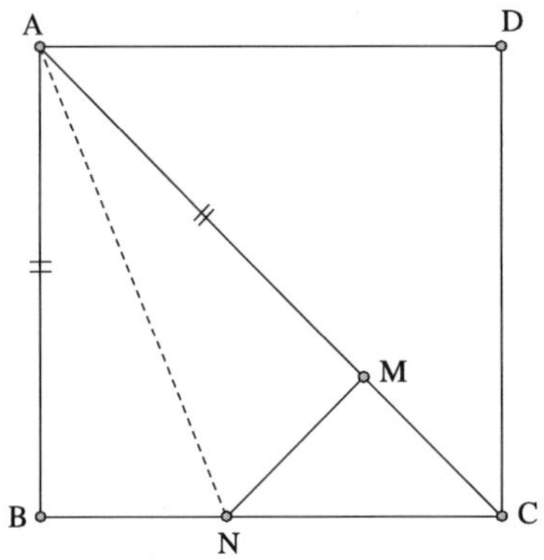

그림 2-126

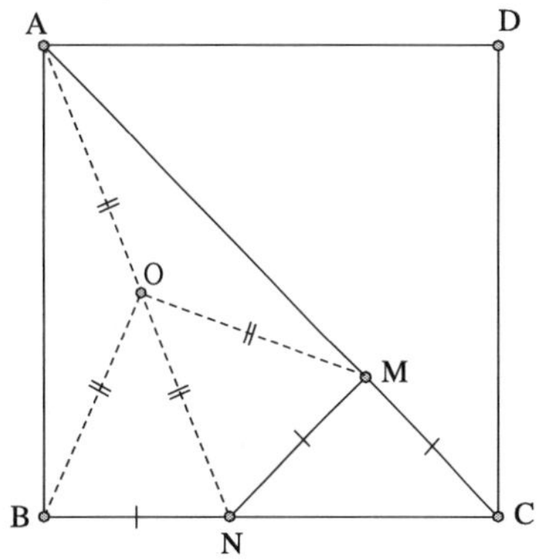

그림 2-127

단계6 $\angle MNC = \angle MCN$ 를 만족한다.

단계7 $\overline{MN} = \overline{MC}$ 를 만족한다([그림 2-127] 참조).

풀이 $\overline{AN}$을 잇는다. $\triangle ABN$과 $\triangle AMN$에서 $\overline{AB} = \overline{AM}$이므로

$$\angle B = \angle M = \angle R.$$

또한 AN은 공통이다.

$$\therefore \triangle ABN \equiv \triangle AMN$$
$$\therefore \overline{BN} = \overline{MN}$$

그리고 ABCD는 정사각형이므로 $\angle MCN = 45°$ 가 된다.

그런데 $\triangle MNC$에서 $\angle M = \angle R$이므로

$$\angle MNC = \angle R - \angle MCN = \angle R - 45° = 45°.$$
$$\therefore \angle MCN = \angle MNC$$
$$\therefore \overline{MN} = \overline{MC}$$
$$\therefore \overline{BN} = \overline{MN} = \overline{MC}$$

◈

Q 문제 64 정사각형 색종이 ABCD의 대각선의 교점을 O라 하자. $\angle BAC$의 이등분선이 BD, BC와의 교점을 각각 X, Y라 하면 $2\overline{OX} = \overline{CY}$ 임을 설명하여라.

ㅁ 종이접기

단계1 정사각형 색종이 ABCD의 대각선이 나타날 수 있도록 접는다. 이때 두 접힌 부분의 교점을 O라 하자.([그림 2-128] 참조)

단계2 변 AB를 대각선 AC에 접하도록 접는다. 그 접힌 선과 $\overline{BC}$와의 교점을 Y라 하고 대각선 BC와의 교점을 X라 한다.

단계3 변 AD와 변 BC가 겹치도록 접었을 때, 나타난 흔적이 흔적 AY와의 교점을 E라한다.([그림 2-129] 참조)

단계4 삼각형 AYC에서 $\overline{AC}$의 중점이 O이고, $\overline{AY}$의 중점이 E이므로 선분 OE는 중점연결정리에 의해 변 CY의 반임을 알 수 있다. 따라서 위의 결과가 나오기 위해서는 $\overline{OX} = \overline{OE}$라는 사실을 밝히는 문제이다. 서로 겹쳐보면 쉽게 알 수 있다.

단계5 겹치는 것보다는 두 밑각이 같다는 것을 논리적으로 설명을 해보자.

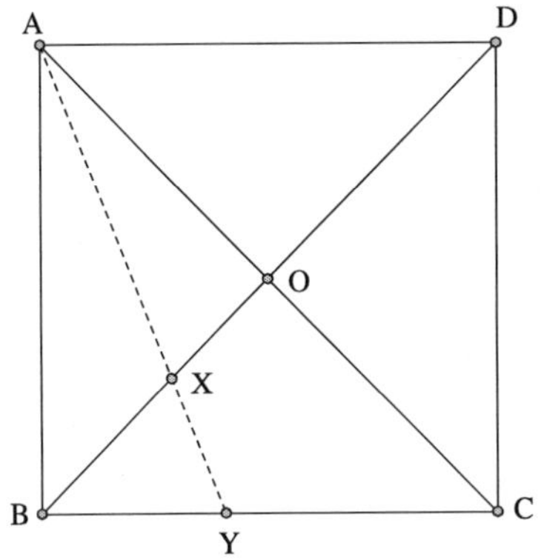

그림 2-128

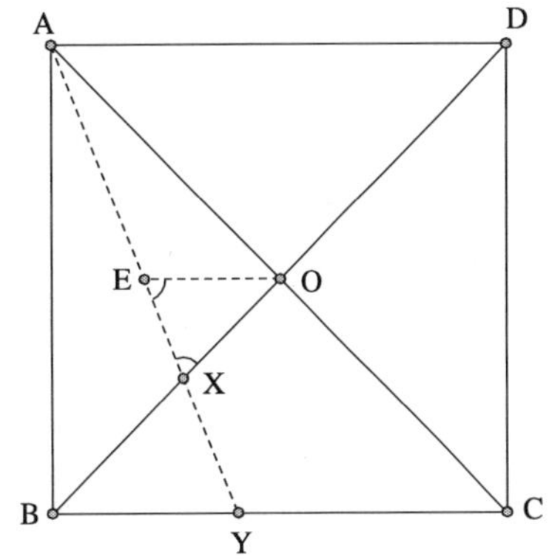

그림 2-129

(풀이) AY의 중점 E와 O를 이으면 $\overline{OE}//\overline{BC}$ 또는 $2\overline{OE}=\overline{YC}$이다.

$\angle OXE$는 $\triangle ABX$의 외각이므로

$$\angle OXE = \angle XAB + \angle ABX = 22.5^\circ + 45^\circ = 67.5^\circ$$

이다. 또한, $\angle OEX$는 $\triangle AEO$의 외각이므로

$\angle OEX = \angle EAO + \angle AOE = 22.5^\circ + 45^\circ = 67.5^\circ$이다.

$$\therefore \angle OEX = \angle OXE$$

$$\therefore \overline{OX} = \overline{OE} = \frac{1}{2}\overline{CY}$$

◈

문제 65 정사각형 색종이 ABCD에 있어서 $\overline{AD}$의 중점을 F라 하고, $\overline{BF}$와 $\overline{AC}$의 교점을 G라 할 때, △BAF, △BGC, □CGFD 넓이의 비를 구하여라.([그림 2-130] 참조)

□ 종이접기

단계1 $\overline{AC}$를 흔적이 남도록 B와 D를 일치하여 접는다.

단계2 A와 D를 일치시켜 중점 F를 잡는다.

단계3 $\overline{BF}$와 $\overline{AC}$와의 교점을 G라 하자.

단계4 $\overline{AF}$: $\overline{BC}$는? 1 : 2

단계5 $\overline{GC} : \overline{AG}$는? 1 : 2

단계6 $\triangle ABG : \triangle BCG$는? 1 : 2

단계7 $\overline{BG} : \overline{GF}$는? 1 : 2

단계8 $\triangle AFG : \triangle ABG$는? 1 : 2

단계9 $\triangle BFG : \triangle BCG$는? 1 : 2

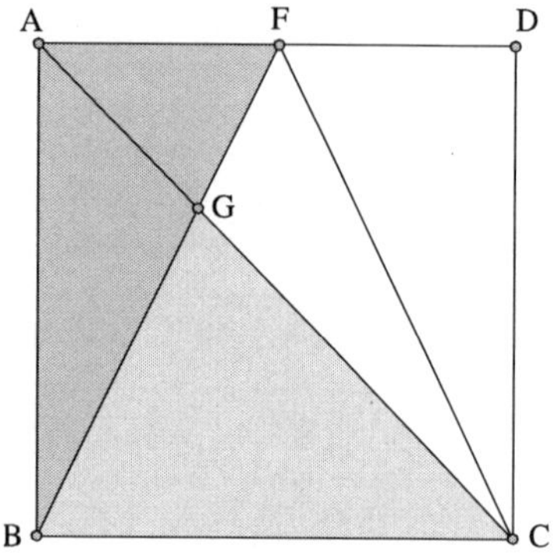

그림 2-130

지금까지 내용을 정리하면

$$\triangle ABG = \frac{1}{2}\triangle BCG$$

$$\triangle BFG = \frac{1}{2}\triangle BCG$$

$$\triangle AGF = \frac{1}{2}\triangle ABG = \frac{1}{4}\triangle BCG$$

$$\triangle ABG = \frac{3}{4}\triangle BCG$$

$$\therefore\ \triangle ABG = \triangle CFG$$

$$\begin{aligned}\square CDFG &= \triangle CDF + \triangle CFG = \triangle ABG + \triangle ABG \\ &= \frac{3}{4}\triangle BCG = \frac{1}{2}\triangle BCG \\ &= \frac{5}{4}\triangle BCG\end{aligned}$$

$$\therefore\ \triangle ABF : \triangle BCG : \square CDFG = 3 : 4 : 5$$

풀이 $\overline{AF}//\overline{BC}$이므로 $\triangle BGC \backsim \triangle FGA$이고, $\overline{BC} = \overline{AD} = 2\overline{AF}$이다.

$$\therefore \frac{\overline{GC}}{\overline{AG}} = \frac{\overline{GB}}{\overline{GF}} = \frac{\overline{BC}}{\overline{AF}} = \frac{2}{1}$$

따라서

$$\frac{\overline{BF}}{\overline{GF}} = \frac{3}{1}$$

$$\therefore \frac{\triangle BAF}{\triangle FGA} = \frac{3}{1} \quad \cdots\cdots\cdots\ ①$$

$$\frac{\triangle BGC}{\triangle FGA} = \left(\frac{1}{2}\right)^2 = \frac{4}{1} \quad \cdots\cdots\cdots\ ②$$

$$\frac{\triangle FGC}{\triangle FGA} = \frac{2}{1} \quad \cdots\cdots\cdots\ ③$$

또한 $\triangle CDF \equiv \triangle BAF$이므로

$$\frac{\triangle CDF}{\triangle FGA} = \frac{3}{1} \quad \cdots\cdots\cdots\ ④$$

③, ④로부터

$$\frac{\triangle FGC+\triangle CDF}{\triangle FGA}=\frac{2+3}{1}=\frac{5}{1}$$

$$\therefore \frac{\square FGCD}{\triangle FGA}=\frac{5}{1} \quad \cdots\cdots ⑤$$

②, ⑤로부터 $\triangle BAF : \triangle BGC : \square FGCD = 3:4:5$ ◈

Q 문제 66 정사각형 색종이 ABCD를 [그림 2-133]과 같이 접었을 때, 나타나는 세 점을 이은 삼각형 PQD는 정삼각형임을 설명하여라.

□ 종이접기

단계1 우선 AD와 BC를 서로 겹치도록 접었을 때, 흔적을 EF라 하자.([그림 2-131] 참조)

단계2 점 B를 중심으로 하여 점 A가 EF에 오도록 접고 다시 편다음 점 C를 중심으로 하여 점 D를 EF에 오도록 접고 다시 편다. 두 접힌 선의 교점을 P라 한다.([그림 2-132] 참조)

단계3 AB와 CD가 겹치도록 접고 펴면 그 흔적을 GH라 한다. 점 B를 중심으로 하여 점 C가 GH 위에 오도록 접는다. 그리고 점 A를 중심으로 하여 점 D가 GH 위에 오도록 접는다. 그 흔적의 교점을 Q라 하자.

단계4 이때 △PQD는 정삼각형이다.([그림 2-133] 참조)

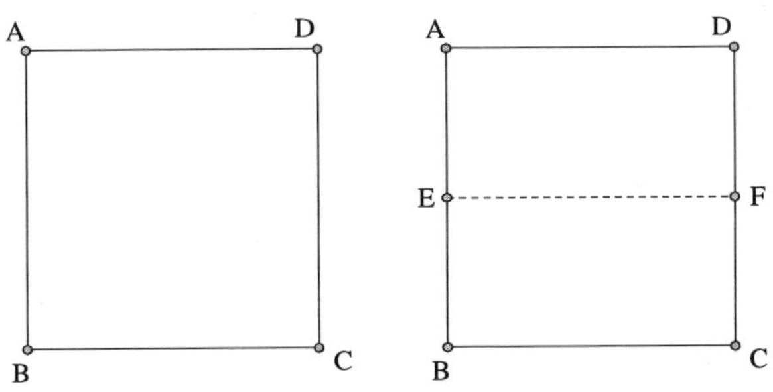

그림 2-131

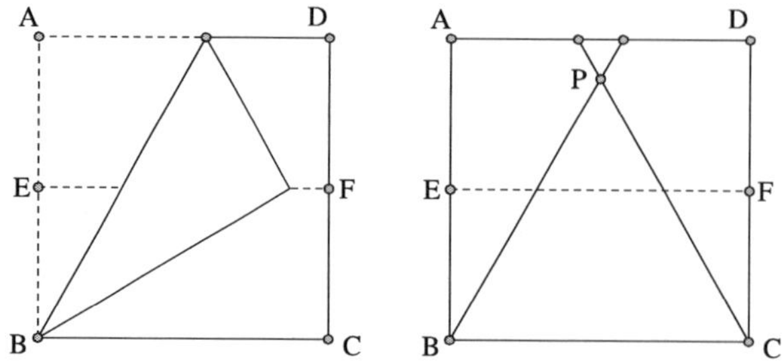

그림 2-132

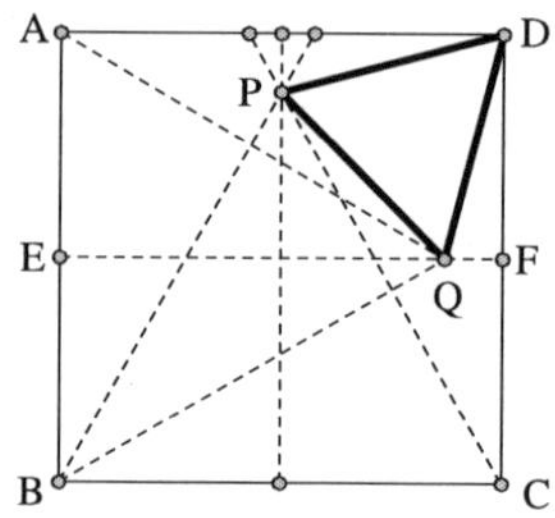

그림 2-133

(풀이) $\triangle BCP$와 $\triangle AQB$는 정삼각형이다.

(이 내용은 이미 다른 문제에서도 다루어진 문제이다.)

$$\therefore \angle BAQ = \angle PCB = 60°$$

$\angle A = 90°$이므로

$$\angle DAQ = \angle PCD = 30°.$$

$$\therefore \angle PBQ = 30°$$

또한 $\angle ABP = 30°$, $\angle ABP = 30°$이므로 $\angle CBP = 60°$, $\angle CDQ = 15°$이다.

따라서 $\angle QAP = \triangle DAP = \triangle CDQ$이다.

$$\therefore \overline{PQ} = \overline{QD} = \overline{DP}.$$

따라서 $\triangle PQD$는 정삼각형이다. ◈

Q 문제 67 [그림 2-134]와 같이 직사각형 종이 ABCD의 $\overline{BC}$ 위에 점 P를 잡고, $\overline{AP}$를 접힌 흔적으로 생각하여 $\triangle ABP$를 대칭시킬 때 점 B는 $\overline{CD}$ 위의 점 Q와 겹치게 되었다.

(1) $\overline{AB} : \overline{BP} = 2 : 1$일 때, $\overline{CQ} : \overline{QD}$를 구하여라.

(2) $\overline{CQ} : \overline{QD} = 2 : 1$일 때, $\overline{AB} : \overline{BP}$를 구하여라.

참고

[그림 2-135]에서 $\triangle ABE \backsim \triangle ECD$이므로 $\overline{AB} \times \overline{CD} = \overline{BE} \times \overline{CE}$이다.

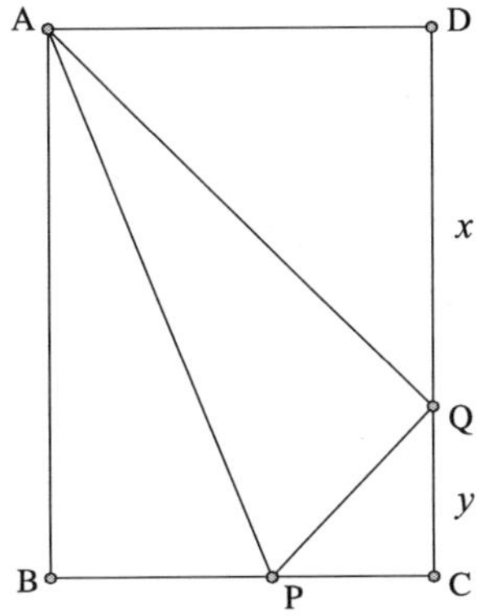

그림 2-134

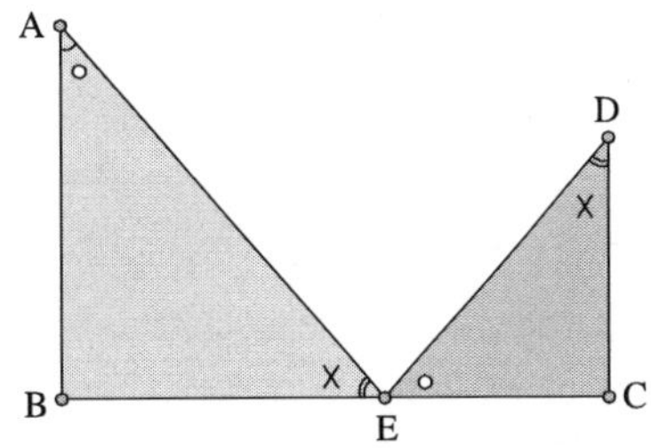

그림 2-135

풀이 (1) $\triangle ADQ \backsim \triangle QCP$이므로 닮음비에 의해 $\overline{AQ} : \overline{QP} = 2 : 1$이므로 $\overline{DQ} = x$, $\overline{CQ} = y$라 하면, $\overline{AD} = 2y$, $\overline{PC} = 0.5x$가 된다.

$$\overline{AB} : \overline{BP} = \overline{CD} : (\overline{BC} - \overline{PC}) = (x+y) : (2y - 0.5x) = 2 : 1$$

따라서, $x + y = 2(2y - 0.5x)$를 풀면 $2x = 3y$가 되므로

$$\overline{CQ} : \overline{QD} = y : x = 2 : 3$$

이다.

(2) $\overline{CQ} = 2a$, $\overline{QD} = 3a$라고 두면 $\overline{AQ} = \overline{AB} = 5a$이므로 피타고라스의 정리에 의해 $\overline{AD} = \sqrt{\overline{AQ}^2 - \overline{QD}^2} = 4a$이다. 따라서,

$$\overline{AB} : \overline{BP} = \overline{AQ} : \overline{QP} = \overline{AD} : \overline{QD} = 4a : 3a = 4 : 3$$

이다. ◈

Q 문제 68 [그림 2-136]과 같이 네 점 O(0, 0), A(12, 0), B(12, 12), C(0, 12)을 꼭짓점으로 하는 정사각형 OABC가 있다. 이제, 이 정사각형의 내부에 점 P를 두고, $\triangle$POA, $\triangle$PAB, $\triangle$PBC, $\triangle$PCO의 면적을 각각 S_1, S_2, S_3, S_4라 하자.

(1) $S_1 = 3S_3$가 되도록 점 P를 움직일 때, 점 P는 어떤 직선 위에 존재하는가? 그 방정식을 구하여라([그림 2-136] 참고).

(2) $S_1 = 2S_2$가 되도록 점 P를 움직일 때, 점 P는 어떤 직선 위에 존재하는가? 그 방정식을 구하여라.

(3) $S_1 : S_2 = 1 : 2$, $S_3 : S_4 = 4 : 3$이 될 때, P의 좌표를 구하여라.

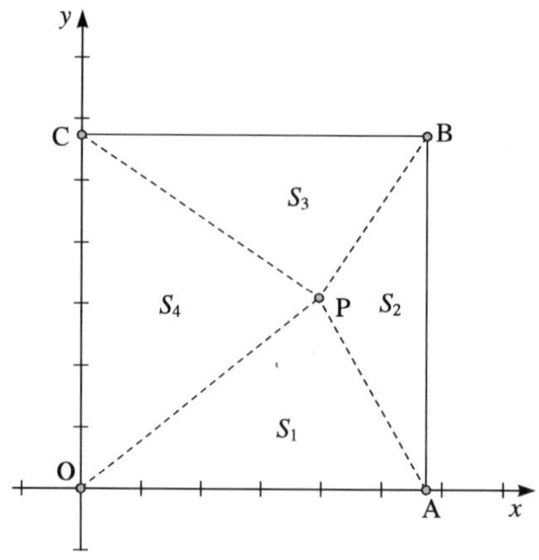

그림 2-136

(풀이) 의 S_1~S_4비는 P에서 각 변에 내린 수선의 길이의 비가 된다.

[그림 2-137]과 같이 P에서 변 OA, AB, BC, CO에 내린 수선의 길이를 각각 h_1, h_2, h_3, h_4라고 하면

$$S_1 : S_2 : S_3 : S_4 = \frac{12 \times h_1}{2} : \frac{12 \times h_2}{2} : \frac{12 \times h_3}{2} : \frac{12 \times h_4}{2}$$
$$= h_1 : h_2 : h_3 : h_4$$

이다.

(1) $S_1 = 3S_3$, 즉

$S_1 : S_2 = h_1 : h_3 = 3 : 1$ 일 때, 점 P는 [그림 2-137]의 점선 위를 움직이므로 $y = 9$이다.

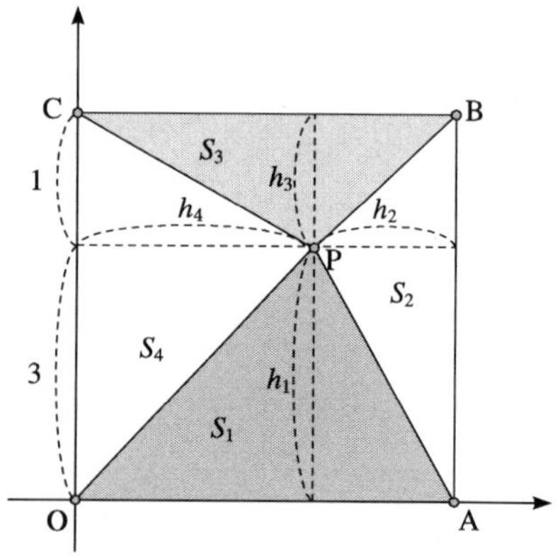

그림 2-137

(2) $S_1 = 2S_2$, 즉

$S_1 : S_2 = h_1 : h_2 = 2:1$일 때, 직선 AP의 기울기는 $\frac{h_1}{h_2} = -2$이므로 점 P는 [그림 2-138]과 같이 점선 위를 움직인다. 따라서,

$y = -2(x-12)$ 이다.

$\therefore y = -2x + 24$

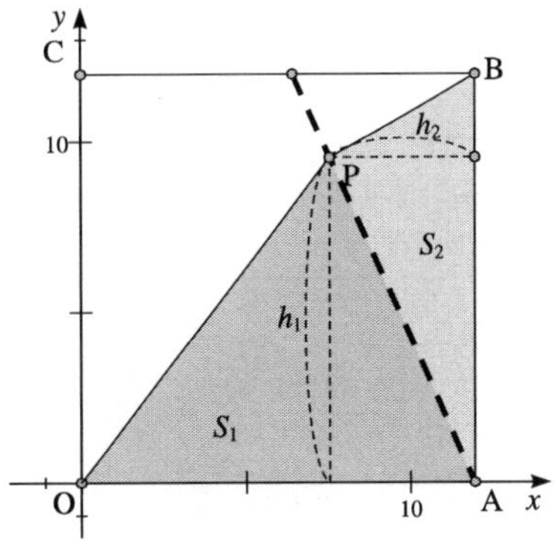

그림 2-138

(3) (2)와 같이

$S_1 : S_2 = h_1 : h_2 = 1 : 2$

$S_3 : S_4 = h_3 : h_4 = 4 : 3$

일 때, 점 P는 각각

$y = -\frac{1}{2}(x-12)$,

$y = -\frac{4}{3}x + 12$

위를 움직인다.

따라서, 두 직선의 교점은 $\left(\frac{36}{5}, \frac{12}{5}\right)$이다([그림 2-139] 참조).

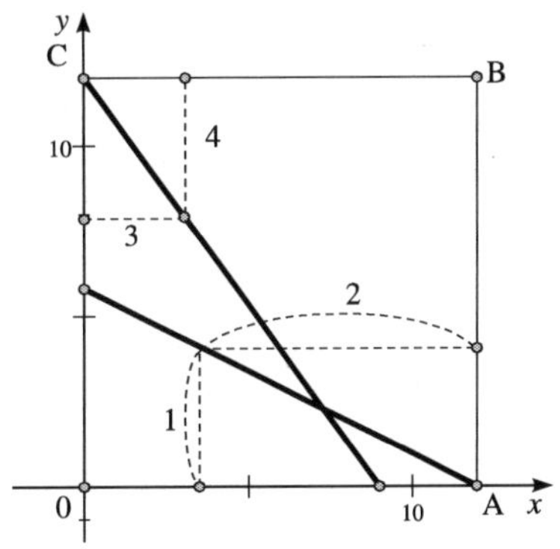

그림 2-139

◈

Q 문제 69 [그림 2-140]과 같이 $\overline{AB} = 4$, $\overline{BC} = 5$인 직사각형 ABCD에서 변 BP를 접는 선으로 하여 꼭짓점 C가 변 AD위의 점 Q에 오도록 접는다. 점 D에서 변 PQ에 내린 수선의 발을 H라 할 때, 변 $\overline{PH}$의 길이를 구하여라. ______

(풀이) $\overline{BC} = \overline{BQ}$, $\overline{CP} = \overline{PQ}$이고 $\triangle QPD$에서 피타고라스의 정리를 이용한다. 즉, $\overline{DP}^2 + \overline{QD}^2 = \overline{QP}^2$를 만족한다.

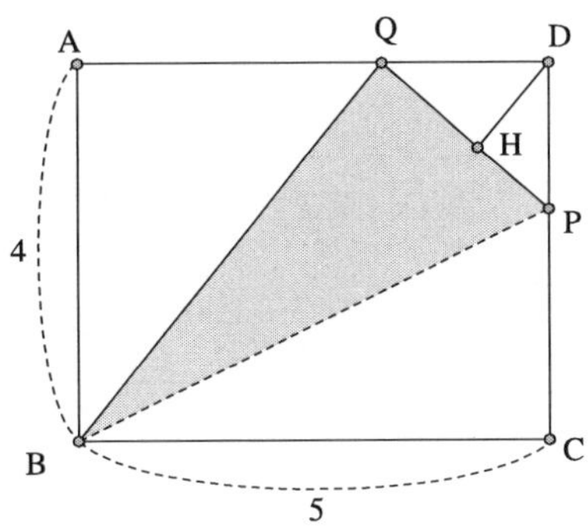

그림 2-140

$\overline{BC}=\overline{BQ}=5$ 이고 $\triangle ABQ$에서 $\overline{AQ}=\sqrt{5^2-4^2}=3$ 이므로

$\therefore \overline{QD}=2$ ---------- ①

$\overline{CP}=x$ 라고 하면 $\overline{QP}=x$ 이므로 ---------- ②

$\therefore \overline{DP}=4-x$ ---------- ③

$\angle D=90°$ 인 $\triangle DQP$에서 ①, ②, ③을 이용하면 $x^2=2^2+(4-x)^2$ 이고, 이것을 풀면 $x=\frac{5}{2}$, $\overline{DP}=\frac{3}{2}$ 가 된다.

이때 $\overline{DP}^2=\overline{PH}\times\overline{PQ}$ 를 만족하므로 $\left(\frac{3}{2}\right)^2=\overline{PH}\times\frac{5}{2}$ 이다. $\therefore \overline{PH}=\frac{9}{10}$ ◈

Q 문제 70 종이접기는 접었던 도형과 원래의 도형이 합동이다. 다음을 설명하여라.

[종이접기를 통해 알아보는 문제]

(1) 다음 직사각형 ABCD을 대각선 BD를 축으로 접었을 때, 점 A의 위치를 E라고 하자. 이 때, $\triangle BEC\equiv\triangle DCE$임을 보여라.([그림 2-141] 참조)

(2) [그림 2-142]와 같이 직사각형 ABCD의 꼭짓점 D가 꼭짓점 B와 일치하도록 접었을 때, $\triangle BAP\equiv\triangle BEQ$임을 보여라.

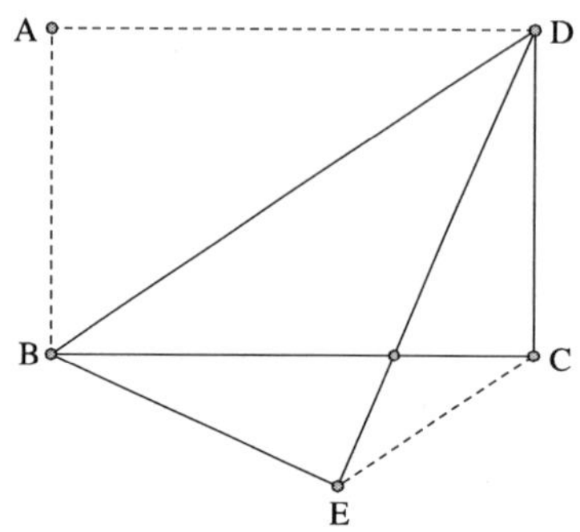

그림 2-141

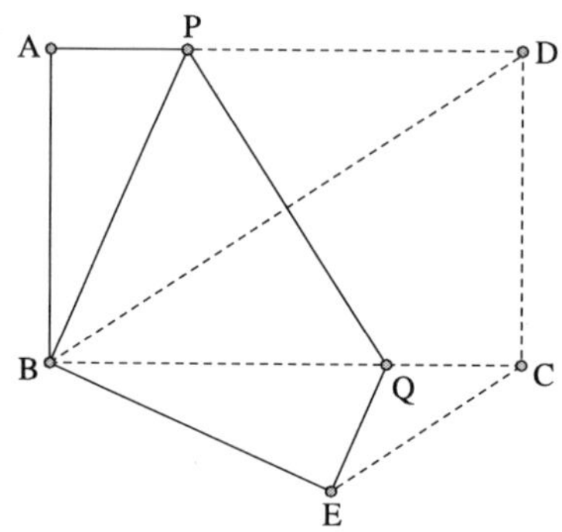

그림 2-142

풀이 (1)

$\overline{BE}=\overline{AB}=\overline{DC}$ ---------- ①

$\overline{BC}=\overline{AD}=\overline{DE}$ ---------- ②

를 만족하므로 [그림 2-143]과 같이 각 y의 크기는

$$y=(y+c)-c=\angle DBA-c=(x+a)-c$$

이다. 여기서 $a=b=c$이므로 $y=x$이다. 따라서 두 변과 그 끼인각이 같으므로 $\triangle BEC \equiv \triangle DCE$이다.

(2) $\overline{AB}=\overline{CD}=\overline{EB}$ 이고 [그림 2-144]와 같이 $x+a=90°$이므로 $x=y$ 이다.

또한 $\angle PAB=\angle QEB(=90°)$ 이므로

한 변과 양 끝 각이 같아서 $\triangle BAP \equiv \triangle BEQ$이다. ◈

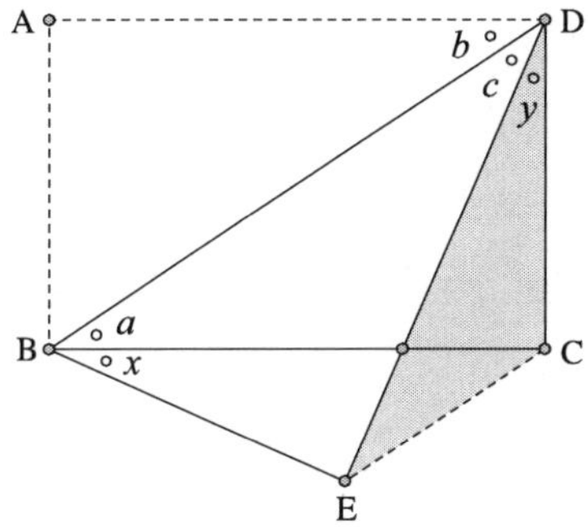

그림 2-143

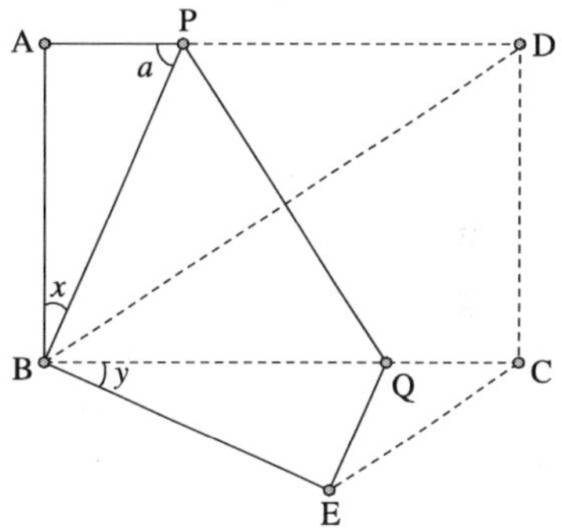

그림 2-144

Q 문제 71 직사각형 ABCD의 $\overline{AB}=3$, $\overline{BC}=5$이다. [그림 2-145]와 같이 대각선 BD를 접는 선으로 하여 $\triangle ABD$를 $\triangle BCD$ 위에 접어 변 AD가 변 BC와 만나는 점을 P라 할 때

(1) 선분 PD의 길이를 구하여라.

(2) $\triangle BPD$의 넓이를 구하여라.

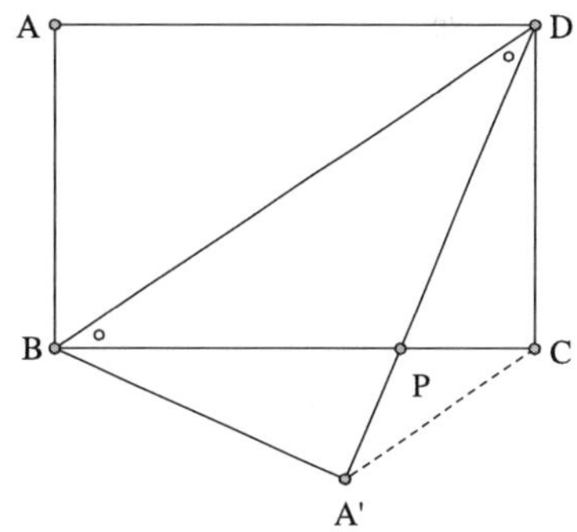

그림 2-145

풀이 (1) $\triangle ABD$를 접어 A가 A′에 대응되었다고 하면

$$\angle A'DB=\angle ADB=\angle CBD$$

이므로 $\overline{PD}=\overline{PB}$이다. 따라서 $\overline{PD}=x$라 하면 $\overline{PC}=5-x$이다.

$\triangle PCD$에 있어서 $(5-x)^2+3^2=x^2$이므로 $x^2-10x+25+9=x^2$을 만족한다. 따라서, $10x=34$ 이므로 $\overline{PD}=3.4$이다.

(2) $\overline{BP} = \overline{PD}$, $\triangle BPD = \frac{1}{2} \times \overline{BP} \times \overline{DC}$

$\therefore \triangle BPD = \frac{1}{2} \times 3.4 \times 3 = 5.1$

◈

Q 문제 72 이웃하는 두 변의 길이가 a, $b(a>b)$인 직사각형 ABCD의 꼭짓점 C가 A에 오도록 접을 때 접은 선의 길이를 구하여라.([그림 2-146] 참조)

(풀이) $\overline{BC} = a$, $\overline{AB} = b$라 하고, C가 A에 겹치도록 접는 선을 $\overline{PQ}$라고 하면 P, Q는 $\overline{AC}$를 수직이등분한다. $a>b$ 즉, $\overline{AB} < \overline{BC}$이므로 B는 $\overline{PQ}$에 대하여 A와 같은 쪽에 있다. 따라서 $\overline{PQ}$는 변 AD와 만난다. 각각의 교점을 P, Q라 하고, $\overline{AP} = x$라 놓으면 $\overline{PC} = x$이다. 따라서

$$\overline{BP} = a - x$$

이다. $\angle ABP = \angle R$에서 $\overline{AP}^2 = \overline{AB}^2 + \overline{BP}^2$이므로 $x^2 = b^2 + (a-x)^2$이다. $\overline{PQ}$, $\overline{AC}$의 교점을 O라고 하면

$$\overline{AO} = \overline{OC} = \frac{1}{2}\overline{AC} = \frac{1}{2}\sqrt{a^2+b^2},$$

$$\begin{aligned}\overline{PO}^2 = \overline{AP}^2 - \overline{AO}^2 &= \left(\frac{a^2+b^2}{2a}\right)^2 - \left(\frac{\sqrt{a^2+b^2}}{2}\right)^2 \\ &= \frac{a^4+2a^2b^2+b^4}{4a^2} - \frac{a^2+b^2}{4} \\ &= \frac{b^2(a^2+b^2)}{4a^2}.\end{aligned}$$

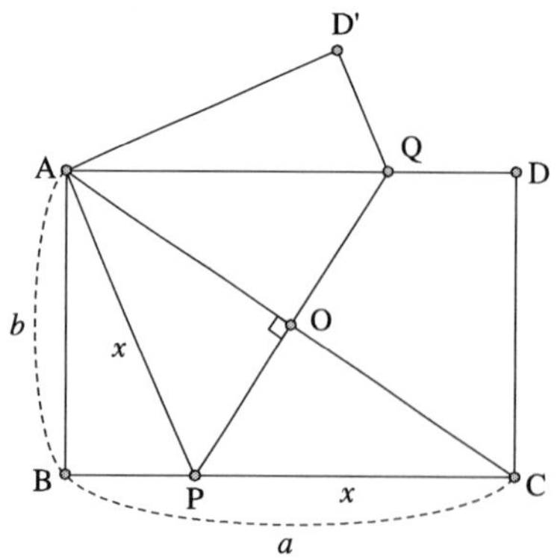

그림 2-146

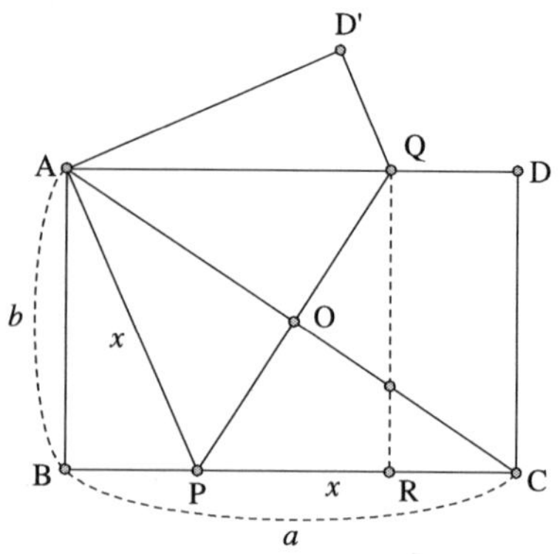

그림 2-147

$$\therefore \overline{PQ} = \sqrt{\frac{b^2(a^2+b^2)}{4a^2}} = \frac{b}{2a}\sqrt{a^2+b^2}$$

별해 O가 $\overline{AC}$의 중점, 곧 직사각형의 중심이므로 $\overline{PO} = \overline{OQ}$이다. ([그림 2-147] 참조)

$$\therefore \overline{PQ} = 2\overline{PO} = \frac{b}{a}\sqrt{a^2+b^2}$$

Q 에서 BC 에 수선 QR 을 내리면 ∠PRQ, ⊿ABC 에 있어서 $\overline{PR} \perp \overline{AB}$, $\overline{PQ} \perp \overline{AC}$, $\overline{RQ} \perp \overline{BC}$이므로 △PRQ ∽ △ABC이다.

$\frac{\overline{PQ}}{\overline{AC}} = \frac{\overline{QR}}{\overline{BC}} = \frac{\overline{AB}}{\overline{BC}}$ 이므로 $\frac{\overline{PQ}}{\sqrt{a^2+b^2}} = \frac{b}{a}$이다.

$$\therefore \overline{PQ} = \frac{b}{a}\sqrt{a^2+b^2}$$ ◈

Q 문제 73 [그림 2-148]과 같이 직사각형 ABCD를 접었을 때, 겹치는 부분의 '△LMN은 이등변삼각형이다' 임을 다음과 같이 증명하였다. (   )의 적당한 내용을 채워라.

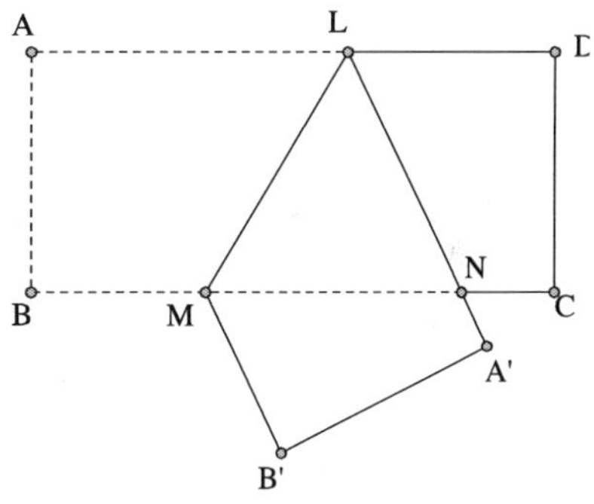

그림 2-148

풀이 △LMN에서 $\overline{AD}//\overline{BC}$이므로

∠NML = (ⓐ) - - - - - ①

종이를 접었기 때문에 나타난 각이므로

∠NLM = ∠(ⓑ) - - - - - - - - - - - - - - ②

①, ②에서

∠(ⓒ) = ∠NLM - - - - - - - - - - - - - - ③

이므로 △LMN은 (ⓓ)이 같으므로 이등변삼각형이다.

답: ⓐ ∠LMN　　ⓑ ∠MLN　　ⓒ ∠LMN　　ⓓ 밑각 ◈

문제 74 한 변의 길이가 8인 정사각형의 종이 ABCD가 있다. 점 P, Q는 각각 A점에서 동시에 출발하여 매초 2의 속도로 다음과 같이 접는다.([그림 2-150] 참조)

1) 점 P는 변 AD, DC위를 A에서 C까지 이동하여 멈춘다.

2) 점 Q는 변 AB위를 A에서 B까지 이동하여 멈춘다.

출발하여 x초 후의 점 P, Q에 대하여 선분 PQ를 접힌 선으로 하여 종이를 접었을 때, 겹치는 부분의 도형의 넓이를 y라 하자. x의 범위를 $0<x<8$이라 하고 다음 물음에 답하여라.

(1) x와 y의 관계를 나타내는 그래프를 그려라.

(2) 겹치는 부분의 넓이가 정사각형의 넓이의 $\frac{1}{4}$이 될 때는 출발하여 몇 초 후인가?

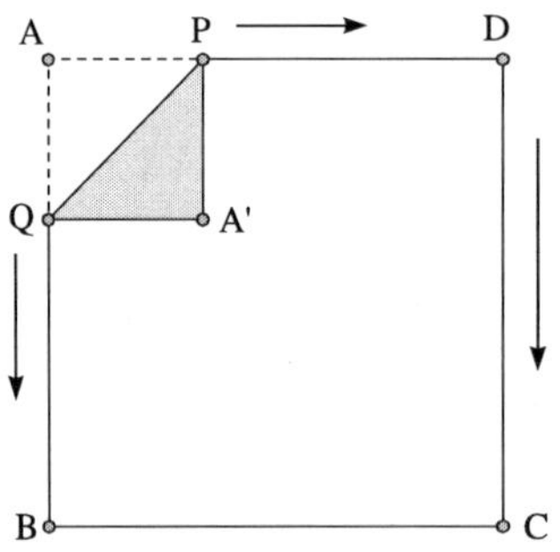

그림 2-149

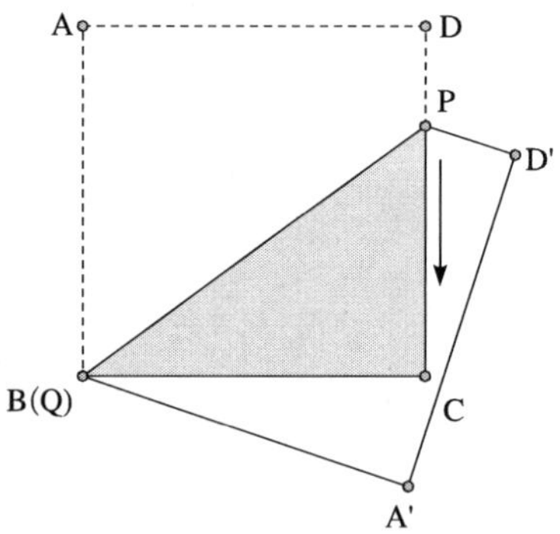

그림 2-150

풀이 (1) [그림 2-149]와 같이 $0<x\le 4$일 때, $\overline{AP}=\overline{AQ}=2x$이므로

$$y=\frac{1}{2}\times(2x)^2=2x^2$$

이다. 또한, [그림 2-152]와 같이 $4\le x<8$일 때, 점 Q는 이동하지 않기 때문에 $\overline{CP}=16-2x$이므로 $y=\frac{1}{2}\times 8(16-2x)=-8x+64$이다. 따라서 구하는 그래프는 [그림 2-151]과 같다.

(2) 넓이가

$$8\times 8\times\frac{1}{4}=16$$

이 되는 두 점을 그래프에서 찾을 수 있다. $16=2x^2$이므로 $x=2\sqrt{2}$초 후이고, 또한 $16=-8x+64$이므로 $x=6$초 후이다. ◈

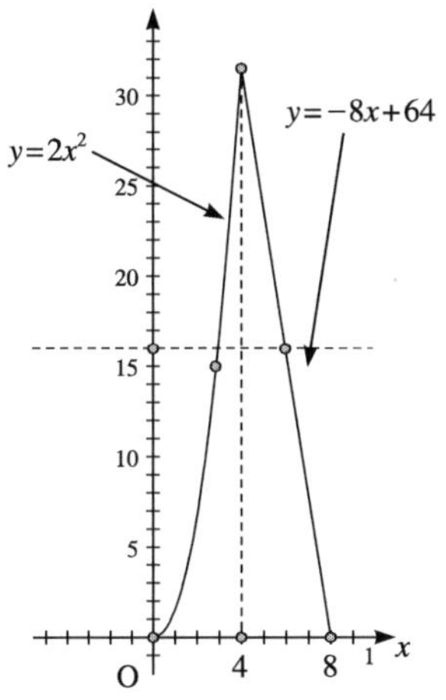

그림 2-151

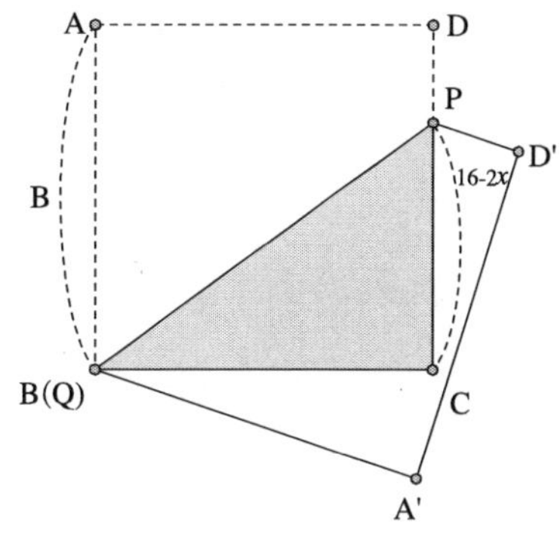

그림 2-152

Q 문제 75 [그림 2-153]과 같이 한 변의 길이가 3인 정사각형의 종이 ABCD가 있다. 점 P는 점 A에서 점 B까지, 점 Q는 정점 B에서 C까지 $\overline{AP}=\overline{BQ}$를 만족하면서 움직인다. $\overline{AQ}$과 $\overline{DP}$와의 교점을 R이라 할 때,

(1) ∠ARD의 크기를 구하여라.

(2) 점 R이 움직이는 부분의 길이를 구하여라.

(3) △ARP의 넓이가 △ABQ의 넓이의 $\frac{1}{4}$이 될 때, $\overline{AP}$의 길이를 구하여라.

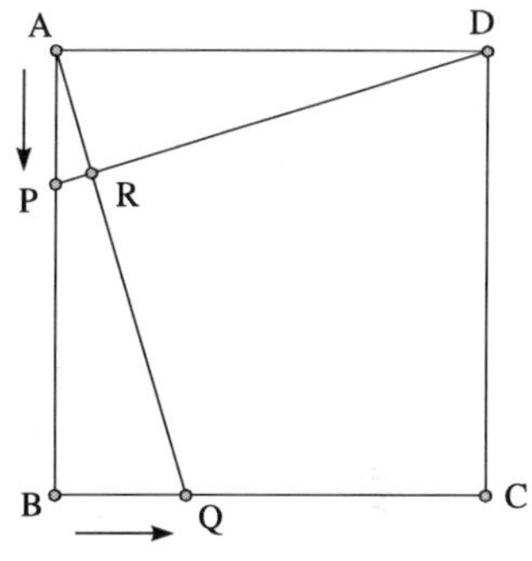

그림 2-153

풀이 (1) [그림 2-154]와 같이 △DAP ≡ △ABQ(∵ SAS 합동)이므로 ∠DPA = ∠AQB 이다. 따라서

$$\begin{aligned}\angle ARD &= \angle QAB + \angle DPA \\ &= \angle QAB + \angle AQB \\ &= 180° - 90° = 90°\end{aligned}$$

$$\angle ARD = \angle QAB + \angle DPA = \angle QAB + \angle AQB$$

(2) $\overline{AQ} \perp \overline{DP}$이고 점 P가 점 B까지 움직이므로 점 R이 움직인 길이는 $3\pi \times \frac{1}{4} = \frac{3}{4}\pi$이다.([그림 2-155] 참조)

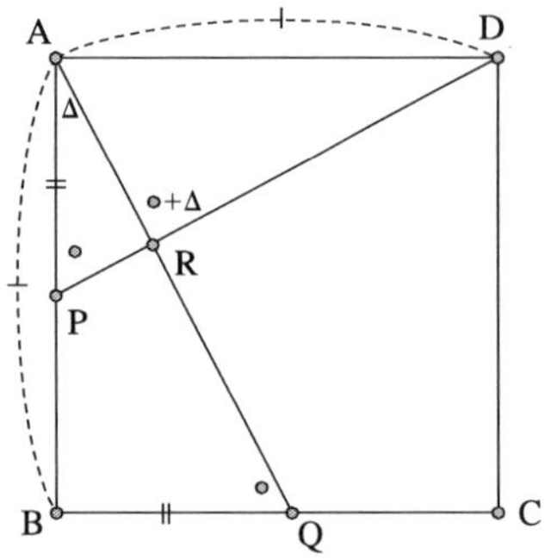

그림 2-154

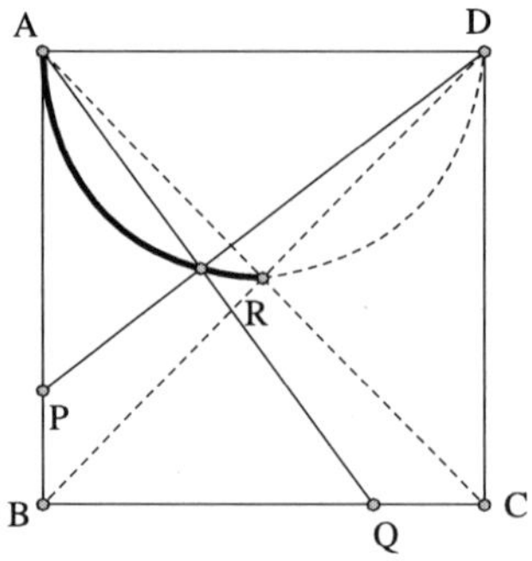

그림 2-155

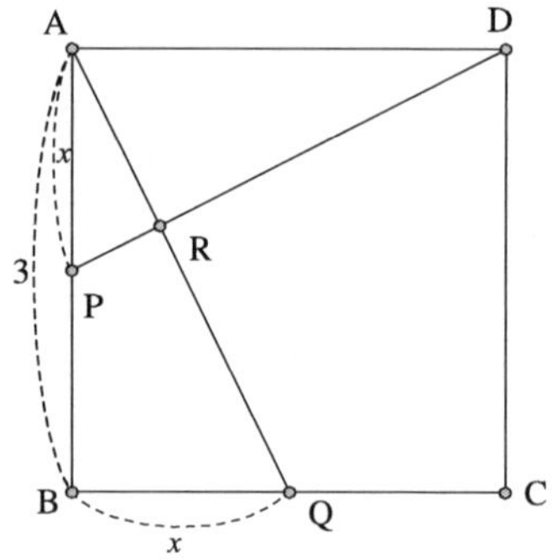

그림 2-156

(3) [그림 2-154]에서 $\triangle ARP \backsim \triangle ABQ$이고 넓이의 비가 $1:4\,(=1^2:2^2)$ 이므로 닮음비는 $1:2$이다. 따라서 $\overline{AP}\,(=\overline{BQ})=x$라 하면

$$\overline{AQ}=2\overline{AP}=2x$$

이다. 따라서, $\triangle ABQ$에 피타고라스의 정리를 적용하면 $3^2+x^2=(2x)^2$이므로 $x^2=3$이다.

$$\therefore x=\sqrt{3}$$

Q 문제 76 $\triangle ABC$는 정삼각형이고 $\overline{AE}=\overline{CD}$, $\overline{AD}$와 $\overline{BE}$의 교점을 P, B에서 $\overline{AD}$에 내린 수선의 발을 Q라 하자.

(1) 위의 조건에 맞는 그림을 GSP로 작도해보자.

(2) 점 E를 움직이면 점 Q의 자취는 어떻게 되는가?

(3) $\overline{BP}$와 $\overline{PQ}$의 관계를 찾아보고 그 이유를 말하여라.

풀이

(1) **GSP를 이용한 작도 순서**

① 우선 점 D를 선분 BC 위에 잡는다. 그리고 난 후에 점 C와 D를 선택하여 작도메뉴에서 선분을 선택한다.

② 점 A와 선분 CD를 선택하여 원을 작도한다. 그 점을 E라고 하자.

③ 점 A와 점 D를 선택하여 선분 AD를 작도한다. 마찬가지로 점 B와

점 E를 선택하여 선분 BE를 작도한다. 선분 AD와 선분 BE와의 교점을 P라고 하자.

④ 점 B와 선분 AD를 선택하여 작도메뉴에서 수선을 선택하여 선분 AD와의 교점을 Q라고 하자. 이 과정은 위의 조건을 만족하면서 점 B를 움직이면 점 D와 점 P, 점 Q도 모두 움직인다.

(2) 선분 BQ와 선분 AD는 서로 수직이므로 삼각형 ABQ는 직각삼각형이므로 선분 AB를 지름으로 하고 AB의 중심이 원의 중심이 되는 호를 그린다. GSP로 확인하여라.

(3) [그림 2-158]과 같이 $\triangle ABC$는 정삼각형이므로

$$\triangle ADC \equiv \triangle BEA$$

이다. 따라서 $\angle DAC = \angle EBA$.

또 $\overline{BQ} \perp \overline{AD}$이고 $\angle QPB = \angle PAB + \angle PBA = \angle PAB + \angle DAC = 60°$

이므로 $\angle PBQ = 30°$이다.

$$\therefore \overline{BP} = 2\overline{PQ}$$

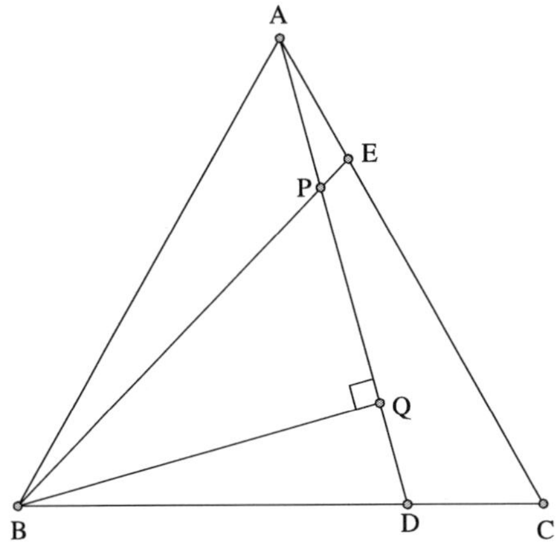

그림 2-157

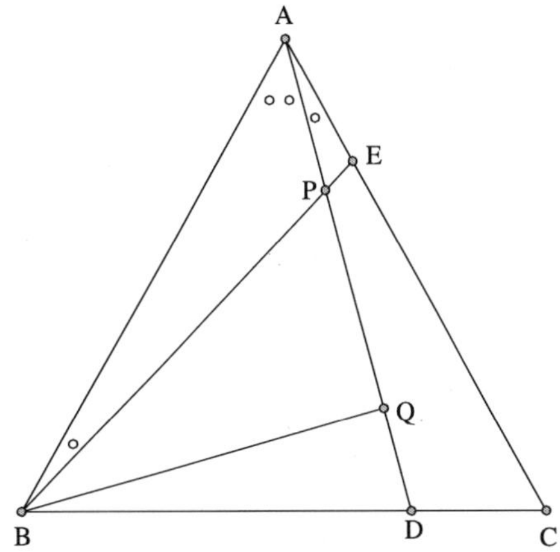

그림 2-158

결과

$\overline{PQ} = 2.65676\text{ cm}$

$\overline{PB} = 5.31352\text{ cm}$

$\dfrac{\overline{PB}}{\overline{PQ}} = 2.0000$

$\angle ABE = 15.9185°$

$\angle BAD = 44.0815°$

$\angle ABE + \angle BAD = 60.0000°$

$\angle PBQ = 30.0000°$

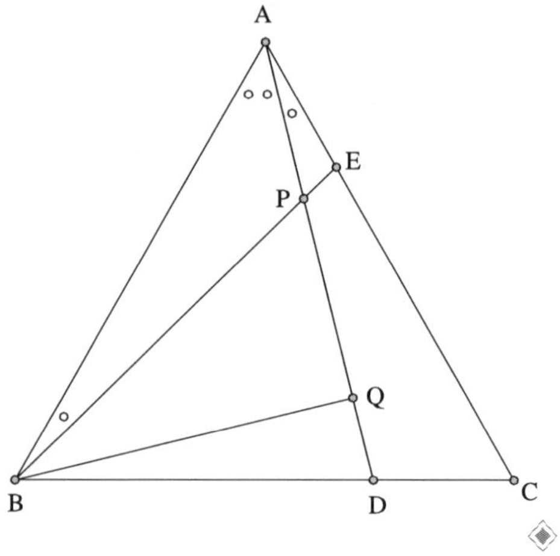

그림 2-159

탐구 문제 31 삼각형 ABC가 정삼각형이 아닌 다른 삼각형일 때도 문제 74의 사실 (1)~(3)이 성립하는지 알아보자.

Q 문제 77 [그림 2-160]과 같이 △ABC는 임의의 삼각형이고, △ABP, △BCM, △CAN은 모두 정삼각형이다.

(1) 이때, $\overline{AM}$, $\overline{BN}$, $\overline{CP}$를 작도한 후에 그 선분들을 측정한 후에 길이의 관계를 말해보아라.

(2) (1)의 이유를 말하여라.

(3) $\overline{AM}$, $\overline{BN}$, $\overline{CP}$가 만나는 점들의 관계는 어떻게 되는가?

(4) 만일 $\overline{AM}$, $\overline{BN}$, $\overline{CP}$가 한 점에서 만나면 그 점을 D라고 하자. 이때, ∠ADB, ∠BDC, ∠CDA를 구해보자. 삼각형이 바뀌어도 항상 일정한가? 점 D는 어떤 경우에도 변함이 없으면 새로운 이름을 붙여야 되지 않을지 생각해 보자.

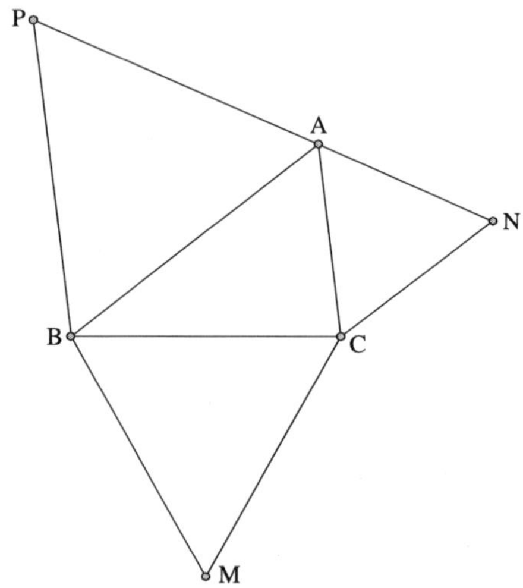

그림 2-160

풀이 ([그림 2-161] 참조)

(1) 모두 같다.

(2) △BCM과 △CAN이 정삼각형이므로 $\overline{CB}=\overline{CM}$, $\overline{AC}=\overline{NC}$, $\angle BCM=60°$, $\angle ACN=60°$이다. △ACM와 △NCB에서 $\overline{AC}=\overline{NC}$, $\overline{CM}=\overline{CB}$, $\angle ACM=\angle NCB=\angle ACB+60°$이다.

$$\therefore \triangle ACM \equiv \triangle NCB,\ \overline{AM}=\overline{BN}$$

같은 방법으로 $\triangle BAN \equiv \triangle PAC$이므로 BN = CP이고 $\overline{AM}=\overline{BN}=\overline{CP}$이다.

(3) $\overline{AM}$, $\overline{BN}$, $\overline{CP}$는 '체바 정리'를 이용하여 한 점에서 만나는 것을 증명할 수 있다. 이 점을 D라 하자.

(4) $\angle ADB$, $\angle BDC$, $\angle CDA$는 각각 120°이다. 이 각은 항상 일정하다.

◈

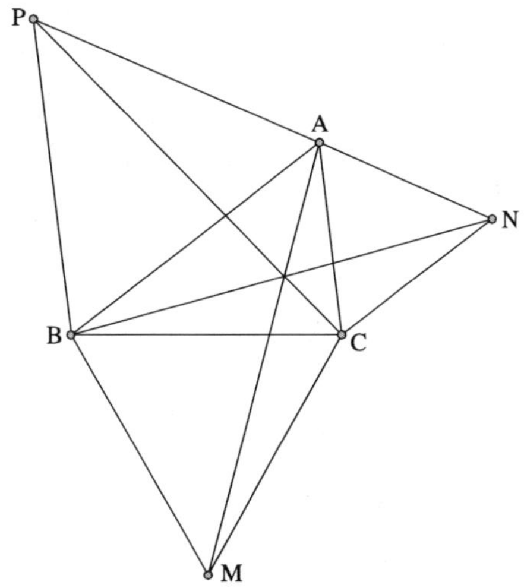

그림 2-161

Q 문제 78 정사각형의 종이를 [그림 2-162]와 같이 두 번을 접는다. ③과 같이 음영이 주어진 모양대로 잘라낸다. 펼치게 되면 어떤 모양이 되는지를 알아보자.

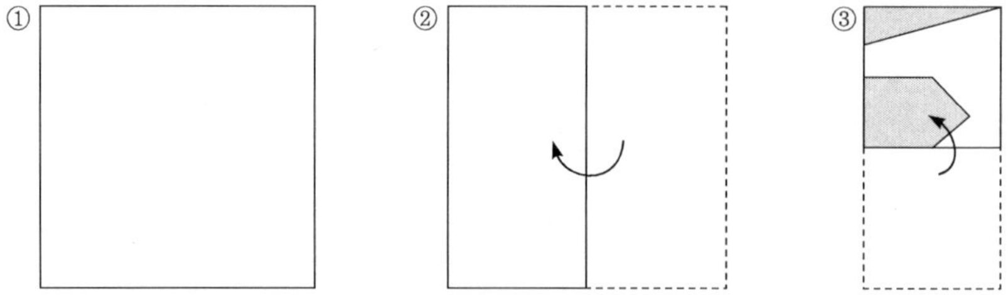

그림 2-162 접는 과정

(풀이)

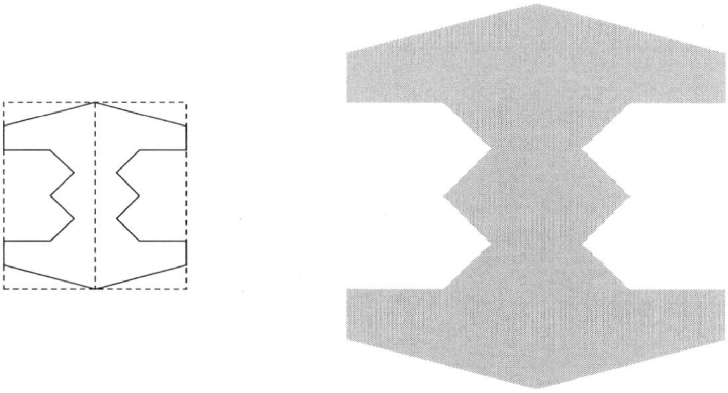

그림 2-163

탐구 문제 32 한 변의 길이가 1인 정사각형이 두 개가 있다. 이제 한 장의 종이의 꼭짓점을 다른 한 장의 종이의 중심과 일치시킨다. 이때 겹쳐지는 부분의 넓이가 최대가 되는 경우는 어떤 경우인가? ([그림 2-164] 참조)

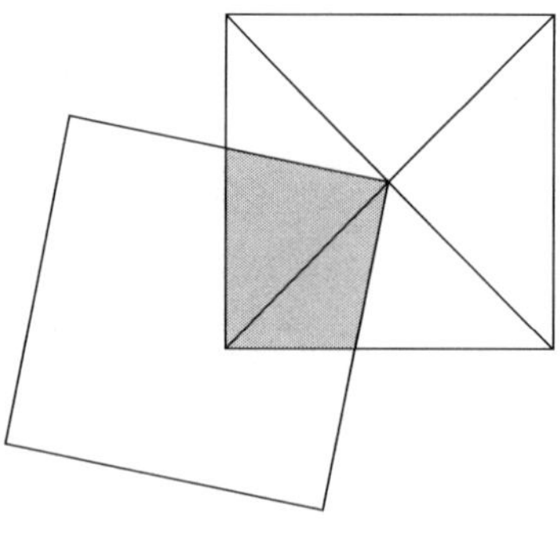

그림 2-164

Q 문제 79 서로 다른 두 개의 정사각형의 색종이가 서로 겹치는 부분의 넓이가 최대가 되는 경우는 어떤 경우인가? ([그림 2-165] 참조)

힌트 겹치는 부분이 대각선 두 개의 삼각형으로 나누어지므로 그 합과 동일한 넓이가 어디에 있는가를 찾는 것이 중요하다. 회전을 이용하면 합동인 삼각형이 나타나서 마무리를 지을 수 있다. △OAD을 점 O를 중심으로 90° 회전하면 △OCD에 겹치게 된다.([그림 2-166] 참조)

풀이 넓이는 항상 일정하므로 최댓값을 가진다. 왜냐하면 △OBD는 이등변삼각형이므로 $\overline{OB} = \overline{OD}$이고 $\angle OBA = \angle ODC = 45°$이다. 또한 $\angle AOB = \angle AOC - \angle BOC = 90° - \angle BOC$이고 $\angle COD = \angle BOD - \angle BOC = 90° - \angle BOC$이므로 $\angle AOB = \angle COD$이고 $\triangle OAB \equiv \triangle OCD$이다.

따라서 사각형 OABC의 넓이와 △OBD의 넓이는 동일하고 일정하다. ◈

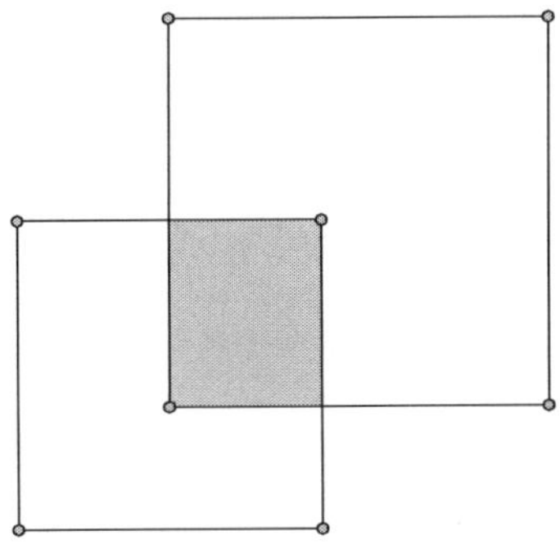

그림 2-165

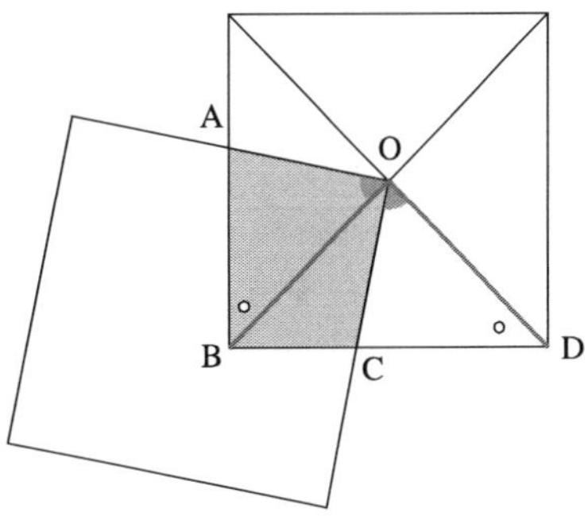

그림 2-166

참고

산학정리(1994년)

정사각형 종이 ABCD를 [그림 2-167]과 같이 꼭짓점 D가 변 BC 위에 놓이도록 접는다. 이때 이동한 변 A′D′과 AB와의 교점을 E라 하자. D′가 어떤 곳에 있어도 삼각형 EBD′의 내접원의 반지름은 A′E와 똑같다.

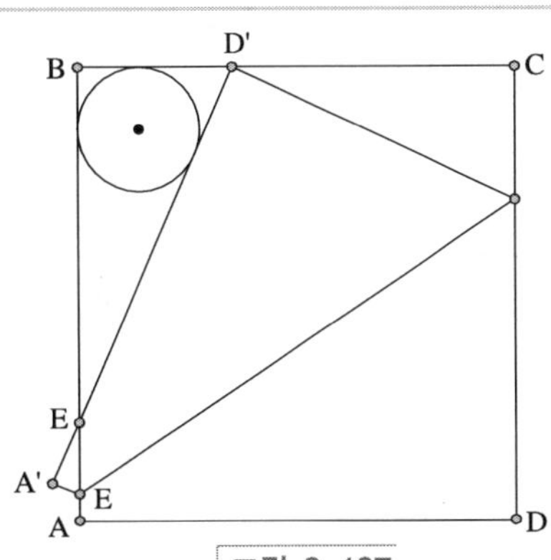

그림 2-167

2.8 Haga의 정리와 입시문제

과거에도 유사한 문제들이 출제되었던 적이 있다. 한 변의 길이가 1인 정사각형의 색종이 ABCD가 있다. 그림과 같이 점 A가 변 CD에 오도록 접는다. 접힌 선인 직선이 변 AD와의 교점을 P, 변 BC와의 교점을 Q라 하자. 이때 점 A가 A′으로, 점 B는 B′으로 이동한다. 또한 변 A′B′이 변 BC와의 교점을 R이라 하자. 변 A′D의 길이를 x라 할 때, 다음 물음에 답하여라.

(1) 변 DP의 길이를 x를 이용하여 나타내어라.

(2) 변 B′R의 길이를 x를 이용하여 나타내어라.

(3) 삼각형 RQB′의 면적을 x를 이용하여 나타내어라.

(4) (3)에서 구한 삼각형 RQB′의 면적을 $f(x)$라 한다. 점 A′이 변 CD 위를 움직일 때 $f(x)$가 최대가 되는 x의 값을 구하여라.(1998년 동경농공대)

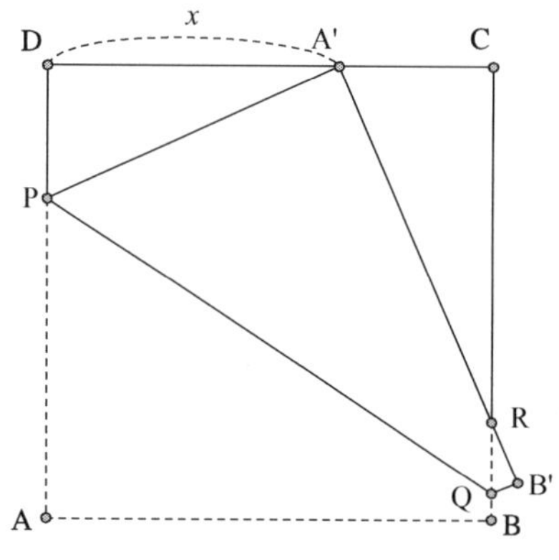

그림 2-168

탐구 문제 33 Haga의 접기를 실험하는 중에 다음과 같은 사실들을 알아내었다.

(1) AF=x, 내접원 O_1, O_2, O_3의 반지름을 각각 r_1, r_2, r_3라 하면 $x = \frac{r_1 r_2}{r_3}$이다.([그림 2-169] 참조)

(2) $\overline{BF} = \triangle IGH$의 둘레의 길이이다.

(3) $\triangle BIF$의 둘레의 길이는 불변이다.

(4) 점 F가 중점일 때, 넓이의 비는

$\triangle$IGH : $\triangle$AEF : $\triangle$BIF : $\square$EFGH = $1^2 : 3^2 : 4^2 : 6^2$이다.

(5) $\triangle$ADF에 배각공식이 나타난다.

(6) 직선 MN은 점 C를 초점, 변 AD를 준선으로 하는 포물선의 접선이다.([그림 2-170] 참조)

(7) O_1과 O_2의 반지름의 길이의 차 $r_1 - r_2$를 구하여라.

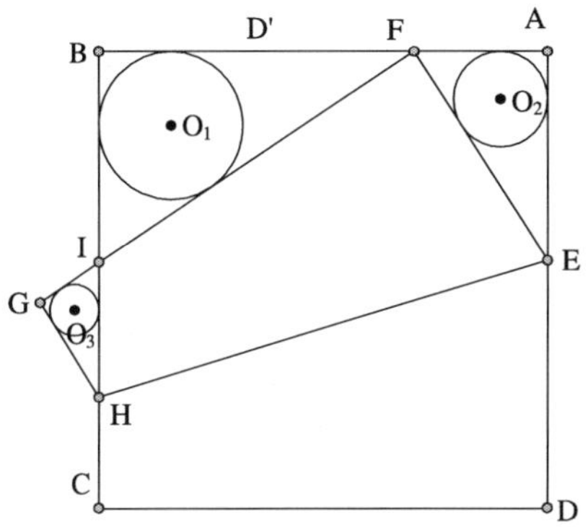

그림 2-169

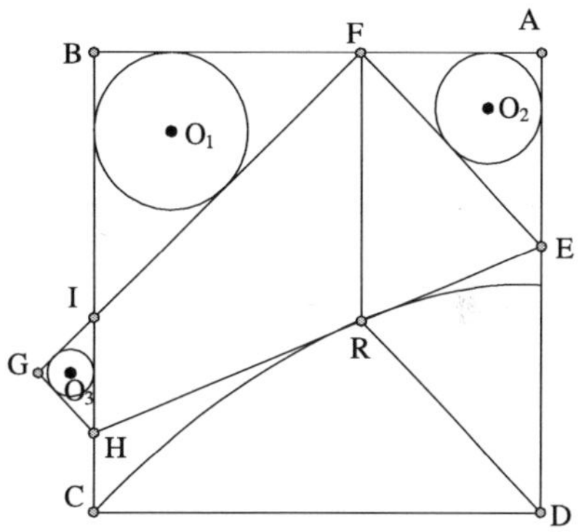

그림 2-170

설명 점 F을 지나고 선분 AB에 수선을 작도하여 변 EH와의 교점 R을 잡는다. 이때, 점 F와 점 R을 선택하여 작도메뉴에서 자취를 구해 본다.

상상했던 그림이 나타나는가?

$\overline{FR} = \overline{DR}$이므로 점 R은 포물선 위의 점이 된다.

더욱 상세하게 알아보기 위해서 선분 AD를 선택하여 대칭축으로 지정한 다음 점 R을 다시 선대칭한다. 이때, 점 R과 점 F를 선택하여 작도메뉴에서 자취를 구하면 앞에서 언급한 결론이 다시 나타난다.

점 F를 선택하여 선분 AB 위를 움직여 본다. 위의 결과를 알아보기 전에 먼저 위의 [그림 2-170]을 GSP로 작도하여 확인한 다음에 그 이론이 옳은지 확인해 보고 증명하는 방법을 선택하는 것도 좋을 것이다.

탐구 문제 34 [그림 2-171]과 같이 직사각형 ABCD의 대각선 AC를 접는 선으로 하여 접어보면, 점 B가 이동한 점을 B′, 변 B′C와 AD의 교점을 P라고 하자.

(1) △PAB′≡△PCD을 증명하여라.

(2) $\overline{AP}$ 의 길이를 구하여라.

(3) △PAC의 넓이를 구하여라.

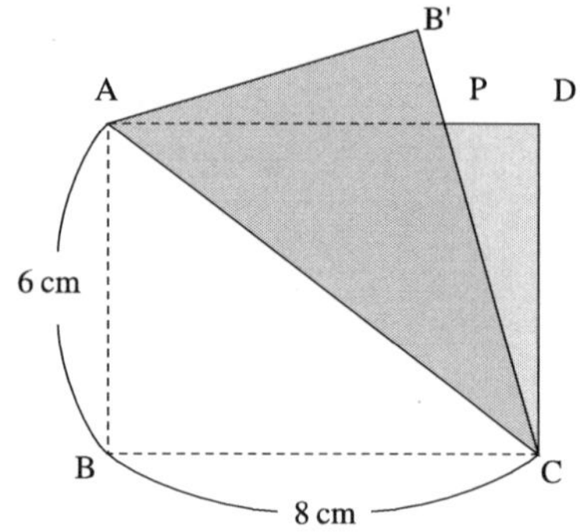

그림 2-171

탐구 문제 35 [그림 2-172]를 보고 이것을 GSP로 작도해 보아라.
(감각적인 것을 수학적으로 해석하는 방법)
선대칭과 회전이동을 이용하여 작도하여라.

(1) 기본 도형이 주어져 있을 때, 완성도형을 만들 수 있는 방법에 대하여 말하여라.

(2) 완성도형은 어떤 도형으로 구성되어 있는지를 말해 보아라.

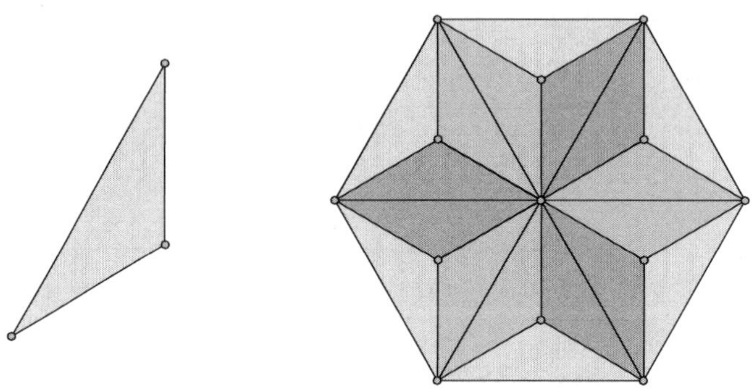

[기본 도형] [완성 도형]

그림 2-172

탐구 문제 36 [그림 2-173]의 각 도형을 GSP로 작도해 보고, 그 작도 과정을 적어보아라.

그림 2-173

문제 80 [그림 2-174]와 같이 한 변의 길이가 1인 정사각형 모양의 종이를 접어서 꼭짓점 D가 변 AB 위에 놓이도록 하였다. 이때, 다음 물음에 답하여라.

(1) □DBQR의 넓이의 최댓값을 구하여라.

(2) □DBQR의 둘레의 길이를 구하여라.

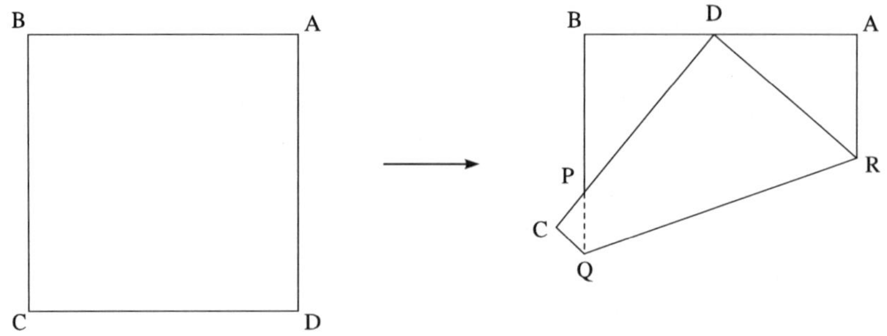

그림 2-174

GSP를 이용한 작도 순서

① GSP에서 정사각형 ABCD를 작도한다.

② 변 AB 위의 점을 D′이라 하자. 이때, 선분 DD′의 수직이등선을 작도한다.

③ 선분 DD′의 수직이등선을 작도한다. 그리고 이 직선을 선택하여 대칭축을 지정한다.

④ 점 C와 D를 선택하여 선대칭을 선택한다.

⑤ □D′PQR의 선택하여 넓이를 측정 후에 점 D′를 움직여 보고 변화를 관측해 본다.

⑥ 점 B와 D′을 선택한 후에 측정메뉴에서 거리를 구한다.

⑦ 위에서 구한 값과 □D′PQR의 넓이를 함께 선택한 후에 그래프 메뉴의 (x, y) 좌표가 주어진 점을 선택한다.

⑧ 점 D′를 이동해 본다. 그때, □D′PQR의 넓이의 변화가 어떻게 이루어지는지를 관찰할 수 있다.

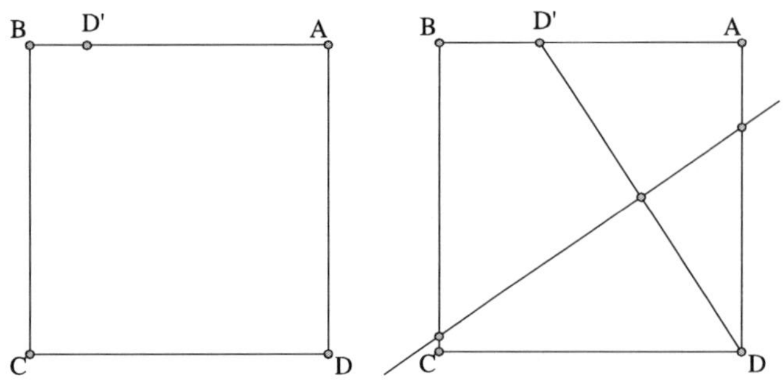

그림 2-175

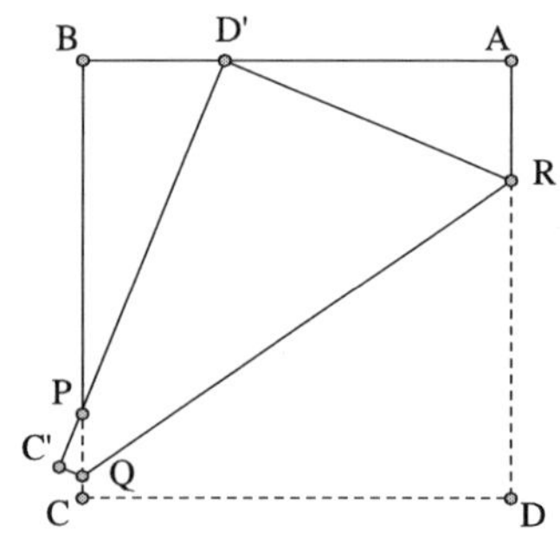

그림 2-176

(풀이) 닮은 도형의 성질을 이용하여 직각삼각형의 변의 길이를 계산하면 다음과 같다.([그림 2-177] 참조)

$$\overline{PD}=\overline{DR}\times\frac{\overline{BD}}{\overline{AR}}=\left(\frac{1+t^2}{2}\right)\times\frac{1-t}{\frac{1+t^2}{2}}=\frac{1+t^2}{1+t}$$

$$\overline{BP}=\overline{AD}\times\frac{\overline{BD}}{\overline{AR}}=\frac{2t}{1+t}$$

$$\overline{PC}=1-\overline{PD}=1-\frac{1+t^2}{1+t}=\frac{t(1-t)}{1+t}$$

$$\overline{PQ}=\overline{DR}\times\frac{\overline{CP}}{\overline{AD}}=\left(\frac{1+t^2}{2}\right)\frac{t(1-t)}{\frac{1+t}{t}}=\frac{(1-t)(1+t^2)}{2(1+t)}$$

그러므로 $\overline{BQ}+\overline{AR}$의 값은 다음과 같다.

$$\begin{aligned}\overline{BQ}+\overline{AR}=\overline{BP}+\overline{PQ}+\overline{AR}&=\frac{2t}{1+t}+\frac{(1-t)(1+t^2)}{2(1+t)}+\frac{1-t^2}{2}\\&=\frac{1}{2(1+t)}\{4t+(1-t)(1+t^2)+(1+t)(1-t^2)\}\\&=\frac{1}{2(1+t)}\{4t+(1+t^2-t-t^3)+(1-t^2+t-t^3)\}\\&=\frac{2t+1-t^3}{1+t}\\&=-t^2+t+1\end{aligned}$$

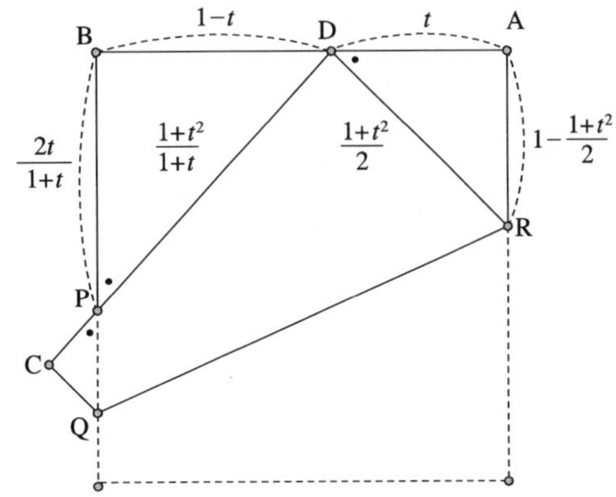

그림 2-177

또한

$$\overline{CQ} = 1 - \frac{2t}{1+t} - \frac{(1-t)(1+t^2)}{2(1+t)} = 1 - \frac{4t+1+t^2-t-t^3}{2(1+t)}$$
$$= \frac{t^3-t^2-3t+1}{2(1+t)}$$

이므로 △PCQ의 넓이는 $\frac{1}{2} \times \frac{t(1-t)}{1+t} \times \frac{t^3-t^2-3t+1}{2(1+t)}$ 이다. ◈

2.9 창의적인 수학 자료 및 문제 개발

학생들에게 어떤 교재를 만들어 제공할 것인지에 대해 많은 분들이 고민하고 만족스럽게 생각하지 않는 것으로 안다. 지금까지 수업을 하면서 느끼고 생각해 보았던 몇 가지의 수업 도구를 활용하여 다함께 자료의 활용과 새로운 문제 개발을 시도해 보려고 한다.

학생들의 창의적인 수학 자료와 문제는 어떤 것일까?
창의적인 수학산출물이 무엇인가?
과학처럼 실험의 결과나 새로운 사물에 대한 해석인가?

물음 손가락을 이용하여 구구단을 외우는 방법에 대해서 토론해 보자. 왜 그럴까?

설명 위와 같은 궁금증이 있을 때, '왜 그럴까?' 라는 생각으로 도전의식이 있는 학생이 많기를 바란다. 학생들에게 그 원리에 대해서 탐구하는 주제로 삼아도 될 것이다. 주변에서 다른 방법은 없을까? 사소한 궁금증이 많은 것을 얻을 수 있다고 본다. 그 예가 카오스 이론과 퍼지(Fuzzy) 이론이 우리에게 심어주는 가장 큰 교훈들이다.

물음 눈금없는 자와 컴퍼스, 연필이 있다.
(1) 종이 위에 한 점과 선분이 있을 때, 어떤 것을 그려볼 수 있는가?
(2) 종이 위에 세 개의 점이 있을 때, 어떤 것을 그려볼 수 있는가?

설명 GSP 등에서 도입해 볼 수 있는 자료가 된다.

Q 문제 81 정사각형의 색종이를 [그림 2-178]과 같은 순서로 접고, 색칠해진 부분을 잘라낸다. 남은 큰 부분을 펼쳤을 때 그 도형의 넓이를 구하여라.

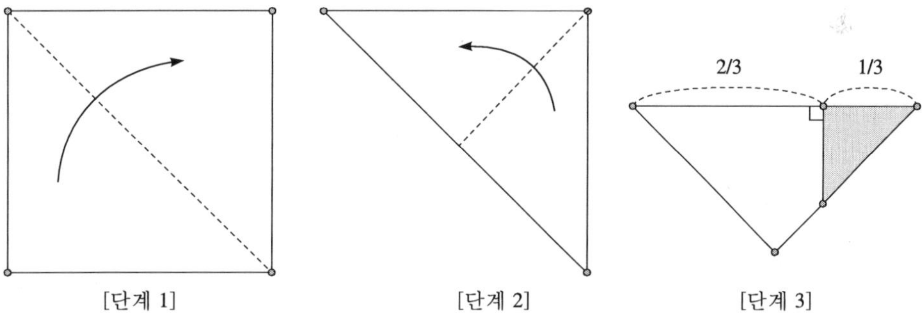

그림 2-178

풀이

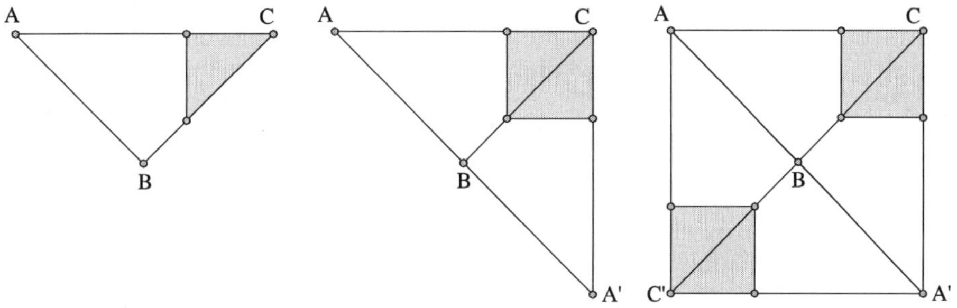

그림 2-179

답 $\frac{7}{9}$

참고

[단계3] → [단계2] → [단계1]
변에 대해 선대칭을 반복하면 된다.

탐구 문제 37 [그림 2-180]에서 색칠된 부분을 잘라 내었을 때 남아있는 것의 넓이를 구하여라.

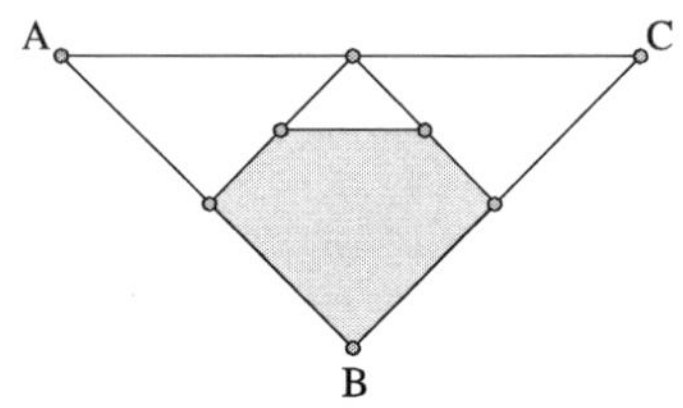

그림 2-180

수업방법

여러 가지 형태로 접어서 잘라내고 그 모양을 상상하도록 한다. 퀴즈풀이하듯이 한다. 팀별로 하나씩 개발하여 추측과 계산으로 인해 수학적인 능력을 신장시켜줄 수 있다.

Q 문제 82 크기가 정사각형 색종이가 두 장 있다. 이 때, 이 두 장의 색종이의 꼭짓점들을 각각 A, B, C, D 라 하자. 이때, 변 CD를 한 변으로 하는 정삼각형을 접어본다. 이때, 두 색종이를 [그림 2-181]과 같이 붙였을 때, 그림에 나타난 각 x의 크기를 구하여라.

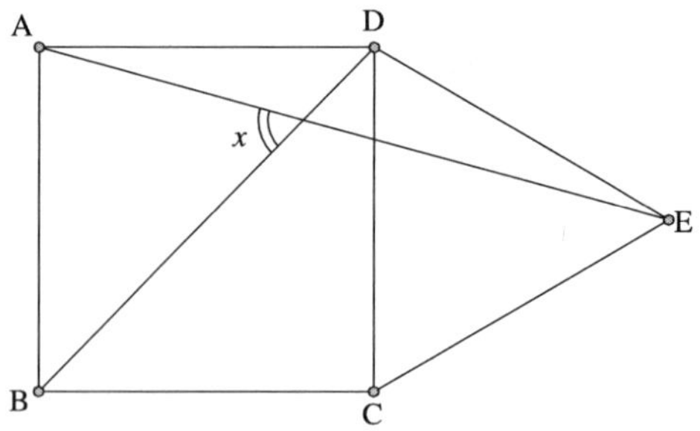

그림 2-181

풀이 $60°$

Q 문제 83 [그림 2-182]와 같이 정삼각형을 사각형 ABCD의 내부와 외부에 붙였을 때, 각 x와 y의 값은?

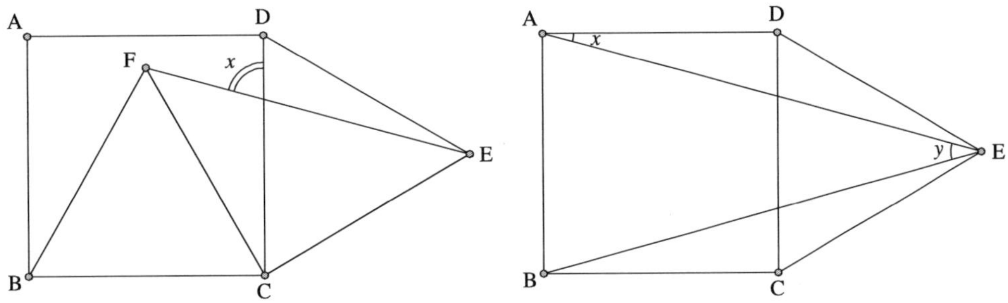

그림 2-182

(풀이) 75°

탐구 문제 38 [그림 2-183]과 같이 색종이를 접는다. ③의 색칠된 부분의 넓이를 구하여라.

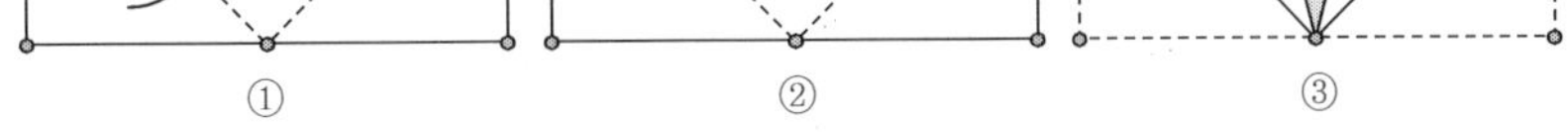

그림 2-183

탐구 문제 39 [그림 2-184]의 오른쪽 그림과 같이 된 경우에는 원래 정사각형의 가로와 세로의 비는 어떻게 되는가? 이때 원래 사각형은 색칠된 부분의 넓이의 몇 배인가?

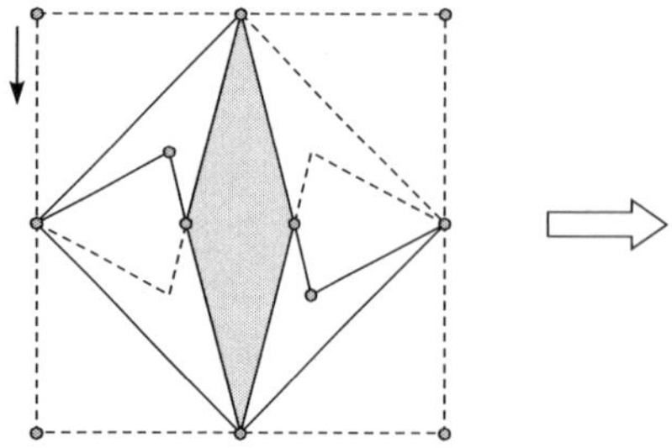

그림 2-184

탐구 문제 40 [그림 2-185]는 정사각형 색종이를 왼쪽 그림의 점선을 접힌 선으로 하여 접은 것이다. 점 P를 이동하여 a의 값을 결정한 후에 다음 물음에 답하여라.

(1) 각 x의 크기를 구하여라.

(2) 각 y의 크기를 구하여라.

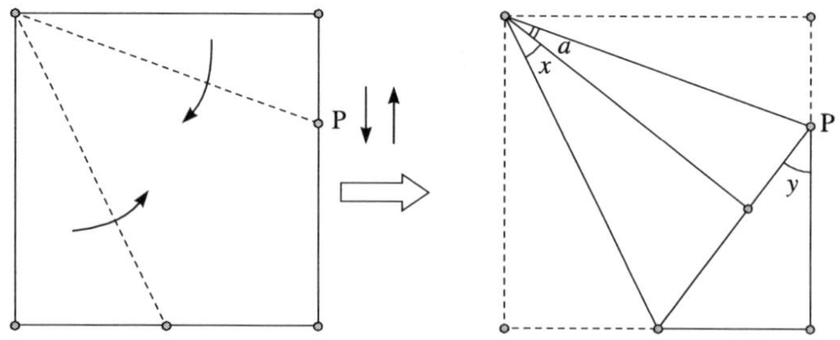

그림 2-185

참고

GSP 등의 다른 도구를 이용해서 계산해 볼 수도 있다.

Q 문제 84 정사각형 색종이를 이용하여 정사각형의 한 변의 길이와 동일한 정삼각형을 만들면 무게중심을 쉽게 찾을 수 있다. 그런데 [그림 2-186]과 같이 무게중심 G를 지나도록 접어서 생긴 선에서 각 꼭짓점까지의 거리의 관계를 조사해 보아라. 그리고 그런 결과가 나타난 이유를 설명하여라.

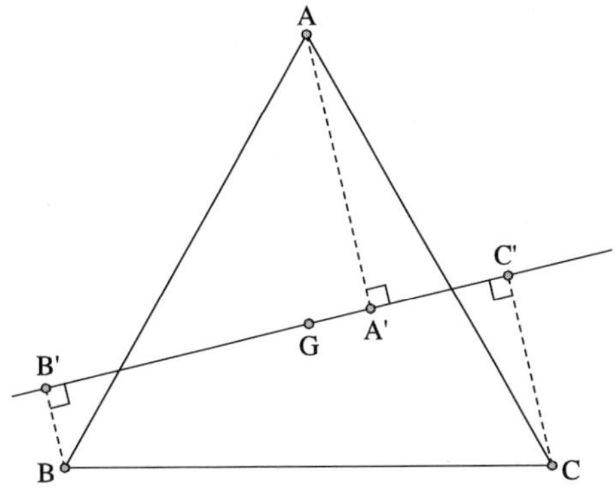

그림 2-186

(풀이) 무게중심은 중선을 2 : 1로 내분하는 것이므로 $\overline{AG} : \overline{GM} = 2 : 1$이다.

[그림 2-187]에서 $\triangle GAA' \backsim \triangle GMM'$이므로 $\overline{MM'} = m$이라 두면

$$a : m = 2 : 1$$

$$\therefore a = 2m \text{ ------------------------- ①}$$

또한 M이 $\overline{BC}$의 중점에서 있으므로 $\overline{BB'} // \overline{MM'} // \overline{CC'}$이므로 $m = \dfrac{b+c}{2}$ 이다.

$$\therefore m = \frac{b+c}{2},\ b + c = 2m \text{ ------------------- ②}$$

①과 ②에서 $a = b + c$ 이다. ◈

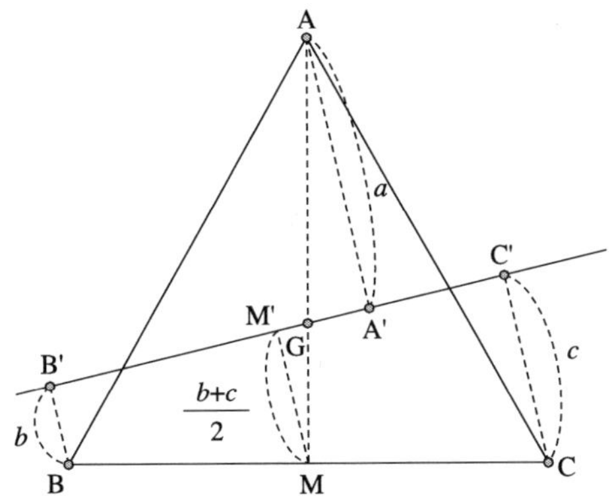

그림 2-187

문제 85 [그림 2-188]과 같이 반원 O는 선분 AB를 지름으로 하는 반원이다. 점 P는 A에서 B까지 이 반원의 호 위를 움직이는 점이고, 움직이는 점 Q는 점 P가 움직일때 △APQ가 반시계방향으로 A, P, Q의 순서대로 정삼각형을 유지하고 있다. 이 때 점 Q의 자취의 길이를 구해보아라. 그 모양은 어떤 모양인가?

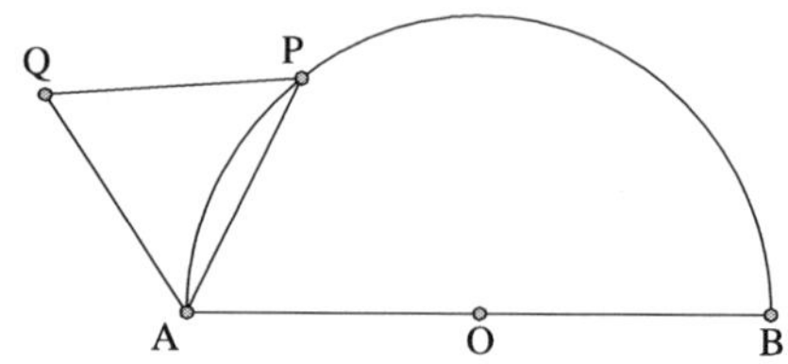

그림 2-188

풀이

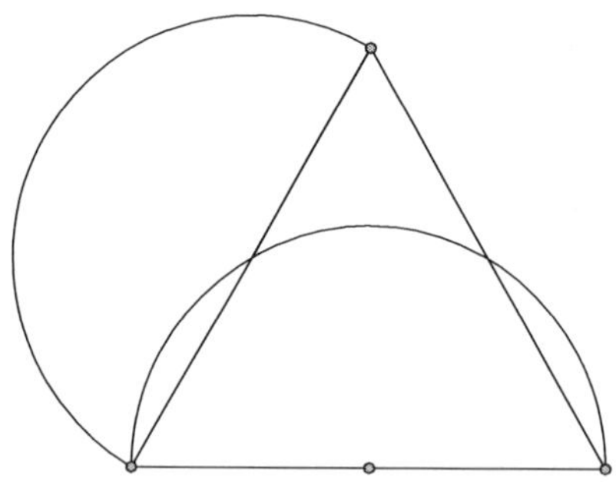

그림 2-189

문제 86 [그림 2-190]과 같이 정사각형의 종이를 대각선을 중심으로 접고, [그림 2-191]과 같이 접어서 만든 도형에서 각 x는 얼마인가? [중학교 교과서 문제]

풀이 [그림 2-191]에서 $\angle DAC = \angle DGC = 45°$이다.

그림에서 180°을 삼등분하고 있으므로

$$\angle ACD = \angle FCB = \angle DCG = 60°$$

이다. 삼각형의 내각의 합이 180°이므로 $\angle ADC = \angle EBC = 75°$

이며, 따라서 사각형의 내각합은 $x + 75° + 75° + 60° = 360°$이므로 $x = 150°$이다.

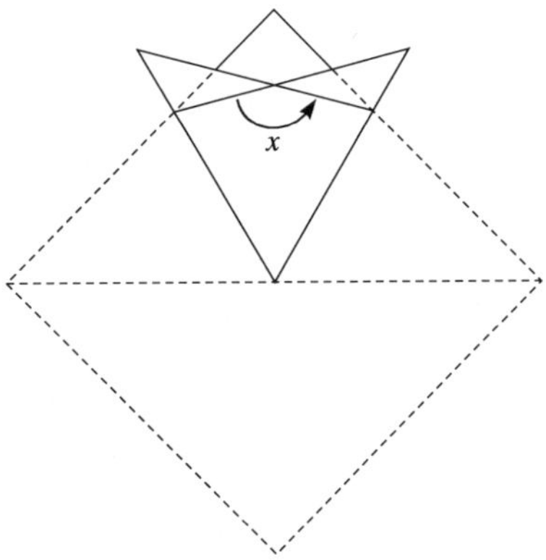

그림 2-190

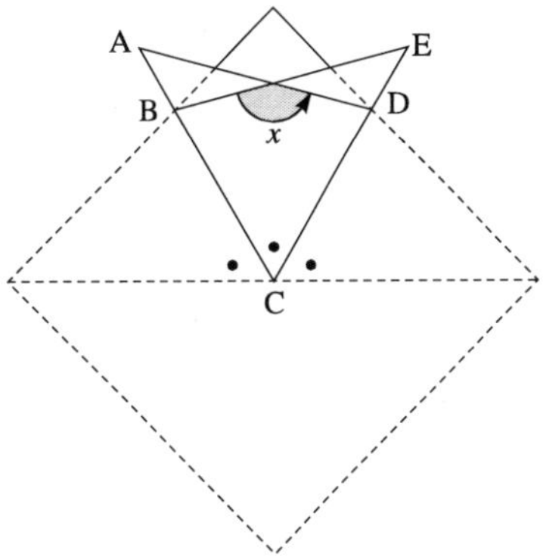

그림 2-191

탐구 문제 41 [그림 2-192]와 같이 선분 BD를 가위로 잘라서 펴면 어떤 모양이 되겠는가?

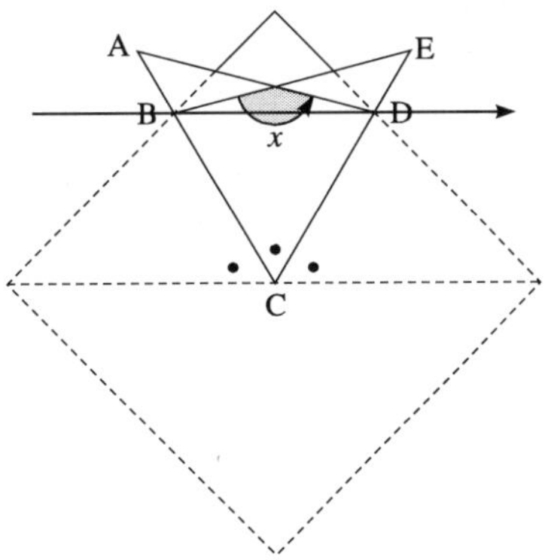

그림 2-192

Q 문제 87 [그림 2-193]에서 사각형 ABCD는 정사각형이고 M, N은 각각 변 CD, DA의 중점이다. $\overline{BM}$과 $\overline{CN}$의 교점을 E라 할 때, 선분의 길이의 비 $\overline{BE}:\overline{EM}$을 구하여라.

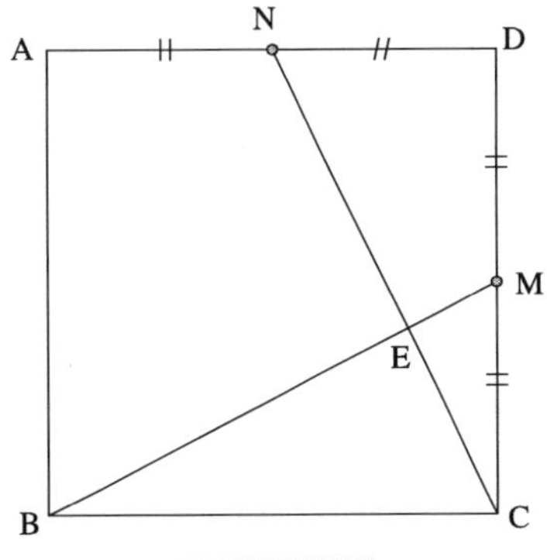

그림 2-193

풀이 ([그림 2-194] 참조)

점 D를 지나고 $\overline{MB}$에 평행한 직선과 $\overline{CN}$과의 교점을 F라고 하자. 두 쌍의 각이 각각 같기 때문에 △BCE ∽ △DNF이므로

$\overline{BE} : \overline{DF} = \overline{BC} : \overline{DN} = 2 : 1$ -- ①

$\overline{DF} // \overline{ME}$, $\overline{CD} : \overline{CM} = 2 : 1$이므로

$\overline{DF} : \overline{EM} = 2 : 1$ ----------- ②

①, ②에 의해서

$$\overline{BE} : \overline{EM} = 2 \times 2 : 1 = 4 : 1$$

이다. ◈

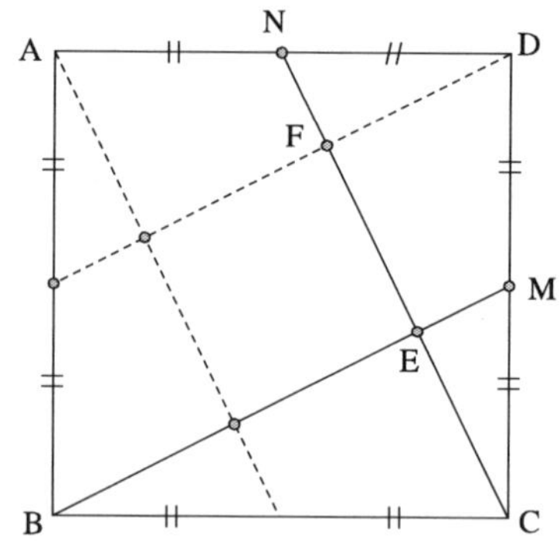

그림 2-194

참고

일상에서 변을 이등분하거나 삼등분하는 경우를 살펴볼 수 있다. 그런데 이 내용을 다루고 난 다음에 오등분하는 방법을 지도할 필요가 있다. 또 다른 새로운 방법은 없을까? 여러 가지 방법을 생각해 보자.

탐구 문제 42 탐구문제 42와 같이 잘라내면 중앙에 있는 사각형의 넓이와 전체의 넓이와의 비는 어떻게 되는가?

Q 문제 88 정사각형 종이 ABCD에서 각 ∠BAC의 이등분선을 AE라 두고 [그림 2-195]와 같이 세 개의 수선 $\overline{EF}$, $\overline{FG}$, $\overline{FH}$을 긋는다. □AGFH의 넓이를 구하여라.

풀이 $\overline{AF} = \overline{AB}$라는 것과 각이 이등분되었다는 것은 같은 뜻이다. 즉 각의 이등분은 접어서 두변을 일치시킨 것과 동일하다. $\overline{AE}$가 ∠BAC의 각의 이등분선이므로 △AFE ≡ △ABE이다.

$$\therefore \overline{AF} = \overline{AB}$$

따라서 △AGF는 $\overline{AB}$을 빗변으로 하는 직각이등변삼각형이므로 같다.

더욱이, $\triangle ABC$ 넓이의 반이 된다.

$\therefore \square AGFH = 2\triangle AGF = \triangle ABC$

◈

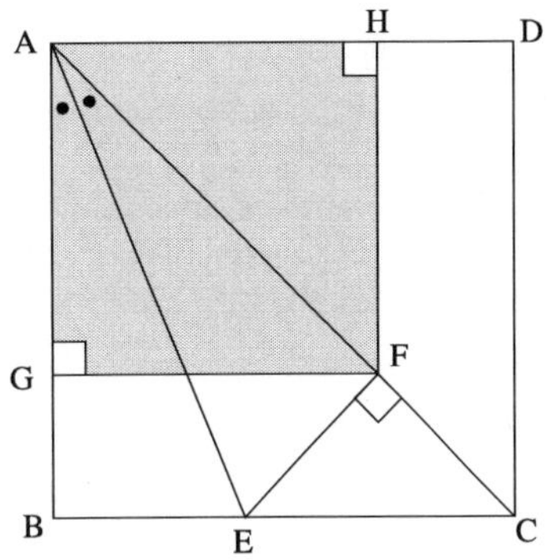

그림 2-195

탐구 문제 43 정사각형 색종이의 한 변을 삼등분 하는 방법을 설명해보아라.([그림 2-196] 참조)

□ 종이접기(111쪽 참조)

단계1 색종이 ABCD에서 선분 AD가 선분 BC와 일치하도록 접었다 편다. 그 자국을 자를 대어서 연필로 그린다. 그때 나타난 자국을 M, N이라고 하자. 이 점들은 $\overline{AB}$, $\overline{CD}$의 중점이다.

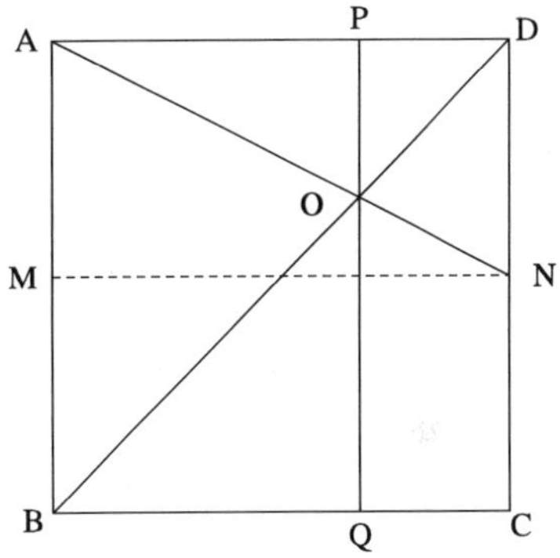

그림 2-196

단계2 점 A와 점 C가 일치하도록 접는다. 그때 나타난 자국은 색종이의 대각선 $\overline{BD}$이다. 마찬가지로 잘 보이도록 하기 위하여 연필로 그린다.

단계3 선분 $\overline{AN}$이 생기도록 접는다. 그리고 연필로 그린다. 접힌 선 $\overline{BD}$, $\overline{AN}$의 교점을 O라고 하자.

단계4 O를 지나고 $\overline{AB}$, $\overline{CD}$에 평행하게 $\overline{CD}$를 접는다. 접힌 자국을 연필로 그리고 접힌 자국과 $\overline{AD}$의 교점을 점 P라고 하자.

단계5 $\overline{AP} : \overline{PD}$는? 그 이유는? $\overline{AP} : \overline{PD}$의 비를 구해 보자.

Q 문제 89 정사각형 종이의 한 변에 $\frac{1}{3}$이 되는 지점을 잡으려면 어떻게 하면 되겠는가? 이것은 꽤 까다로운 문제이지만 아래의 '종이접기'를 읽기 전에 도전해 보자.

ㅁ 종이접기

단계1 정사각형 종이 ABCD의 변 AB와 변 DC을 겹치게 접어서 펴고, 접혀진 선 D_1B_1을 연필로 표시한다([그림 2-197] 참조).

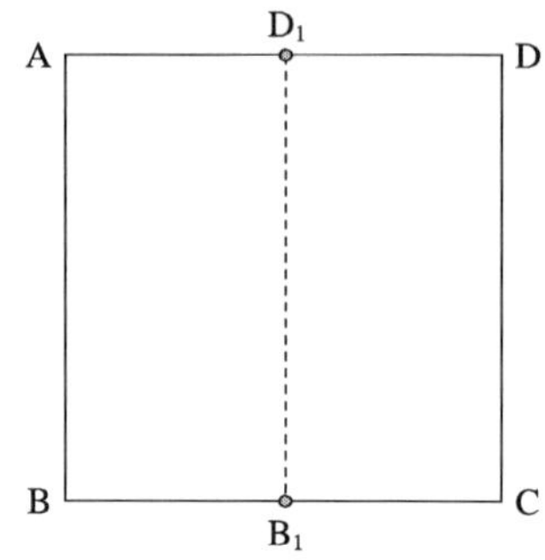

그림 2-197

단계2 꼭짓점 C와 점 D_1이 겹치게 접고, 변 AB와 변 BC의 교점을 A_1라 하면, 선분 $B'A_1$의 길이는 변 AB의 길이의 얼마인가? ([그림 2-198] 참조)

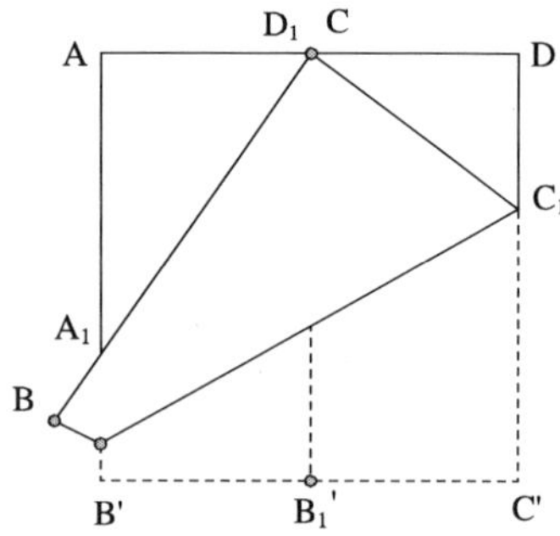

그림 2-198

풀이 [그림 2-199]와 같이 정사각형 한 변의 길이를 a라고 하고, $\overline{C_1D}=x$라고 하자. 삼각형 D_1DC_1은 직각삼각형이므로 피타고라스의 정리에 의해서 $(a-x)^2=x^2+\left(\frac{a}{2}\right)^2$이다. 따라서 $x=\frac{3}{8}a$이고, 삼각형 A_1AD_1과 삼각형 D_1DC_1에 대하여 $\angle AA_1D_1=\angle DD_1C_1$, $\angle A_1AD_1=\angle D_1DC_1$이므로

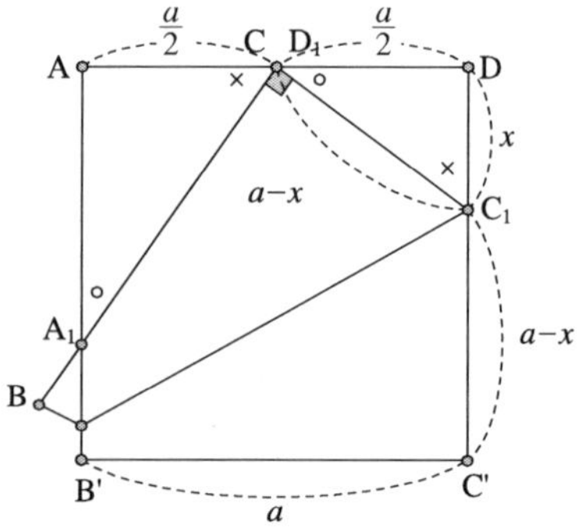

그림 2-199

삼각형 A_1AD_1과 삼각형 D_1DC_1은 닮은 삼각형이다. 따라서,

$$\overline{A_1A} : \overline{AD_1} = \overline{D_1D} : \overline{DC_1}$$

이므로 $\overline{A_1A} : \frac{a}{2} = \frac{a}{2} : \frac{3}{8}a$를 만족한다.

$$\therefore \overline{A_1A} = \frac{2}{3}a$$

또한, $\overline{A_1B'} = \overline{AB'} - \overline{A_1A} = \frac{1}{3}a$이다.

그러므로 점 A_1은 변 AB을 $AA_1 : A_1B' = \frac{2}{3} : \frac{1}{3}$로 나누는 점이 된다.
([그림 2-199] 참조) ◈

참고

정삼각형을 이용해서 $\frac{1}{3}$이 되는 점을 찾을 수 있다.

Q 문제 90 앞면이 검은 색이고 뒷면이 흰색인 정사각형의 종이를 [그림 2-200]과 같이 접을 때, 검은 색 부분과 흰색 부분의 넓이의 비를 구하여라.
(단, 점 M은 변 AB의 중점이다.)
(전국수학과학경시대회문제)

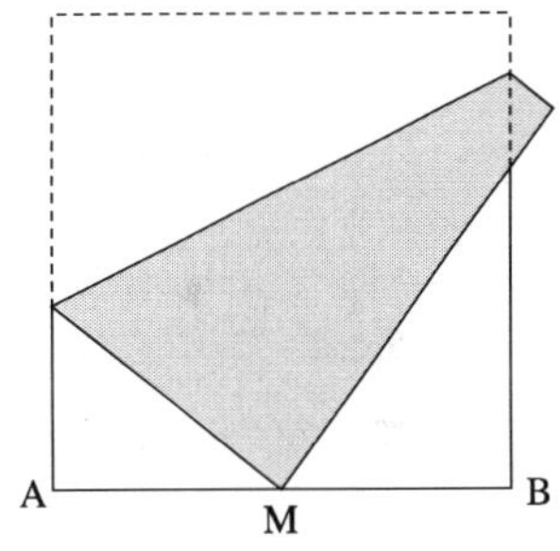

그림 2-200

(풀이) [그림 2-201]과 같이 기호를 붙이고 $\overline{AM} = \overline{MB} = a$라고 하자. $\overline{AQ} = x$라 하면 $\overline{QM} = \overline{QD} = 2a - x$이다.

△AMQ에서 피타고라스의 정리에 의하여 $(2a-x)^2 = a^2 + x^2$를 만족한다.

$$\therefore x = \frac{3}{4}a$$

$\triangle AMQ \backsim \triangle BNM$에서

$\overline{BN} : \overline{BM} = \overline{AM} : \overline{AQ}$이므로

$$\overline{BN} = \frac{\overline{AM}}{\overline{AQ}} \times \overline{BM} = \frac{4}{3}a$$

이다. 여기서, $\overline{PE} = \overline{PC} = y$라 하면

$$\overline{PN} = 2a - \overline{BN} - y = \frac{2}{3}a - y$$

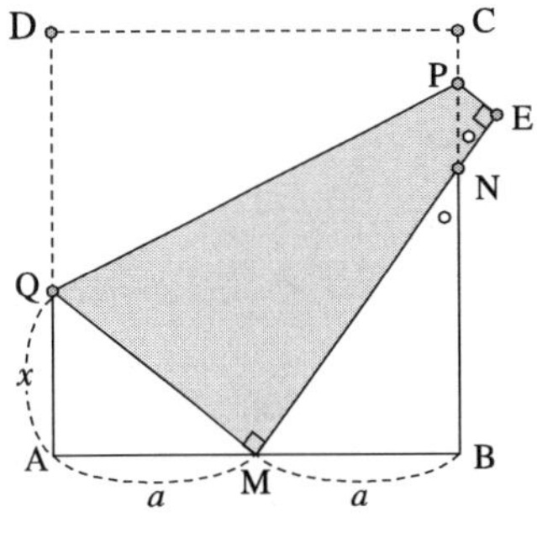

그림 2-201

이고, $\triangle ENP \backsim \triangle AMQ$에서

$\overline{PN} : \overline{PE} = \overline{QM} : \overline{QA}$이므로

$\overline{PN} \times \overline{PE} = \overline{PE} \times \overline{QM}$이다.

$$\therefore \left(\frac{2}{3}a - y\right) \times \frac{3}{4}a = y\left(2a - \frac{3}{4}a\right)$$

(검은 색 부분의 넓이)$= \triangle AMQ + \triangle BNM$

$$= \frac{1}{2}a \times \frac{3}{4}a + \frac{1}{2}a \times \frac{4}{3}a = \frac{25}{24}a$$

(흰 색 부분의 넓이) $= \square EPQM = \frac{1}{2} \times 2a \times \left(\frac{1}{4}a + \frac{5}{4}a\right) = \frac{3}{2}a^2$

그러므로 구하는 넓이의 비는 $\frac{25}{24}a^2 : \frac{3}{2}a^2 = 25 : 36$이다. ◈

Q 문제 91 [그림 2-202]와 같이 한 변의 길이가 10인 정사각형의 종이 ABCD가 있고, AE의 길이는 a이다. 꼭짓점 B을 점 E와 겹치도록 종이를 접었을 때, 접혀진 자국의 선을 PQ라 한다. 다음 물음에 답하여라.

(1) $\overline{BP}$의 길이를 a로 나타내어라.

(2) 사다리꼴 PBCQ의 면적이 40이 될 때, a의 값을 구하여라.

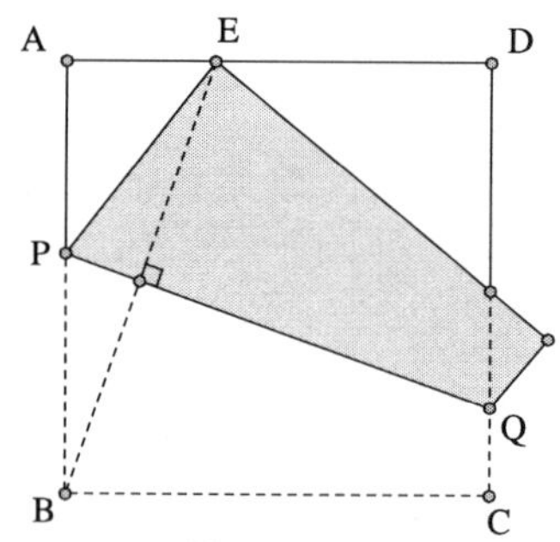

그림 2-202

(풀이) (1) $\overline{BP} = x$라 하고 $\overline{EP} = x$, $\overline{AP} = 10 - x$

이므로 $\triangle APE$에 대하여

$x^2 = (10 - x)^2 + a^2$이다.

$$\therefore x = \frac{a^2 + 100}{20}$$

([그림 2-203] 참조).

(2) [그림 2-203]에서

$$\triangle PHQ \equiv \triangle EAB \text{ ------ ①}$$

$$\therefore \overline{PH} = \overline{EA} = a$$

$$\therefore \overline{QC} = \overline{HB} = x - a \text{ ----- ②}$$

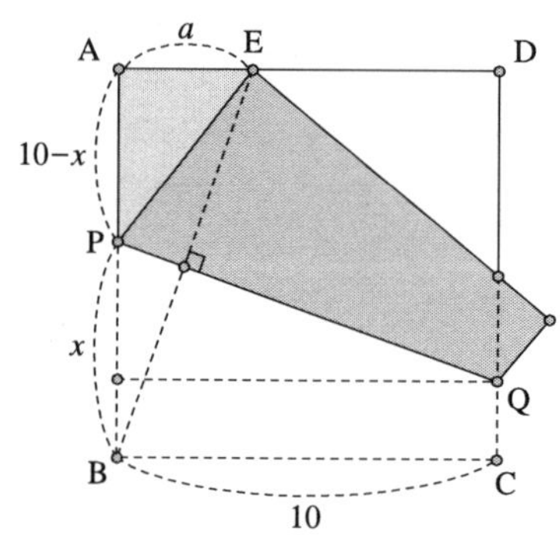

그림 2-203

사다리꼴 PBCQ의 넓이$=x+(x-a)\times\frac{10}{2}=5(2x-a)$

$$=\frac{a^2-10a+100}{2}$$

넓이가 40이 될 때, $a^2-10a+20=0$을 만족해야 하므로 $a=5\pm\sqrt{5}$이다.

참고

여기서 $\overline{PQ}=\overline{BE}$이 됨을 확인해 보자.

별해 해석기하로 풀어보자.

정사각형 ABCD에서 [그림 2-204]와 같이 꼭짓점들의 좌표를 정하면 직선 PQ(BE의 수직이등분선)의 식은 $y=-\frac{a}{10}(x-\frac{a}{2})+5$가 된다.

$$\therefore y=-\frac{a}{10}x+\frac{a^2}{20}+5$$

여기에 $x=0,\ y=10$을 대입하면

$$\overline{BP}=\frac{a^2}{20}+5,\ \overline{CQ}=-a+\frac{a^2}{20}+5$$

이다. ◈

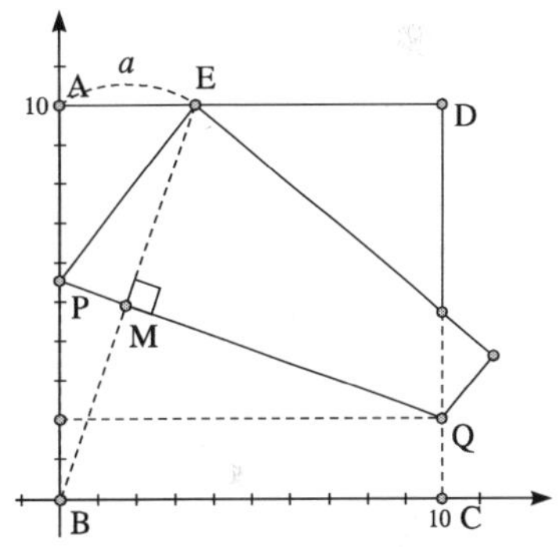

그림 2-204

2.10 GSP와 종이접기의 만남

1) 아름다운 디자인 구상하기

탐구 문제 44 [그림 2-205]와 같이 점 O를 중심으로 하고 반지름이 일정한 원 c_1, 점 P는 움직이는 점이고 점 P를 중심으로 하고 원 c_1의 반지름과 같은 원을 작도했을 때 점 P와 교점들 A, B를 이은 선분이 나타내는 자취를 상상해 보아라.

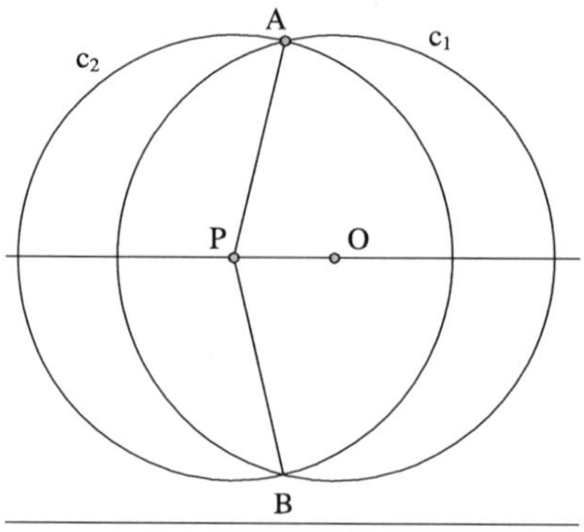

그림 2-205

GSP를 이용한 작도 순서

1) 정점 O를 중심으로 하고 반지름이 일정한 원 c_1을 작도한다.

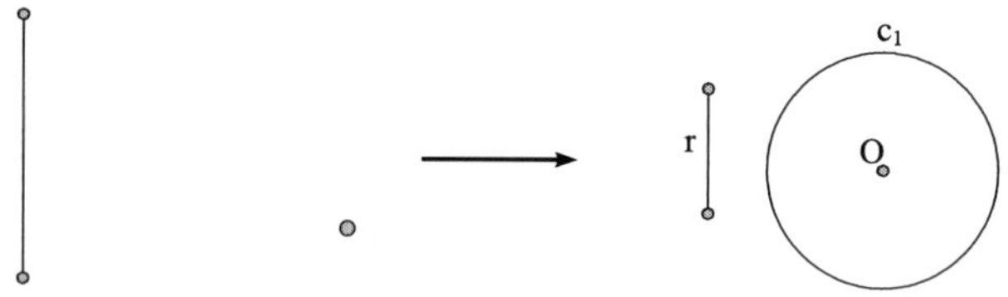

그림 2-206

2) 점 O를 지나는 직선을 작도한다.

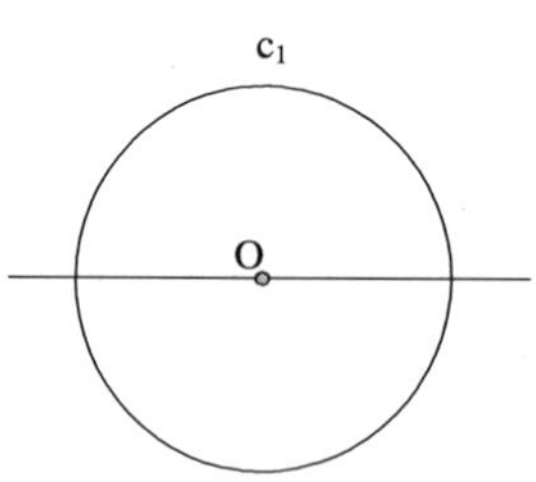

그림 2-207

3) 직선 위에 임의의 점 P를 선택한다 (직선을 선택한 후에 '작도메뉴' 의 '직선 위의 점' 을 선택한다.)

4) 점 P를 중심으로 하고, 원 c_1의 반지름의 길이와 같은 원을 작도한다.

5) 점 P와 두 원의 교점 A, B를 연결한 선분 AP와 BP를 작도한다.

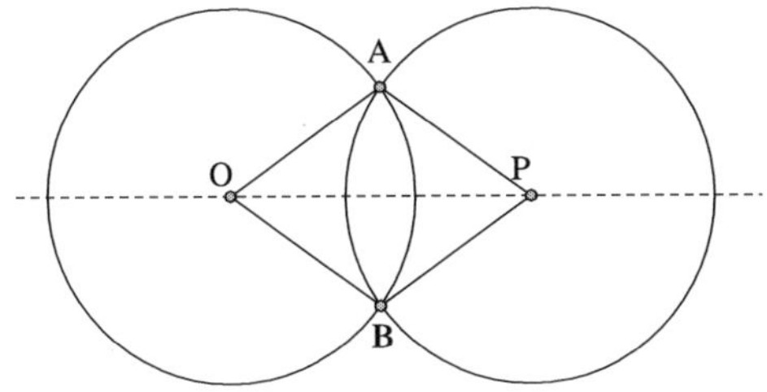

그림 2-208

문제 92 위의 탐구문제 45에서 점 P를 움직였을 때, 선분 AP와 BP의 자취를 그려라.

(풀이) 위의 5)까지 실행한 후 점 P와 선분 AP를 선택하여 '작도메뉴' 의 '자취' 를 선택하고([그림 2-209] 참조), 마찬가지로 점 P와 선분 AP를 선택하여 '작도메뉴' 의 '자취' 를 선택하여 그 결과를 살펴보자. ([그림 2-210] 참조) ◈

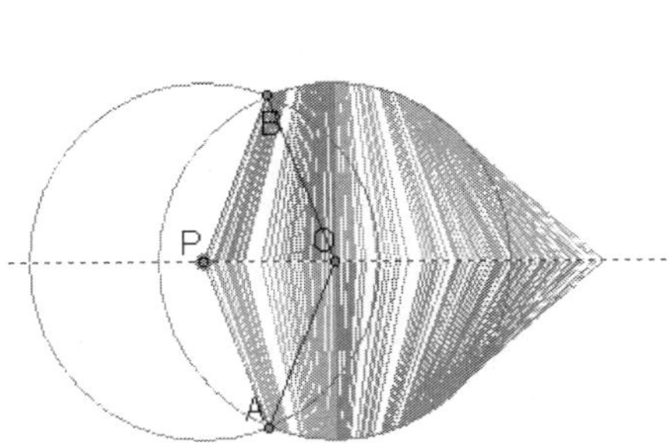

그림 2-209

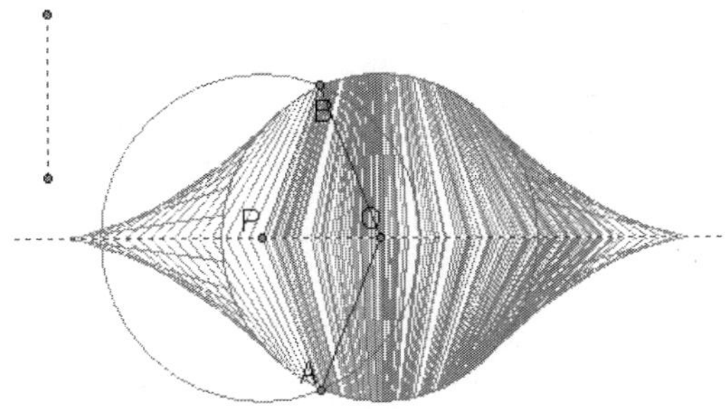

그림 2-210

2.11 종이접기로 만드는 함수의 그래프

간단한 함수의 그래프를 그리는 방법을 생각해 보자. 사용하고 있는 A4용지나 노트 한장이라도 상관없다. 다음 그림과 같이 종이를 접어서 생각해 보자.

[그림 2-211]과 같이 종이를 접어, $y = a^x$의 그래프를 그려 보자.

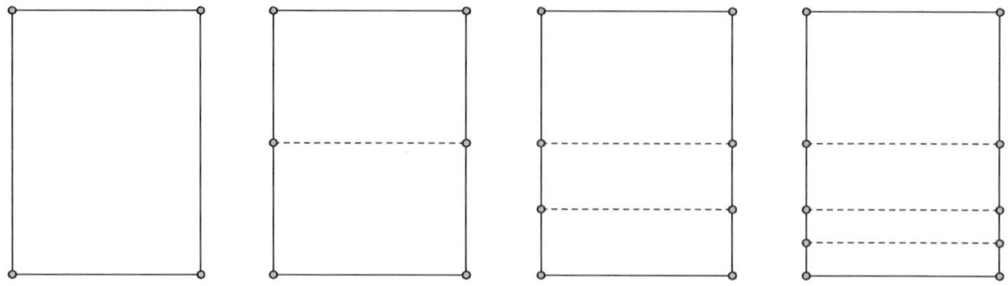

그림 2-211

□ 종이접기

단계1 A4용지를 세로로 둔다.

단계2 세로를 반으로 접는다.

단계3 또 아래의 반을 또 다시 반으로 접는다.([그림 2-212] 참조)

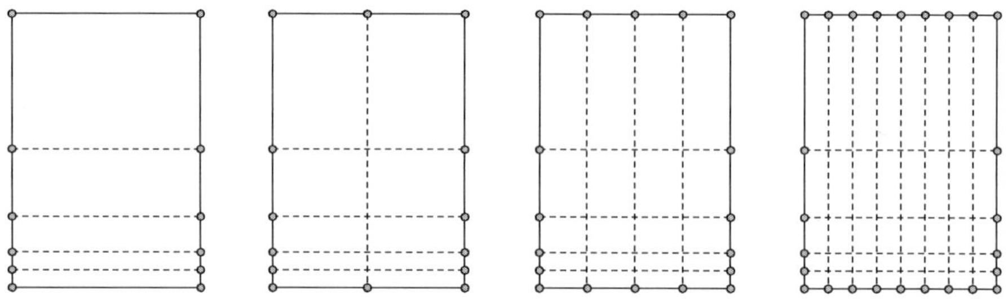

그림 2-212

단계4 단계3의 작업을 4~5회 반복하여 접는다.

단계5 가로를 반으로 접는다(y축과 평행한 선이 만들어진다).

단계6 단계5의 결과를 다시 반으로 접는다.

단계7 단계6의 작업을 반복한다.

단계8 종이 아래의 왼쪽 끝점을 원점으로 하여 [그림 2-213]과 같이 단계별로 점을 찍는다.

단계9 점들을 자연스럽게 연결하여 그래프의 완성한다.
([그림 2-214] 참조)

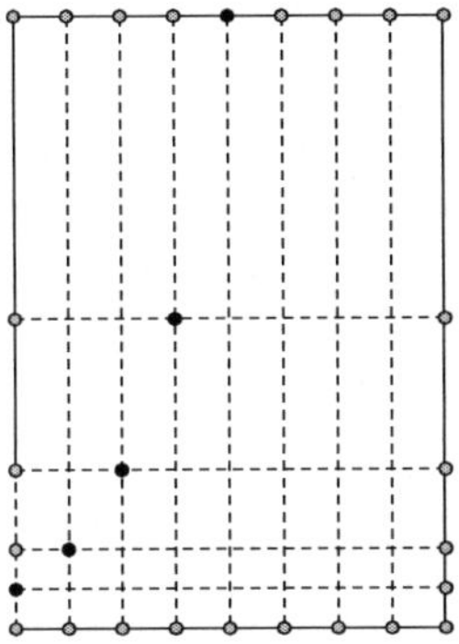

그림 2-213

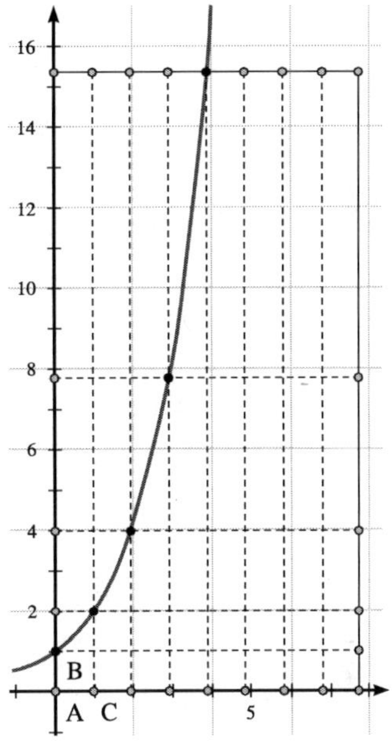

그림 2-214

참고

이 자료는 일반 수업에서 학생들과 GSP로 격자점에서 '격자에 점 맞추기'를 설정한 다음에 위와 같은 과정을 그대로 시도해 볼 수 있다.

나의 노트

나의 노트

Chapter 03

교수학습자료

이 장에서는 학교 현장에서 활용할 수 있는 교수학습자료를 소개하고자 한다. 3.1절에서는 수업에 활용될 수 있는 다양한 종이접기를 3.2~3.4절에서는 일본에서 발간되고 있는 월간지 數學セミナ(수학세미나)에 게재되어 있는 종이접기에 관한 논문들을 소개하고자 한다.

3.1 종이접기를 활용한 수업의 실제

종이접기는 종이 한 장을 자르거나 풀칠하지 않고 그저 접기만 하여서 조형을 만들어 내는 놀이이다. 아주 옛날부터 손에서 손으로 전해져 내려왔기 때문에 종이접기에 대한 기원은 정확하게 알려져 있지 않으며, 다만 19세기 무렵 일본에서 크게 유행한 후, 전 세계로 전파되었기 때문에 종이접기의 발원지는 일본 혹은 중국일 거라 추측하는 정도이다.

당시 일본에서 유행하던 종이접기를 세계로 전파한 사람들은 유럽의 마술사들이었는데 처음에는 마술사들이 단지 마술의 재료로만 쓰기 위하여 전파한 종이접기가 현대에 이르러서는 학계에서도 상당한 붐을 일으키고 있다.

종이 한 장만 있으면 시간과 장소에 구애받지 않고 남녀노소 누구나 쉽고 재미있게 즐길 수 있고, 어린이들의 지능 계발, 노인들의 치매예방 및 치료, 신체장애자들의 재활요법 등 교육적, 예술적, 의학적으로 널리 그 효과를 인정받았기 때문이다.

최근에는 어린이들의 놀이로만 여겨지던 종이접기에 열중하는 어른들이 증가하고 있는데, 종이접기 애호가들은 도저히 종이라고 믿어지지 않을 정도의 정교하고 아름다운 작품들을 만들어, 종이접기를 놀이에서 예술로 승화시키고 있으며, 학자들은 기하학과 수학의 분자 모형 활용에서 우주 정거장 설계에까지 활용하여 종이접기를 놀이에서 과학의 범위로 끌어올리고 있다. 종이접기는 단순한 놀이가 아니라, 교육이고 예술이며 과학이다.

3.1.1 종이접기와 수학

몇 년 전 미국 항공 우주국에서는 로드 하이드와 샴 딕시트의 두 물리학자가 태양계 밖의 별들까지 관찰할 수 있는 거대한 망원경을 개발했다. 정작 망원경을 제작하고 나자, 이 거대한 기구를 어떻게 우주까지 운반할 것인지가 큰 문제가 됐다. 먼 거리의 별들을 관찰하기 위해 만들어진 망원경은 그 직경이 350미터가 넘었는데, 미국 항공 우주국으로서는 직경 35미터 이상의 망원경을 우주로 운반해낼 수 있는 능력이 없었다. 이들은 결국 종이접기에서 영감을 받아 이 문제를 해결할 수 있다.

로버트 랭의 종이접기 작품

하이드와 딕시트가 초대형 망원경을 우주로 운반하기 위해 응용한 기술은 역시 과거에 미국 항공 우주국에서 일했던 경험이 있는 로버트 랭이 개발한 것이었다. 랭은 어릴 때부터 종이를 접어왔는데, 트리메이커(TreeMaker)라는 소프트웨어를 제작해 실제 종이가 아닌 컴퓨터 상에서 종이접기를 설계할 수 있도록 한 바 있다. 트리메이커는 매릴랜드 대학교에서 개발된 수학적 알고리즘에 기반한 것으로, 종이접기의 문제를 수학 문제로 치환하는 데 성공한 것으로 평가된다. 결국 미국 항공 우주국은 접을 수 있는 경첩으로 연결된 72개의 조각으로 만들어진 대형 망원경을 종이 접듯 접어서 우주로 운반해갈 수 있었다.

랭은 망원경 운반 문제 외에도 자동차의 에어백 설계 문제도 종이접기를 응용해 해결해 냈다. 에어백은 접혀져 있다가 충돌 사고가 났을때 빨리 펼쳐져야 하지만, 펼쳐지면서 차에 타고 있던 승객의 목을 잘라서는 안된다는 제한이 있다.

종이접기는 이처럼 과학과 공학 분야에서의 응용 가능성을 인정받으며 빠르게 발전하고 있다. 최근 조사에 따르면, 60년대까지 학, 개구리, 배 등 150개 정도에 불과하던 종이접기 도형의 모양이 4,800개까지 늘어났다. 랭이 자랑하는 종이접기의 걸작 중에는 사슴의 머리와 추까지 달려있는 뻐꾸기 시계도 있다.

미생물학자들은 단백질의 구조 문제를 해결하기 위해 종이 접기에서처럼 접혀져 있는 점에 주목하고 있고, 공학자들은 자동차 부품에서부터 우주선에 이르기까지 온갖 기계 설계에 종이접기의 원리를 이용할 수 있다고 말하고 있다. 이에 따라 몇 년 전에는 종이접기 공예가와 과학자들이 보스턴에서 회의를 갖고 종이접기의 과학적 응용에 대해 토론을 하기도 했다. 수학계에는 "오리가미(종이접기) 수학"이라는 신조어가 생겨나, 금속 재료에서부터 세포막, 곤충의 날개까지 접히는 종이와 유사한 행태를 갖는 자연계의 대상을 수학적으로 분석하고 있다. 종이접기의 오묘함에 매료된 학자들은 종이접기를 가리켜 "수학의 시적 표현"일 뿐이라고 부르기도 한다.

현재 미국 최고의 명문 공과 대학인 MIT에는 활발하게 활동 중인 종이접기 클럽이 있고, 컴퓨터 네트워킹을 비롯한 첨단 기술의 탄생지인 실리콘 밸리의 팔로 알토 연구센터는 종이접기 전시회를 후원하고 있다. 종이접기가 과학자들에게 특히 매력적인 이유는, 종이를 접을 때 잘라서는 안 되고 테이프를 붙여서도 안 되며 여러 장의 종이를 사용해서도 안 된다는 종이접기의 전통적인 규칙이 과학적 문제 해결에 유용하기 때문이다.
종이접기의 본토인 일본에서는 서구보다 일찌감치 종이접기의 중요성을 알아채고 그 원리를 응용해 70년대에 이미 "미우라-오리"라고 불리는 인공위성을 설계한 바 있다.[1)]

3.1.2 신비한 종이의 분할

변이란 어떤 형태나 도형의 가장자리를 말한다. 일반적으로 변이나 넓이 등을 등분 · 분할할 때는 자 · 컴퍼스 · 각도기 등 여러 가지 수치를 나타내는 기구들을 이용하지만, 이러한 도구를 사용하지 않고, 간단한 종이접기로 변이나 넓이 등분 · 분할의 복잡한 과정을 해결할 수 있다. 이 절은 이미 앞에서 다룬 1.2절~1.5절과 2.1절을 참고하여라.

1) 변의 분할

변의 분할

정사각형 모양의 색종이를 접어 변을 분할해보자. 어떤 것이 가능한가?

변의 3등분

방법1 정사각형 모양의 색종이를 접어 변을 3등분하려고 한다. 방법을 생각해보아라. 아래 힌트를 참고하여도 좋다.

힌트 ① 다음의 오른쪽 그림에서 $\overline{AB}$ // $\overline{CD}$ 이면 △APB와 △DPC가 닮은 도형이고 $\overline{AB}$: $\overline{CD}$ = 1 : 2 이면 $\overline{AP}$: $\overline{PD}$ = 1 : 2 이다.
② 다음의 왼쪽 그림에서 $\overline{AB}$ // $\overline{CD}$ 이면 △PAB와 △PCD가 닮은 도형이고 $\overline{PA}$: $\overline{PC}$ = 2 : 1이면 $\overline{PB}$: $\overline{PD}$ = 2 : 1이다.

1) Baltimore Sun(2002년 03월 06일)

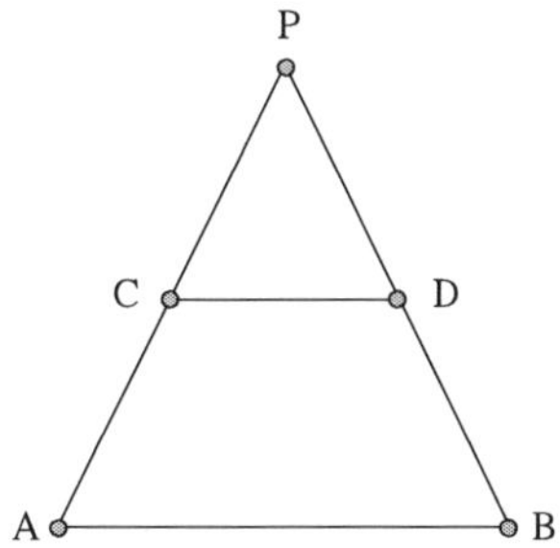

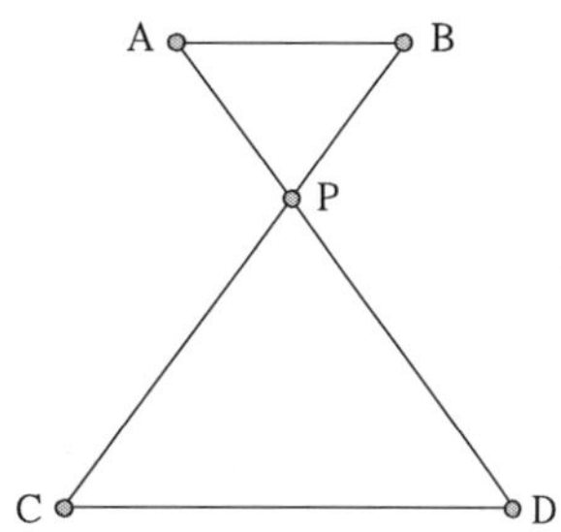

풀이의 예

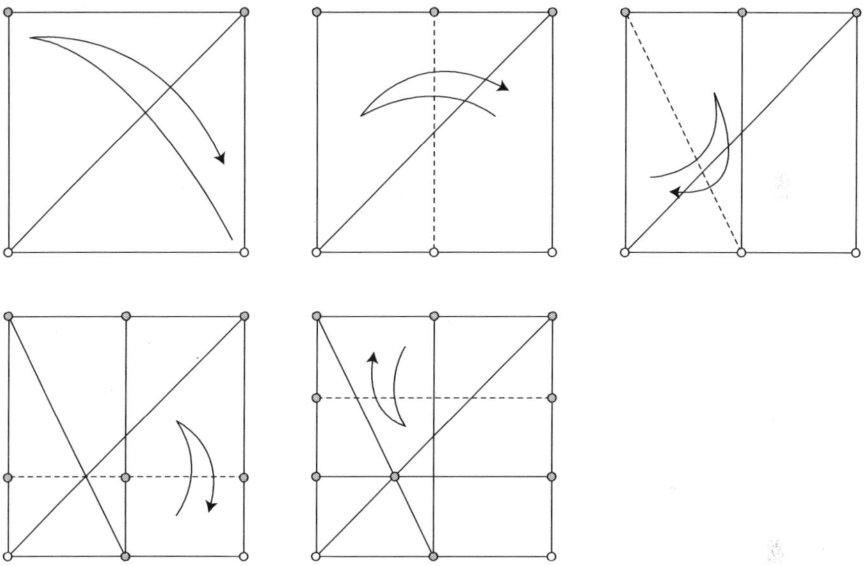

방법2 아래 순서대로 접으면 P가 오른쪽 변의 $\frac{1}{3}$ 지점이 된다. 왜 그런가?

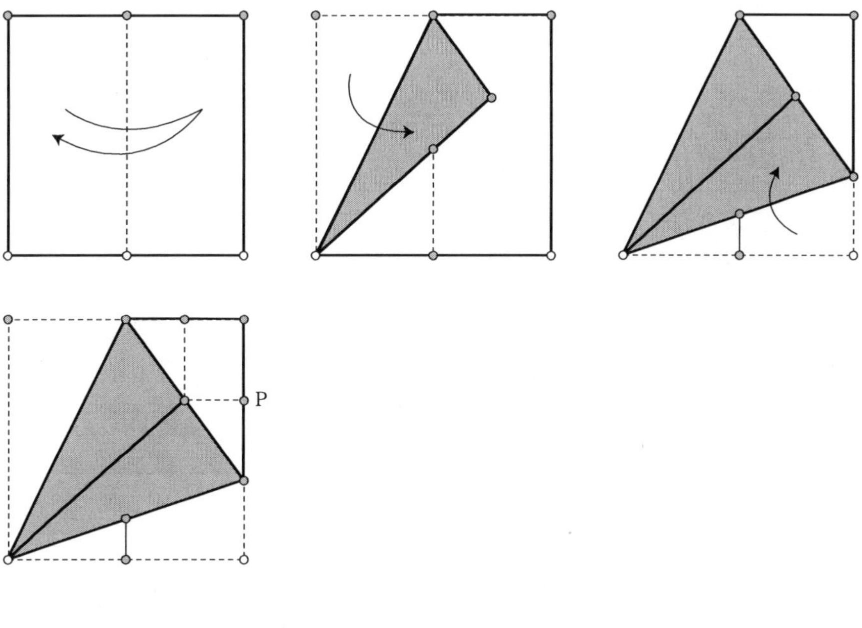

※ Haga의 정육면체

위 방법2 의 변의 삼등분 방법은 일본 Haga 교수에 의해 발표되었기에 **Haga의 제2정리**라 한다. Haga의 제2정리는 이미 1.3절에서 다루었으므로 상세한 내용은 1.3절을 참고하여라. Haga의 제2정리라 불리는 이 방법을 응용하여 접은 정사각형 유니트들을 연결하여 만든 정육면체를 **Haga의 정육면체**라고 한다.

□ 종이접기

단계1 다음 순서대로 접어보아라.

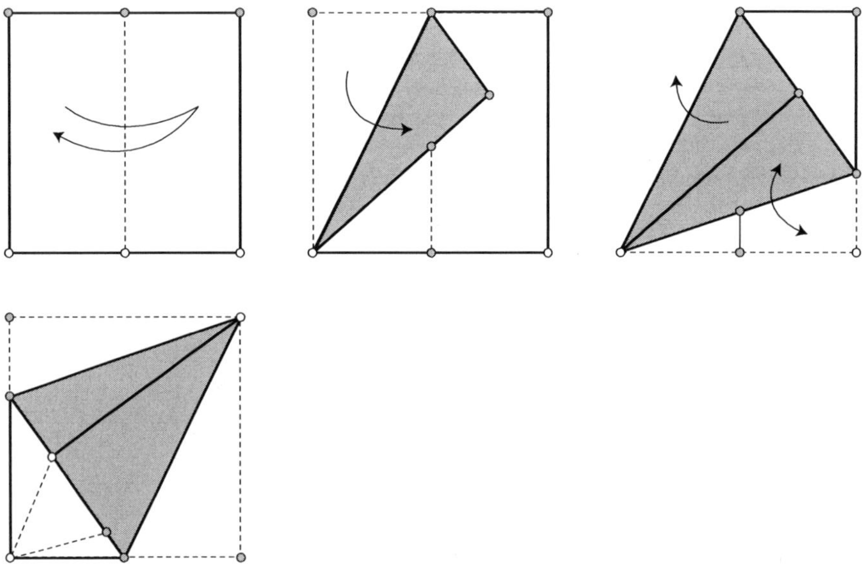

단계2 맞은편 꼭짓점도 같은 방법으로 접는다.

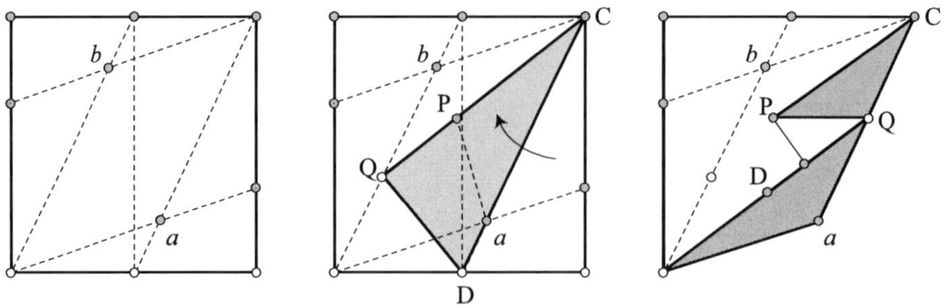

단계3 모두 펴면 위의 가장 왼쪽 그림과 같은 모양이 나오고 가운데 그림처럼 접은 후 선분 *pa*를 골짜기 접기를 하여 점 Q가 선분 CD위에 오도록 접는다.

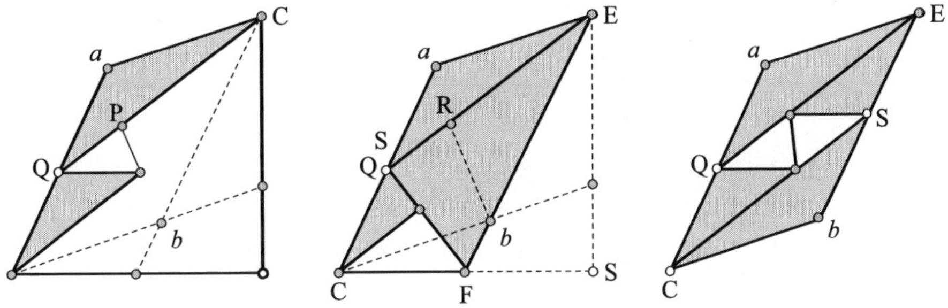

단계4 점선 부분을 뒤로 접으면 정사각형 유니트가 완성이 된다. 반대편도 같은 방법으로 접어주면 위의 오른쪽 그림과 같은 모양이 된다. 즉, 아래 모양을 보아라.

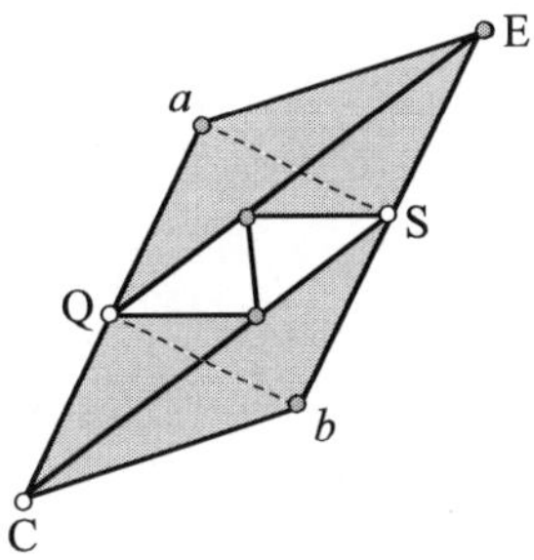

단계5 정사각형 유니트를 3가지 색으로 2개씩 만들어서, 6개를 모두 연결하여 정육면체를 만들고 다음 조건을 만족하도록 하여라.

① 마주보는 면의 색이 같아야 한다.

② 모서리가 벌어지지 않아야 한다.

③ 모든 부분이 고정되어야 한다.

탐구 문제 1 연결방법을 다양하게 할 수 있다. 다음 그림 ①~⑧은 각각의 유니트를 어떻게 연결한 것인지 알아보아라.

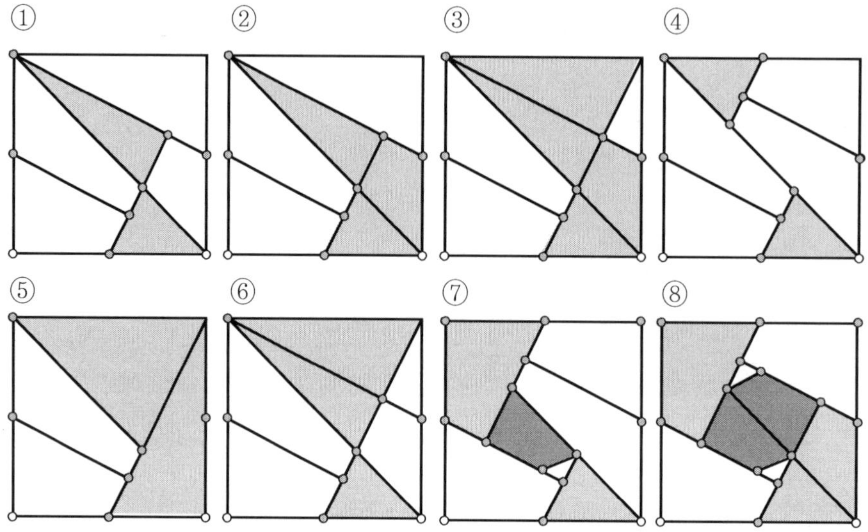

3.1.3 종이접기로 퍼즐을 즐긴다.

1) 옛날 이야기와 함께 전해져 내려오는 종이자르기

탐구 문제 2 두 명의 정치가가 있었다. 한 사람은 존경을 받았고, 또 한 사람은 미움을 받았다. 두 사람은 죽어 천국의 문 앞에 도착했다. 나쁜 짓을 많이 했던 정치가는 천국에 들어갈 수 있는 출입허가증이 부족할 수 밖에 없었다. 그래서 그는 그의 뒤에 서있는 '좋은 정치가'에게 출입허가증을 나누어 달라고 청했다. '좋은 정치가'는 자신의 허가증을 아래 그림처럼 순서대로 접은 후 잘랐다.[2)]

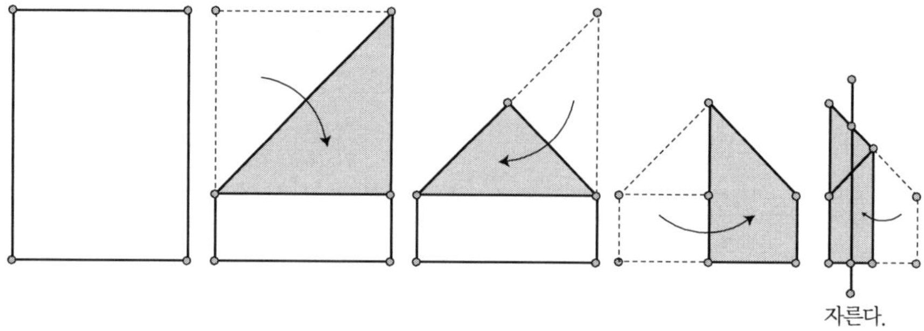

2) 종이접기 속에 숨겨진 수학(수학사랑)

(1) 자른 후 가운데 부분과 나머지 부분으로 나누어 하나를 선택해보자.
(2) 하나는 천국으로 가는 열쇠이고 하나는 지옥으로 가는 출입증이다. 판단해보아라.

2) 종이 자르기 관찰력 퀴즈

탐구 문제 3 다음 순서에 따라 색종이를 접은 다음, 그림과 같이 가위로 오리면 어떤 모양이 나타나겠는가?

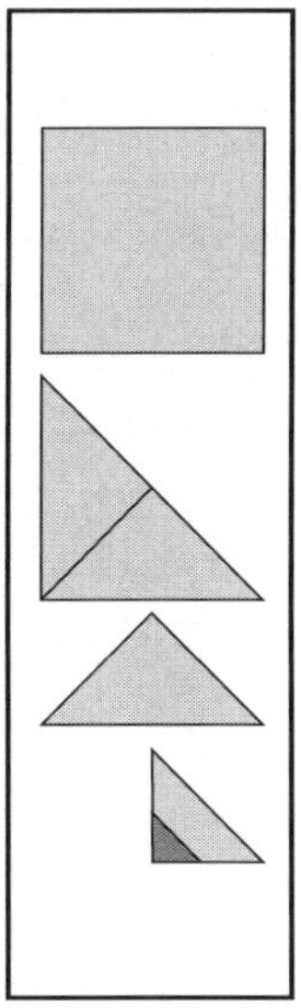

접는 순서와 가위로 오리는 부분

탐구 문제 4 다음 순서에 따라 색종이를 접은 다음, 그림과 같이 가위로 오리면 이번에는 어떤 모양이 나타나겠는가?

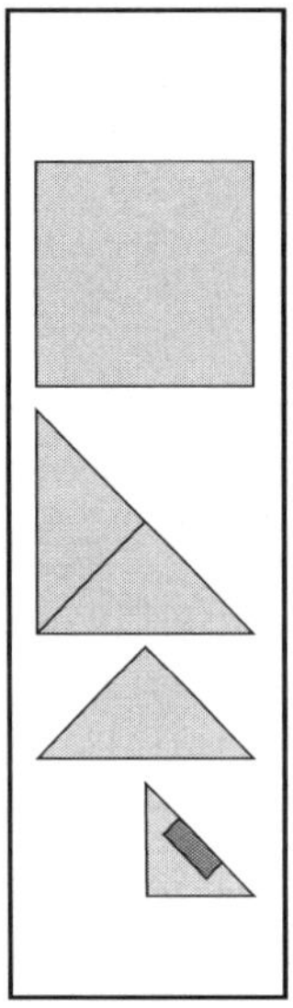

접는 순서와 가위로
오리는 부분

3.1.4 A4 용지 속의 수학

1) A4 용지를 반으로 몇 번이나 접는 것이 가능한가?

탐구 문제 5 수학은 생각보다 우리 주위에 가까이 있다. A4 용지를 반으로 접어본 경험은 모두에게 있을 것이다. 그 사소한 행동 하나에 얼마나 많은 수학 문제가 담겨져 있는지 알아보자. 아래(1)~(6)을 설명하여라.

(1) A4 용지를 반으로 가능한 많이 접어보자. 실제로 몇 번이나 접는 것이 가능한가?

(2) 한 번 접을 때마다 종이가 몇 겹이 되는지 관찰해보아라. 규칙성을 발견할 수 있는가?

접은 횟수	1	2	3	4	5	6	7
종이 장수							

(3) 사람의 힘으로는 불가능하지만 이론적으로는 계속 접어나가는 것이

가능하다. 만약 반으로 접기를 50번을 실시하였다면 몇 겹이나 될까? (2^{10} 은 1024이지만 이를 10^3 으로 두고 근사값으로 계산하자.)

(4) A4 용지 한 장의 두께를 어떻게 알 수 있을까?

(5) A4 용지 한 장의 두께는 약 0.1mm라고 한다. 만약 그렇게 42번을 접었다면 그 종이의 두께가 얼마나 될까?

① 내 키만큼

② 백두산 높이만큼 (약 2744m)

③ 지구 반지름만큼 (약 6371km)

④ 지구 둘레만큼 (약 40000km)

⑤ 지구에서 달만큼 (약 380000km)

(6) 반으로 접기를 더 많이 하려면 어떤 방법을 찾아야 할까?

탐구 문제 6

종이접기 실험실

2002년도에 한 미국의 고등학교 여학생이 프로젝트로 했던, 접기 실험에서 무려 12번이나 접었다고 한다.

화장실에서 사용하는 긴 화장지를 무려 4000 피트(1피트 = 30cm, 1200미터)를 이용해서 7시간 동안 접어 성공했다고 한다.

또 다른 실험에서 미국에서 구할 수 있는 가장 크고 얇은 종이를 일반 A4 용지 비율로 붙여서 접기를 시작하는데 장소는 나사 정비소중 한곳을 빌렸고 축구경기장만한 종이를 총 11번 접는 데 성공하였다.(7번 이후에는 불도저로 편편하게 만든 후에 접었다고 함)

출처 :http://www.minoltadslr.com/bbs/zboard.php?id=freeboard&no=169130

탐구 문제 7

A4 용지를 계속 접으면 닮은 도형이 나온다.

A4 용지의 폭은 210mm, 길이는 297mm이다. 왜 단순하게 200mm, 300mm로 하지 않고 복잡한 수를 택했을까? 그 이유를 알아보면 여기에도 수학이 관련되어 있다. 아래 (1) ~ (3)을 탐구해보아라.

(1) A4 용지를 반으로 접어보고 원래의 용지와 모양을 비교해보아라. 색종이를 반으로 접어보고 원래의 용지와 모양을 비교해보아라.

(2) 계속해서 반으로 접었을 때 원래의 직사각형과 닮음이 되게 하려면 어떤 조건이 필요할까?

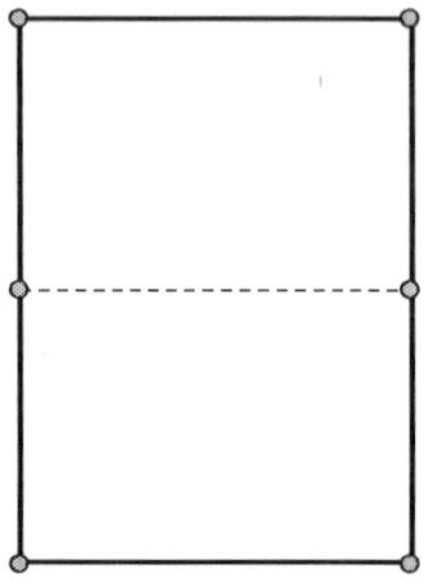

(3) 반으로 접었을 때 닮은 도형이 나오면 어떤 점이 좋을까?

참고

A4 용지의 유래

일상생활에서 사용되는 종이는 제지소에서 만든 큰 규격의 전지를 절반으로 자르고 또 다시 절반으로 자르는 과정을 반복하면서 만들어 진다. 그런데 이렇게 절반으로 자르다 보면 원래의 규격과 다른 모양이 될 수 있다.

따라서 계속 절반으로 잘라도 닮음인 종이가 나올 수 있도록 전지를 만들어야할 필요가 있다.

그래서 A4용지의 전지인 A0용지 규격은 가로 1189mm, 세로 841mm이다. 가로 세로의 비가 1:1.414이면서 넓이가 1m^{2}이 되도록 만들어 진 것이고 이를 자르는 과정에서 A1, A2, A3, A4 등의 A계열 용지가 만들어지게 된 것이다.

같은 이유로 가로 세로의 길이의 비가 1:1.414이면서 넓이가 1.5m^{2}이 되도록 가로 1456mm 세로 1030mm인 B0를 만들고 이를 계속 절반으로 잘라나가는 과정에서 B계열 용지를 만들었다. 크기는 달라도 모양이 같으면 확대, 축소가 가능하여 효율적이다.

3.1.5 여러 가지 각

1) 30°, 60°, 90° 만들기

앞에서 다룬 2.5절을 참고하여라.

탐구 문제 7 색종이를 접어서 30°, 60°, 90°를 만들어보아라. 아래 힌트를 참고하여도 좋다.

힌트 오른쪽 그림에서 $\triangle ABC$가 정삼각형이고 $\overline{AH} \perp \overline{BC}$ 이면 $\overline{AB} : \overline{BH} = 2 : 1$이 된다. 이 때 $\angle B = 60°$ $\angle A = 30°$이다.

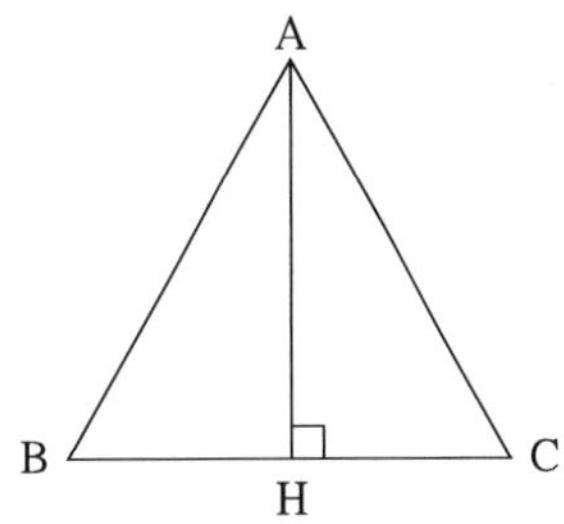

□ 종이접기

풀이의 예

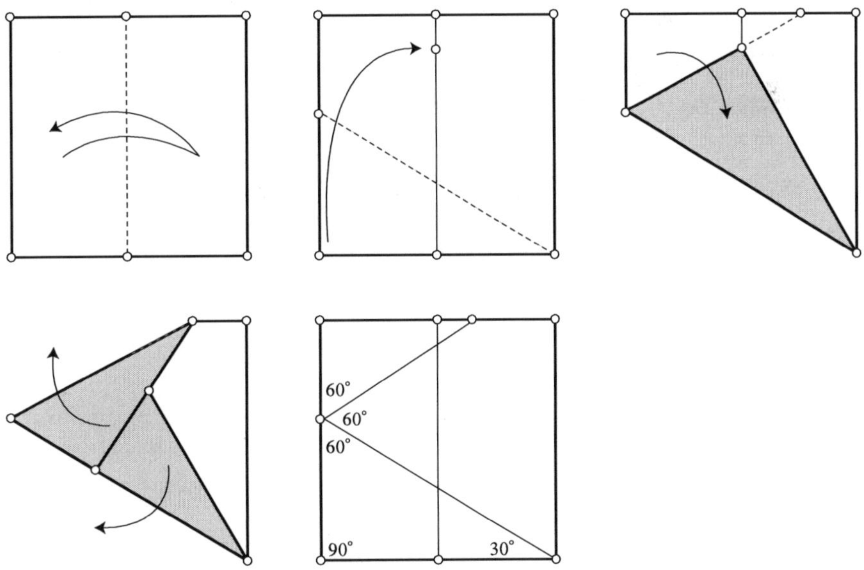

탐구 문제 8 색종이를 접어서 세 각이 30˚, 60˚, 90˚인 삼각자를 만들어보자.

위 탐구문제 7의 '종이접기'를 이어서 다음과 같이 접어보아라.

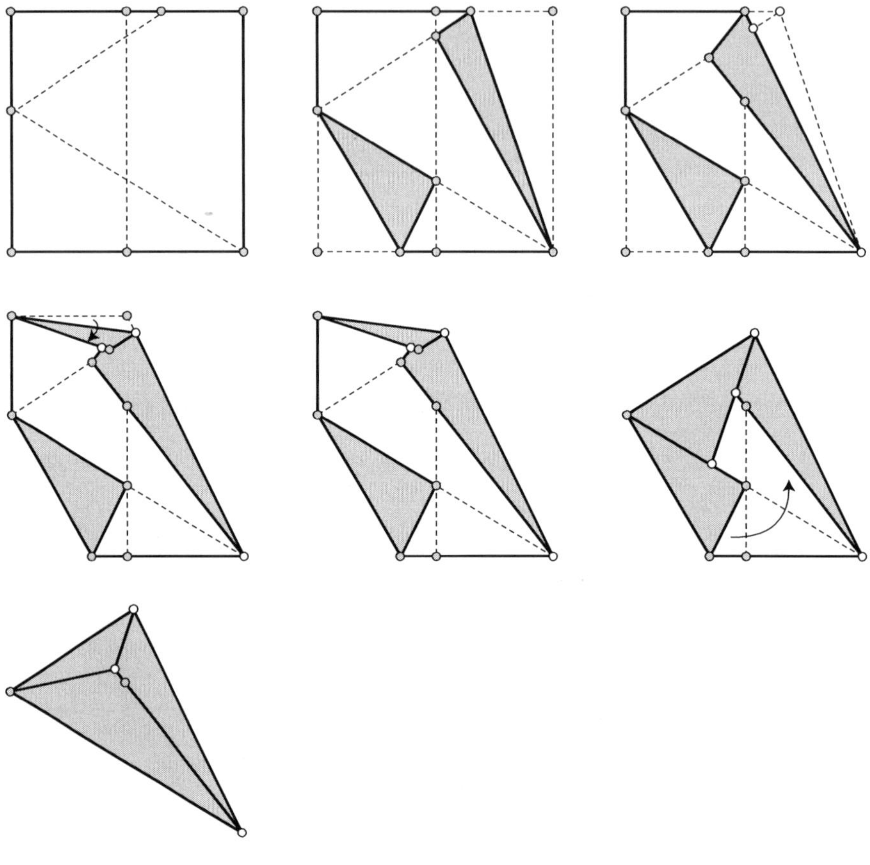

탐구 문제 9 탐구문제8 에서 만든 삼각자 3개를 연결하여 정삼각형을 만들어보아라.

참고

중학교 2학년 내용 중 삼각형의 외심과 내심이 있다. 아래 내용을 참고하여 위 정삼각형에서 삼각형의 내심과 외심을 찾아보자.

삼각형의 **내심** : 세 변에서 같은 거리에 있는 점으로 세 변에 접하는 원의 중심이다.

작도법 : 세 각의 이등분선의 교점

삼각형의 **외심** : 세 꼭짓점에서 같은 거리에 있는 점으로 세 꼭짓점을 지나는 원의 중심이다.

작도법 : 세 변의 수직이등분선의 교점

3.1.6 재미있는 종이 접기

Haga의 정육면체 유니트 접기

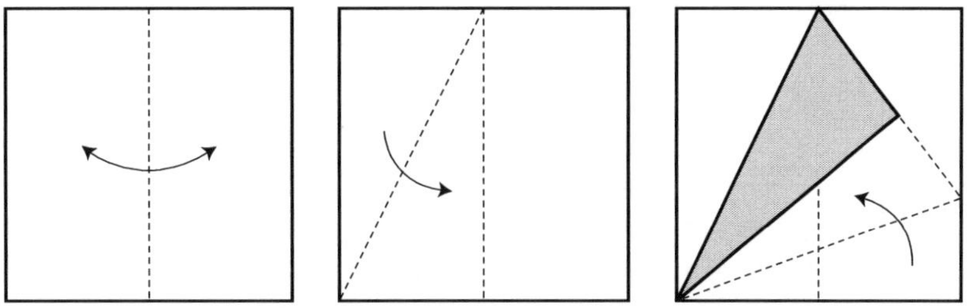

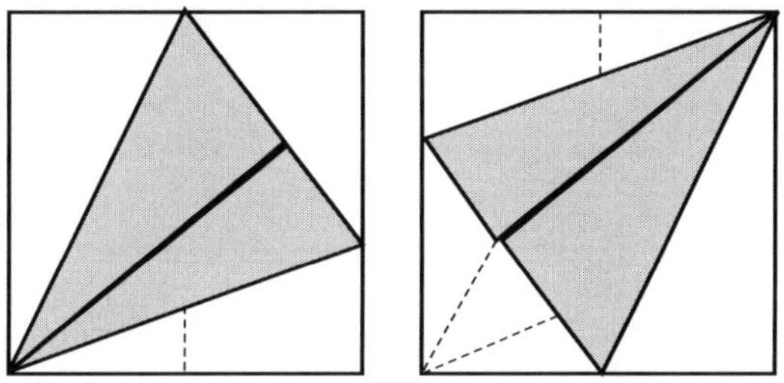

맞은 편 꼭지점에서도 같은 방법으로 접는다.

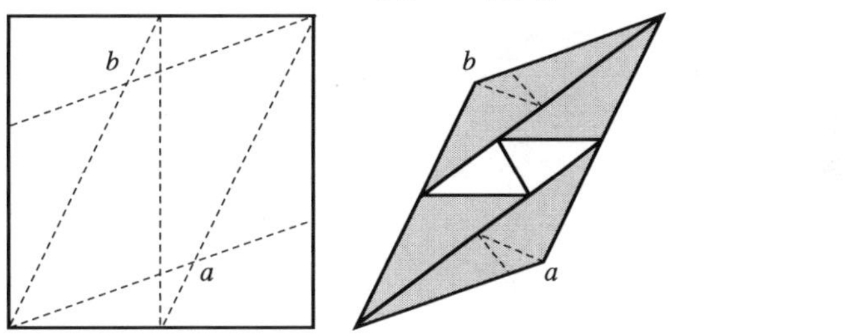

모두 펴면 왼쪽 그림과 같은 모양이 나오고 a와 b를 각각 고정점으로 잡고 접힌 선에 따라 접어주면 위 마지막 모양과 같은 유니트가 완성된다.

탐구 문제 10 위의 방법으로 접었을 때 각 점에 의해서 각각의 변이 어떻게 분할되는지 알아보아라.

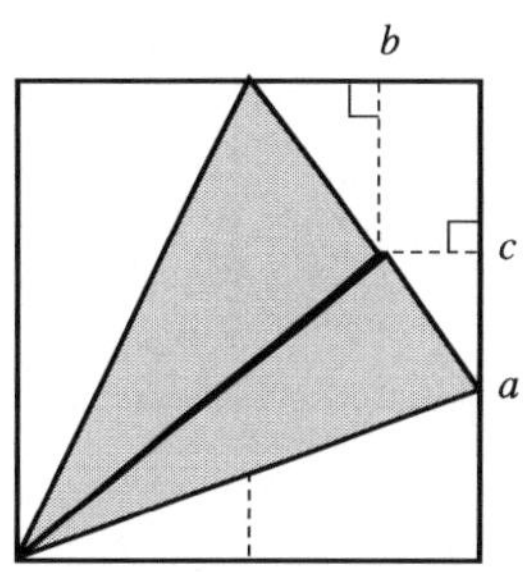

정사면체 접기

준비물 A4와 닮음인 직사각형 종이

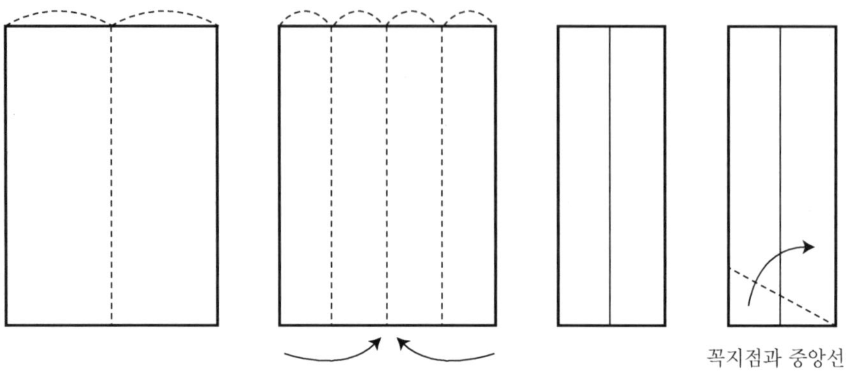

꼭지점과 중앙선이 만나도록 접는다.

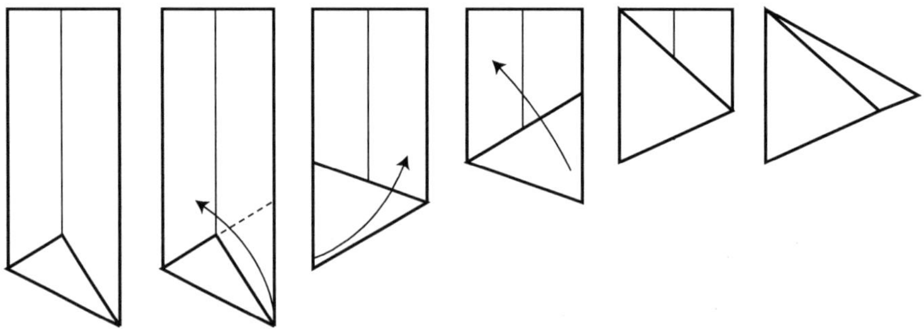

꼭지점이 다른 변에 닿도록 반복하여 접는다.

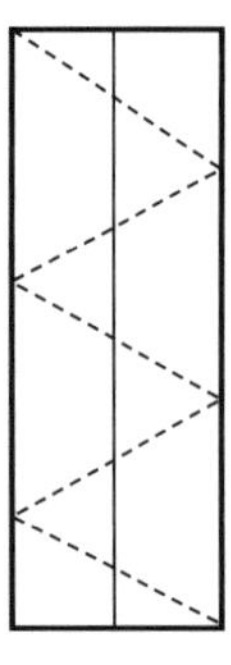

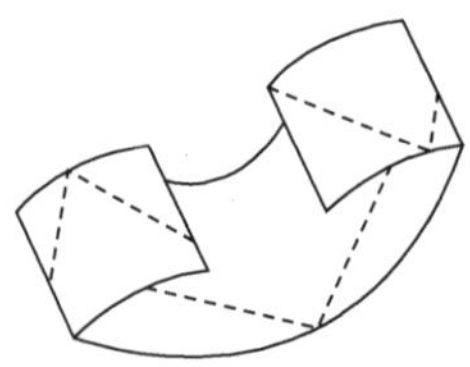

접은 선이 일치할 때까지 띠의 한 쪽 끝을 반대편의 안쪽에 넣는다.

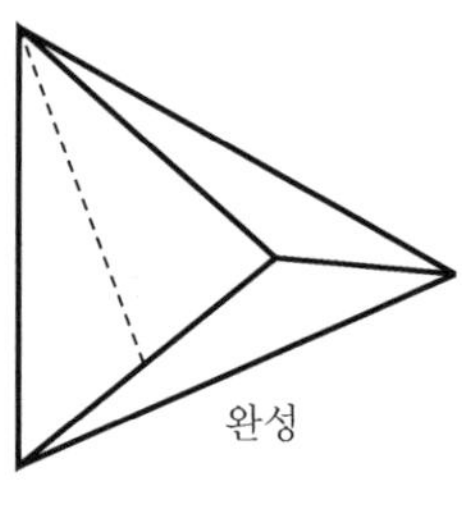

완성

교사용 Tip

■ Tip 하나. 정사면체를 연결하여 시어핀스키 피라미드를 만들어보자.

준비물

학생 1인당 A4 1/2장, 투명 테이프

제작방법

① A4 1/8장을 접어서 정사면체를 만든다.

② 정사면체 4개로 모서리가 일직선이 되게 주의하면서 꼭짓점끼리 연결하여 가운데가 비어있는 정사면체 피라미드를 만든다.(1단계)

③ 1단계의 피라미드 4개를 가지고 같은 방법으로 피라미드를 만든다.(2단계)

④ 이런 식으로 반복하여 피라미드를 만들어 나감.

■ Tip 둘. 연결하는 방법

2단계의 피라미드부터는 계속해서 각 단계마다 6개의 모서리를 투명테이프로 전체를 발라주는 것이 모양을 유지하기에 좋다.
사진의 피라미드처럼 큰 구조물을 만들었을 경우에는 낚시줄을 이용해서 구조물을 천정에 몇 군데 고정시켜주면 하중을 줄일 수 있어서 오래 모양을 유지할 수 있다.

■ Tip 셋. 꿈이 있는 피라미드

학생들이 1단계 피라미드를 만들 때 준비된 종이에 자신의 소원을 한 가지씩 적게 하여 학교 축제 때 전시하는 것도 의미 있는 행사가 될 것이다.

■ Tip 넷. 피라미드 속의 수학

만들고자 하는 피라미드 높이를 학생들과 함께 결정하고 각 단계별로 높이와 필요한 개수를 학생들과 함께 예상하는 과정에서 학생들은 자연스럽게 수학적인 규칙성을 발견할 수 있을 것이고 이와 더불어 프랙탈에 관한 이야기도 나눌 수 있을 것이다. 겉넓이, 부피에 대한 탐구활동도 의미있는 활동이 될 것이다.

황금 직사각형 접기

색종이를 접어서 황금직사각형을 만들어보고 긴 변의 길이와 짧은 변의 길이의 비율을 구해보자

탐구 문제 11 종이를 접어서 황금직사각형을 만들어보아라.

□ 종이접기

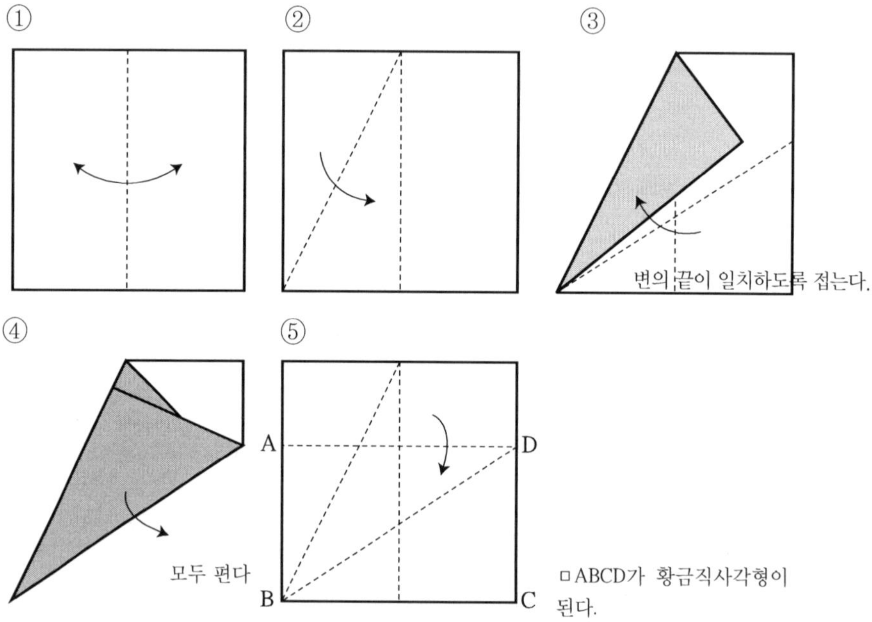

탐구 문제 12 탐구문제 11의 ⑤에서 선분AB와 선분 AD가 이루는 비율이 황금비$\left(1 : \frac{1+\sqrt{5}}{2}\right)$임을 증명하여라.

신토불이 황금비

고대 피타고라스 학파는 정오각형 안에 미의 기본인 황금비가 있는 것을 발견하고 정오각형으로 만들어진 별을 그들의 심볼마크로 만들어 자랑스럽게 가슴에 달고 다녔다고한다.
하지만 서양의 미의 기준과 동양의 미의 기준은 달라서 석굴암등의 동양의 건축물에는 $1 : \sqrt{2}$가 많이 쓰이고 있고 이를 **동양의 황금비**로 이름한다.
그리고 A4, B5 등의 규격용지의 가로 세로의 길이의 비도 $1 : \sqrt{2}$를 이루고 있는데 여기에도 도형의 닮음에 대한 수학이 숨어있다.

탐구 문제 13 종이를 접어서 동양의 황금직사각형을 만들어보아라.

□ 종이접기

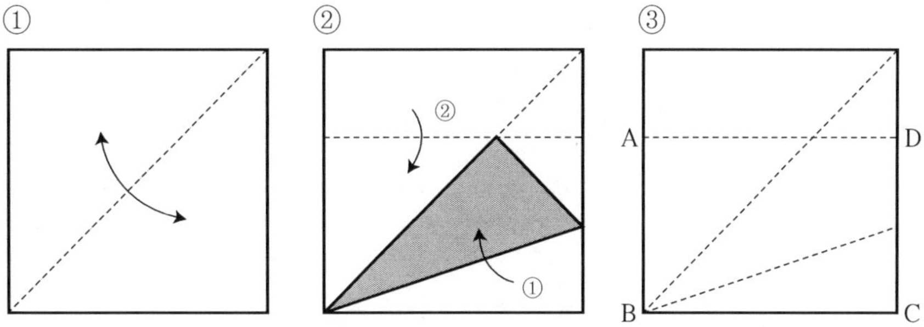

□ ABCD가 동양의 황금직 사각형이 된다.

탐구 문제 14 탐구문제 13의 ③에서 선분 AB와 선분 AD가 이루는 비율이 동양의 황금비 $(1 : \sqrt{2})$임을 설명하여라.

Q 문제 1 오른쪽 열과 같이 종이를 접었을 때 □ABCD에서 $\overline{AB} : \overline{AD} = 1 : \frac{1+\sqrt{5}}{2} \fallingdotseq 1 : 1.618$임을 설명하여라.

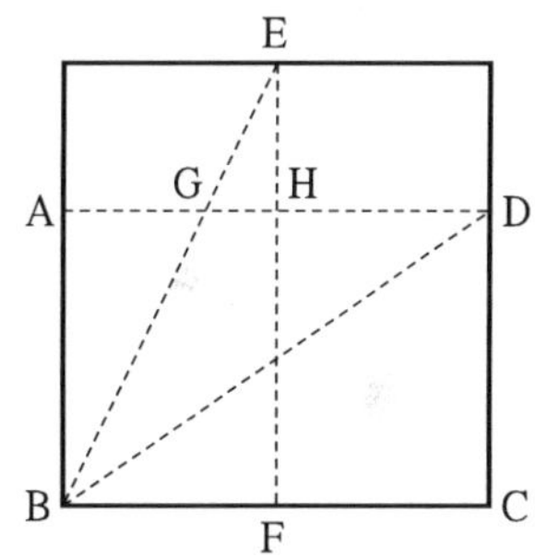

풀이 △EBF, △EGH, △BGA는 닮음이므로

$$\overline{AB} : \overline{AG} = \overline{EF} : \overline{BF} = 2 : 1$$

$\overline{AB}$의 길이를 1이라 두면 $\overline{AG}$의 길이는 $\frac{1}{2}$

피타고라스 정리에 의하여 $\overline{BG}$의 길이는 $\frac{\sqrt{5}}{2}$

△GBD가 이등변삼각형이므로 $\overline{AD} = \frac{1+\sqrt{5}}{2}$이다.

Q 문제 2 아래 ①, ②, ③과 같이 종이를 접었을 때 □ABCD는 동양의 황금비를 이룬다. 이를 설명하여라.

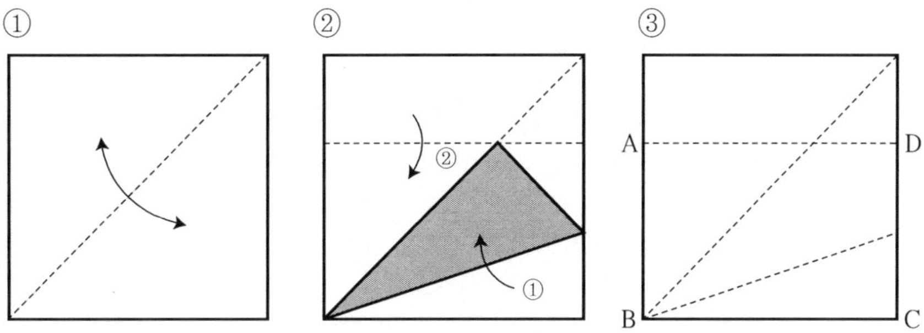

□ ABCD가
$\overline{AB} : \overline{AD} = 1 : \sqrt{2} \fallingdotseq 1 : 1.414$

(풀이) $\triangle$ABE는 직각이등변삼각형이므로 $\overline{AB}$의 길이를 1이라두면 $\overline{BE}$의 길이는 $\sqrt{2}$
$\triangle$EBF와 $\triangle$CBF가 합동이므로 $\overline{BC}$의 길이도 $\sqrt{2}$가 된다.
따라서 $\overline{AB} : \overline{AD} = 1:\sqrt{2} \fallingdotseq 1:1.414$}}

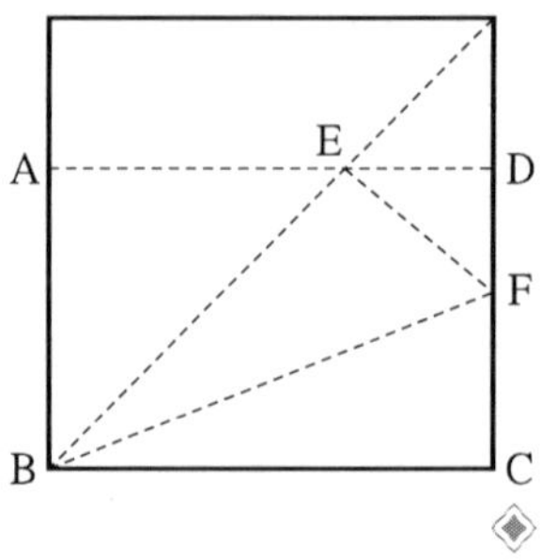

Q 문제 3 정삼각형 유니트와 정사각형 유니트를 활용하여 종이접기로 정다면체를 접어보자.

(풀이)

정삼각형 유니트_오른쪽 유니트 접기

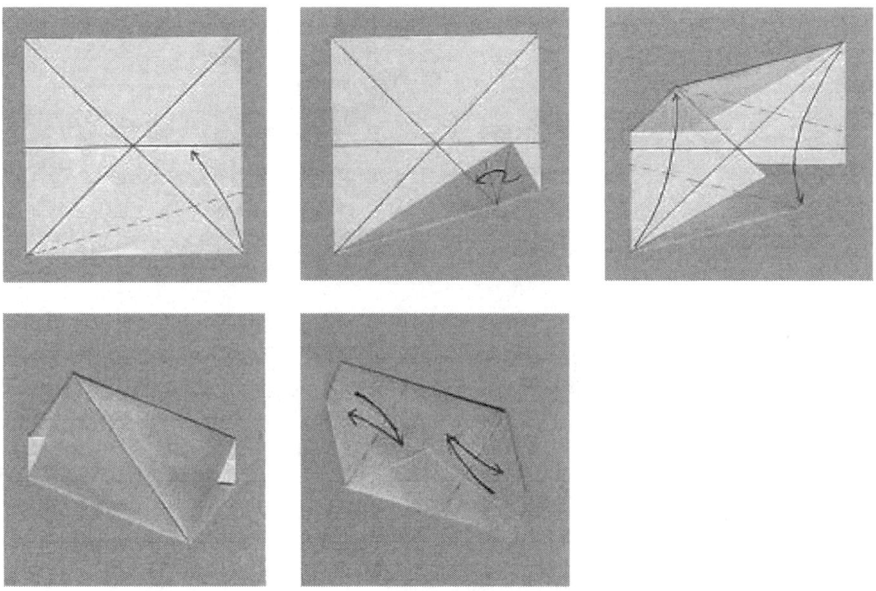

◎ 두 번째부터 좌, 우를 반대로 접으면 왼쪽 유니트가 된다.

정사각형 유니트

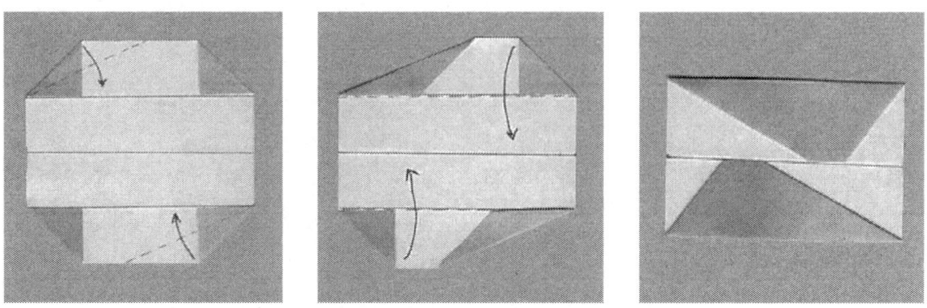

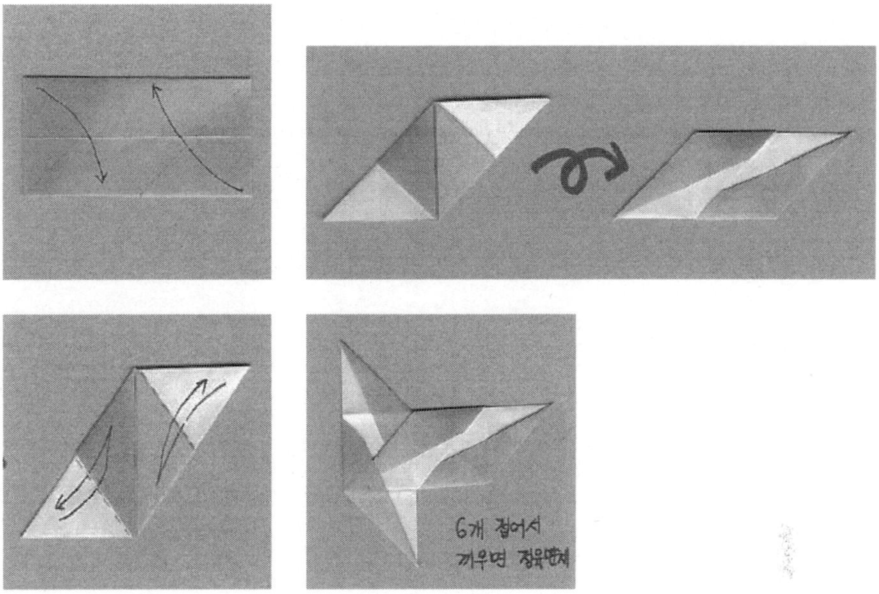

교사용 Tip

■ **유니트를 연결하여 정다면체를 만들어보자.**

① 정사면체 - 왼쪽 유니트 1개, 오른쪽 유니트 1개를 연결
② 정팔면체 - 같은 방향의 유니트 4개를 연결
③ 정이십면체 - 왼쪽 유니트 5개, 오른쪽 유니트 5개를 연결
④ 정육면체 - 정사각형 유니트 6개를 연결

108° 연결유니트 접기

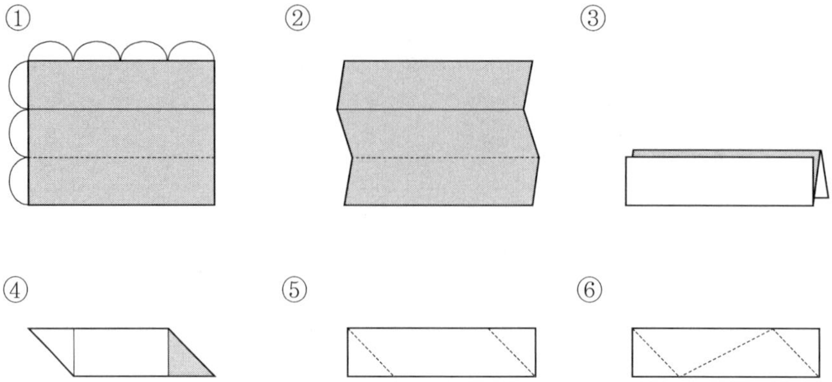

• 108° 모듈을 이용하여 정십이면체 접기

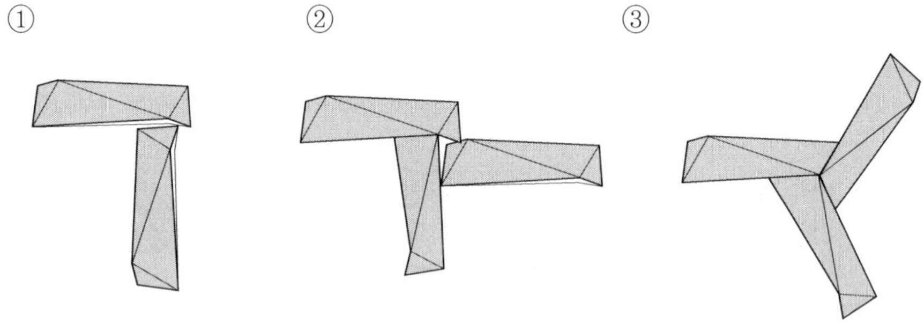

그림 ①처럼 유니트 b를 유니트 a에 끼운다. 또한 유니트 c를 유니트 b에 끼우면 고리가 하나 만들어진다. 계속하여 유니트 30개를 끼워 나가면 정십이면체를 만들 수 있다.

교사용 Tip

■ **확인해보자.**

$\overline{BC} = 2$, $\overline{AC} = \overline{CD} = 1$

$\tan a = \dfrac{\overline{BC}}{\overline{AC}} = 2$

$\therefore \angle BAC = a ≒ 63.44°$ $\angle CAD = 45°$, $\angle BAD ≒ 108°$

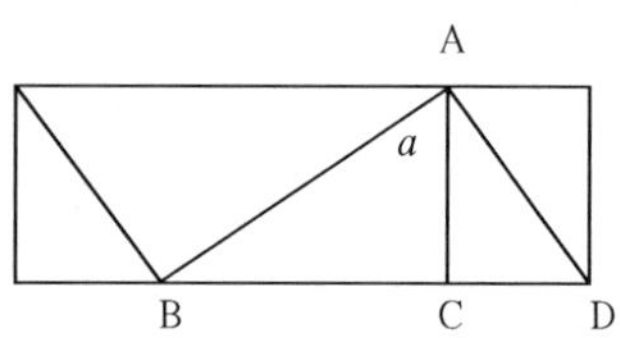

Q 문제 4 종이접기로 칠교판을 만들어보자.

(풀이)

칠교만들기

준비물

직각이등변 삼각형용 색종이 2장, 1/2 색종이 1장, 1/4 색종이 2장, 정사각형용 1/4 색종이 2장, 평행사변형용 1/4 색종이 1장

(1) 직각이등변삼각형 만들기-색종이 2장, 1/2 색종이 1장, 1/4 색종이 2장으로 각각 아래 그림과 같이 직각이등변 삼각형을 만든다.

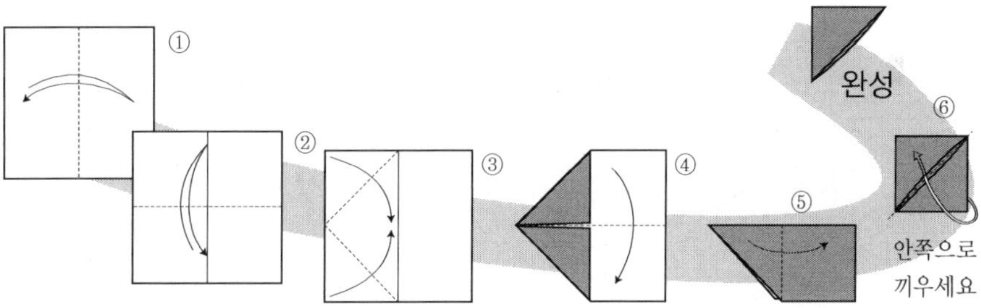

(2) 정사각형 만들기- 1/4 색종이 2장으로 아래 그림과 같이 정사각형을 만든다.

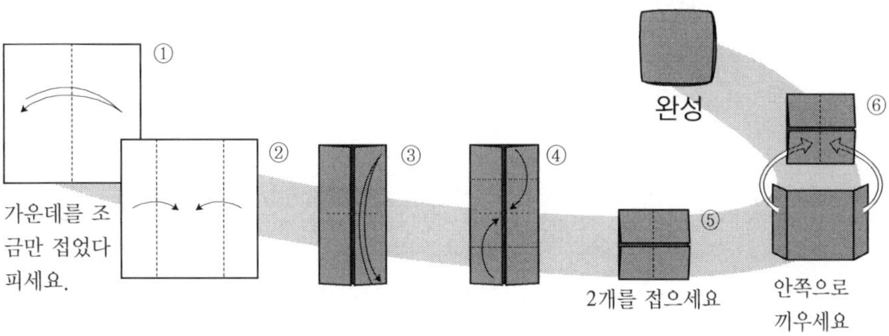

(3) 평행사변형 만들기-1/4 색종이 한 장으로 아래 그림과 같이 평행사변형을 만든다.

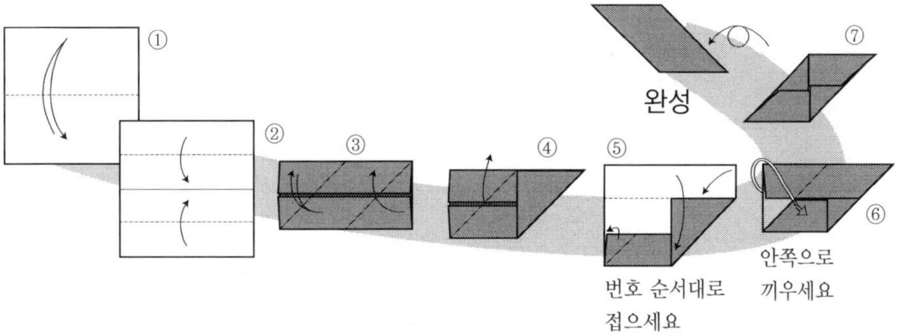

교사용 Tip

■ 칠교놀이

지혜놀이판 또는 탠그램으로도 불리워지면서 전세계적으로 보급되어져 있는 우리나라의 전통적인 놀이인 칠교놀이는 정사각형 모양을 잘라 만든 7개의 조각들로 도형 및 선, 동물, 기호, 촛대, 집, 배, 사람, 숫자 모양 등 독창적인 모양을 만드는 게임이다.

칠교놀이의 조각은 큰 직각이등변삼각형 2개, 작은 직각이등변삼각형 2개, 중간 크기의 직각이등변삼각형 1개, 작은 정사각형 1개, 평행사변형 1개의 5가지의 7개로 이루어져 있다. 조각의 모양과 개수는 무척 간단하지만 이것만으로 무궁무진하게 많은 모양을 만들 수 있다. 또, 여러 가지 다양한 모양들을 만들다 보면 숨어 있는 원리를 발견할 수 있는데, 일곱 개의 조각들은 각각 도형의 넓이와 변의 길이 사이가 일정한 비로 이루어져 있다.

도형의 모습이 어떻게 될 지 머리 속으로 상상하면서 조각들을 맞추어 보자. 저절로 도형에 대한 구성력, 창의력, 직관력 등이 발달할 것이다.

도시 미관에 대한 관심이 높아지는 가운데 최근 대형 건축물의 큰 벽면이나 지하철역 벽면 등에서 벽화나 타일조각 그림을 쉽게 볼 수 있다. 예를 들어 지하철 5호선 김포공항역 벽면은 7개의 조각을 가지고 여러가지 모양을 구성해 꾸몄다. 그런데 이 벽면 꾸미기는 우리나라 전통놀이인 칠교(7개 조각)를 판 위에 늘어놓아 모양을 만드는 칠교놀이를 응용한 것이다.

■ 중학교 교육과정과 칠교놀이

① 만들어진 도형들의 넓이에 대한 탐구활동(단, 정사각형의 넓이를 1로 두자.)
② 만들어진 도형들의 둘레의 길이에 대한 탐구활동(단, 정사각형의 넓이를 1로 두자.)
③ 2조각을 이용하여 정사각형을 만들어보자. 조각 수를 늘여가면서 정사각형을 만들고 그 넓이와 둘레의 길이에 대한 탐구활동이 이루어지도록 해보자.
④ 정사각형의 조각의 넓이를 1이라보고 넓이가 1부터 8까지의 정사각형을 모두 만들어보아라. 그리고 만들어진 정사각형들의 한 변의 길이를 구하여보아라.
⑤ 두 세트의 칠교에서 큰 삼각형 2개, 중간 삼각형 2개, 작은 삼각형 4개를 이용하여 피타고라스의 정리를 증명하여보라. ◈

3.2 삼각형 접기

출처 : 數學セミナ(2005年 4月)

Q 문제 5 (2005년 1월호에 게재) : 한 변의 길이가 $a(>0)$인 정사각형 종이를 이용하여 세변의 길이가 각각 a, b, c(단, $a \geq b \geq c,\ a < b + c,\ c > 0$)인 삼각형을 접어보아라.

(풀이) 두 가지 종이접기 방법과 각 종이접기 방법에 대한 설명을 제시한다.

□ 종이접기 1

단계1 먼저 한 변의 길이가 $a(>0)$인 정사각형 종이에서 주어진 조건

$$a \geq b \geq c,\quad a < b + c$$

을 만족하도록

$$\overline{BE} = \overline{CF} = b,\quad \overline{CH} = \overline{BG} = c$$

이며 밑변에 평행인 선분 EF, GH를 접어 만든다. ([그림 3-1] 참조)

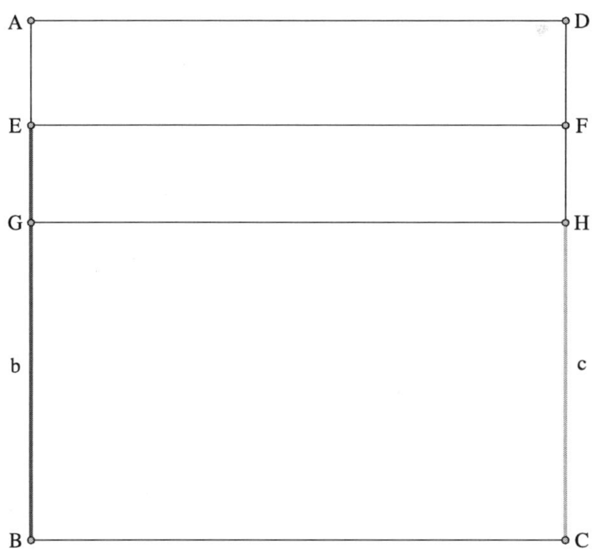

그림 3-1

단계2 두 점 E와 H가 포개어지도록 접어서(선분 EH의 수직이등분선을 접는 것이 됨.) 생기는 절선과 변 BC의 교점 I를 잡는다. ([그림 3-2] 참조)

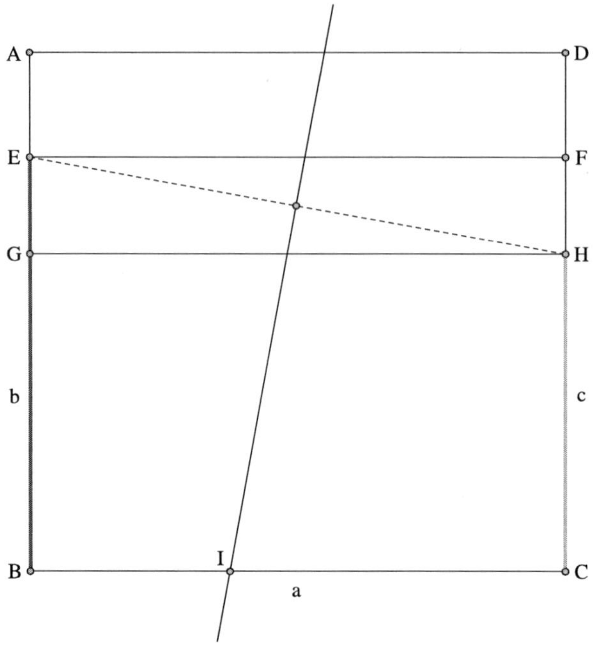

그림 3-2

단계3 점 I를 지나며 변 AB에 평행인 선분 IJ를 접어 만든다. ([그림 3-3] 참조)

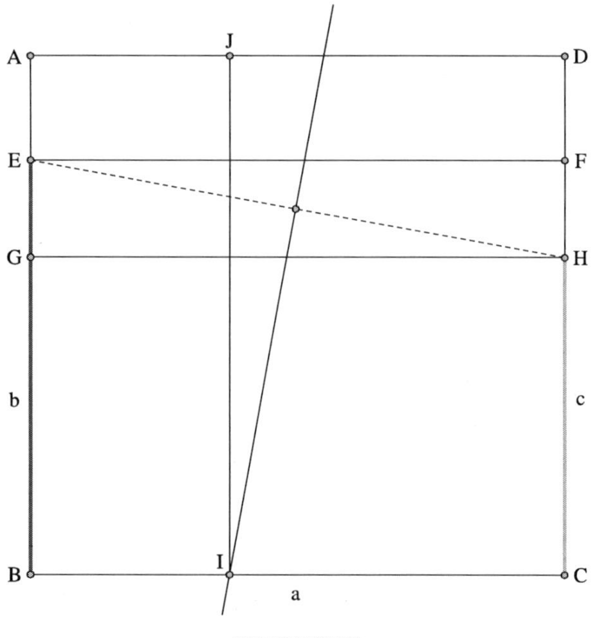

그림 3-3

단계4 점 B를 회전의 중심으로 하여 점 G가 선분 IJ 위에 오도록 접는다. 이때 선분 IJ 위에 나타나는 점을 G′이라 한다. ([그림 3-4] 참조)

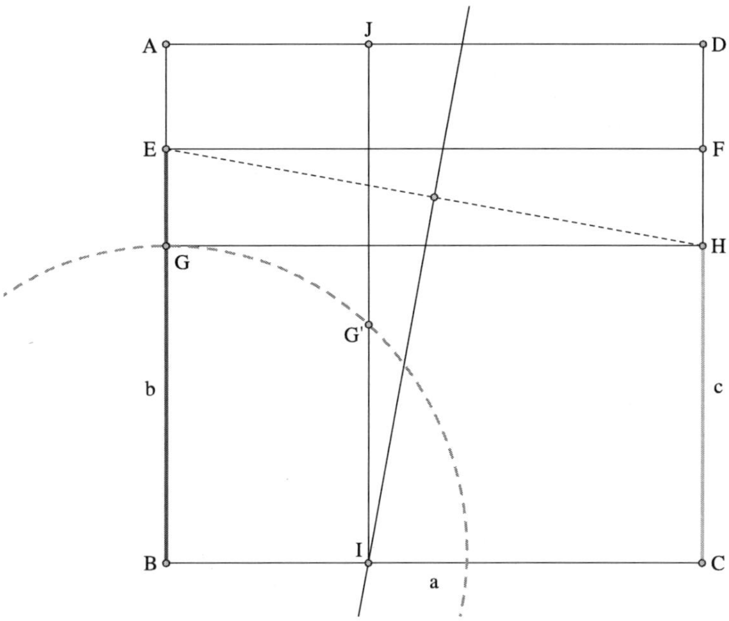

그림 3-4

단계5 점 C를 회전의 중심으로 하여 점 F가 선분 IJ 위에 오도록 접는다. 이때 선분 IJ 위에 나타나는 점을 F′이라 한다. ([그림 3-5] 참조)

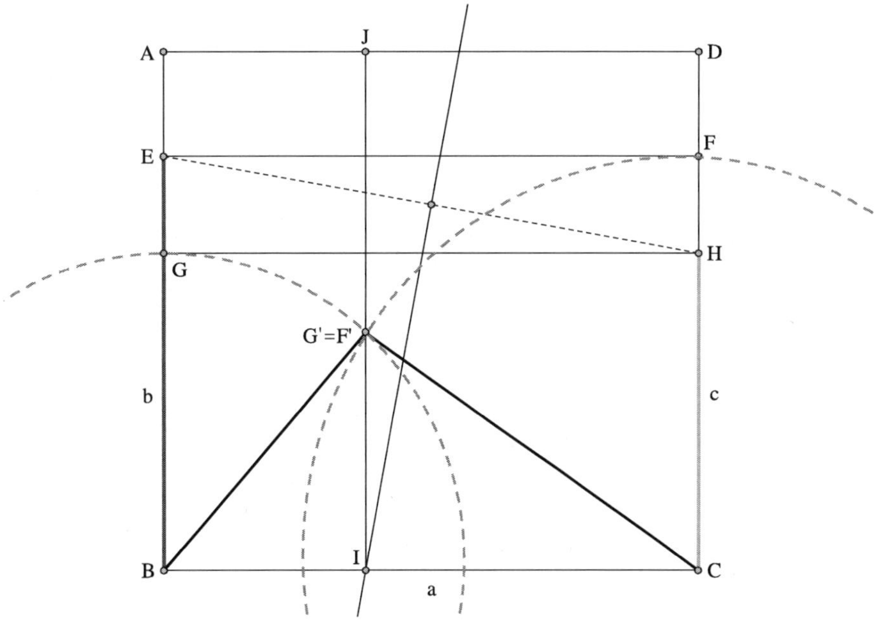

그림 3-5

단계6 이때 점 G′과 F′은 일치하며, $\triangle G'BC$(또는 $\triangle F'BC$)가 구하고자 하는 삼각형이다([그림 3-5] 참조). (따라서 꼭짓점의 위치가 결정되므로, 실제로는 단계4 또는 단계5 중에 어느 하나는 불필요하게 된다.)

종이접기 1의 설명

먼저 [그림 3-2]로부터 $\triangle EIH$는

$$\overline{IH} = \overline{IE}$$

인 이등변삼각형임을 알 수 있다. 또, $\triangle ICH$와 $\triangle IBE$는 모두 직각삼각형이므로 피타고라스의 정리로부터

$$\overline{IH}^2 = \overline{IC}^2 + c^2, \quad \overline{IE}^2 = \overline{IB}^2 + b^2$$

이 성립한다. 따라서

$$\overline{IC}^2 + c^2 = \overline{IB}^2 + b^2, \text{ 즉 } c^2 - \overline{IB}^2 = b^2 - \overline{IC}^2.$$

한편 [그림 3-4]와 [3-5]에서

$$\overline{BG} = \overline{BG'} = c, \quad \overline{CF} = \overline{CF'} = b$$

이므로

$$\overline{IG}^2 = c^2 - \overline{IB}^2, \quad \overline{IF'}^2 = b^2 - \overline{IC}^2.$$

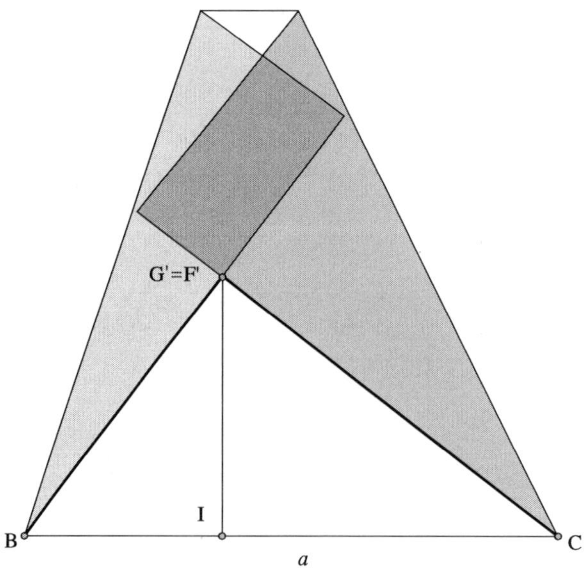

그림 3-6 구하는 삼각형

따라서 $\overline{IG'}^2 = \overline{IF'}^2$ 즉 $\overline{IG'} = \overline{IF'}$. $\therefore G' = F'$.

이때 $\triangle G'BC$ (또는 $\triangle F'BC$)가 구하고자 하는 삼각형이다.

([그림 3-6] 참조]) ◈

종이접기 1의 설명

한 변의 길이가 a인 정사각형 종이 위에 세 변의 길이가 각각 a, b, c인 $\triangle ABC$를 [그림 3-7]과 같이 만들어 꼭짓점 A에서 밑변 BC에 내린 수선의 발을 K라 하면

$$\overline{BK} = \frac{a^2 - b^2 + c^2}{2a}, \quad \overline{CK} = a - \frac{a^2 - b^2 + c^2}{2a} = \frac{a^2 - b^2 + c^2}{2a}$$

이다. 이 사실을 이용하여 증명할 수도 있다. 실제로 위의 [그림 3-5]에서 $\overline{IC} = x$라 하면

$$\overline{IH}^2 = x^2 + c^2, \quad \overline{IE}^2 = b^2 + (a - x)^2.$$

그런데 $\overline{IH} = \overline{IE}$이므로

$$x^2 + c^2 = b^2 + (a - x)^2.$$

$$\therefore 2ax = a^2 + b^2 - c^2, \text{ 즉 } x = \frac{a^2 + b^2 - c^2}{2a}.$$ ◈

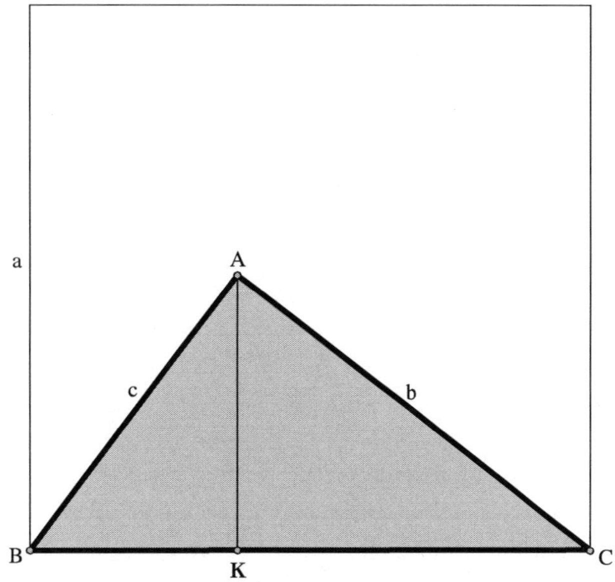

그림 3-7

참고

앞서 소개한 방법 이외에도 비교적 접는 방법이 간단한 다음과 같은 종이접기 및 증명도 게재되어 있다.

□ 종이접기 2

단계1 한 변의 길이가 a인 정사각형 종이 ABCD의 변 BC 위에 $\overline{CE}=c$인 점 E를 잡은 후, 선분 EA 위에 $\overline{EF}=b$인 점 F를 잡는다. ([그림 3-8] 참조)

단계2 점 E를 회전의 중심으로 점 F가 변 CD 위에 오도록 접었을 때 얻어지는 점을 G라 한다. ([그림 3-8] 참조)

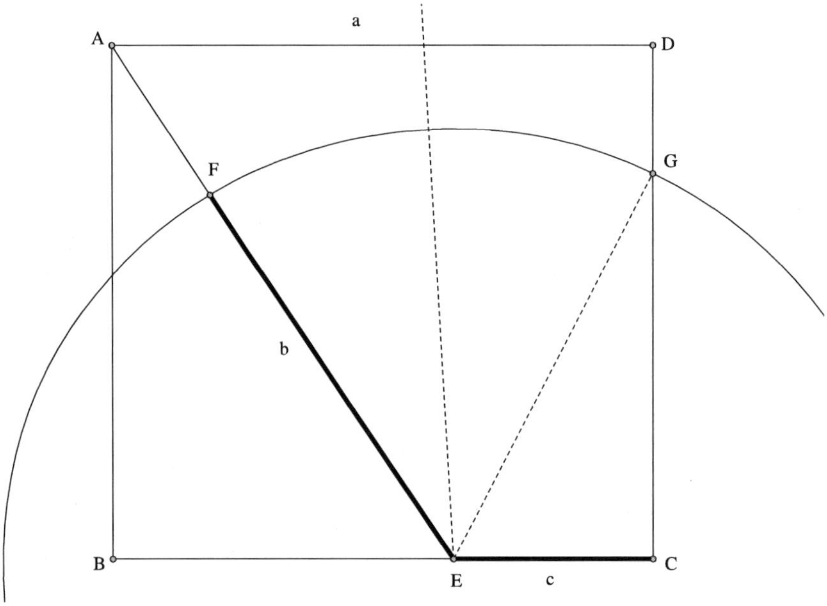

그림 3-8

단계3 점 B와 G가 포개어지도록 접었을 때 생기는 절선(실제로 선분 BG의 수직이등분선)이 변 BG, BC와 각각 만나는 점을 차례로 H, I라 한다. ([그림 3-9] 참조)

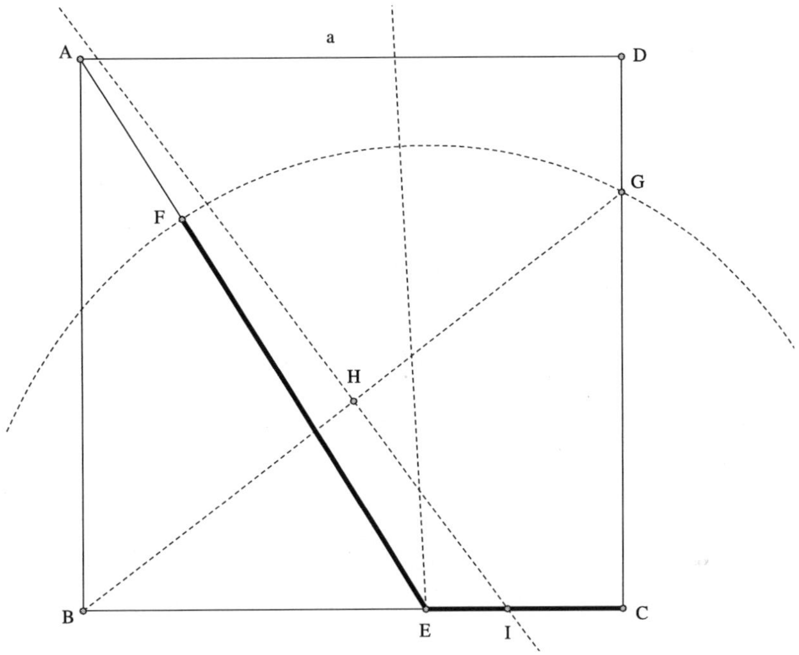

그림 3-9

단계4 점 B와 G가 포개어지도록 접었을 때 생기는 절선(실제로 선분 BG의 수직이등분선)이 변 BG, BC와 각각 만나는 점을 차례로 H, I라 한다. ([그림 3-9] 참조)

단계5 점 I를 회전의 중심으로 점 C가 선분 IB 위에 오도록 접었을 때 생기는 절선을 l이라 한다. 또, 점 C를 회전의 중심으로 점 E가 직선 l 위에 오도록 접었을 때 생기는 점을 K라 한다. ([그림 3-10] 참조) 이때 △KBC가 구하고자 하는 삼각형이다.

종이접기 2의 설명

$\overline{BC}=a$임은 당연하므로 $\overline{CK}=c$, $\overline{BK}=b$임을 보이기로 한다.

먼저 $\overline{EG}=b$이므로

$$\begin{aligned}\overline{BG}^2&=\overline{BC}^2+\overline{CG}^2\text{(피타고라스의 정리)}\\&=\overline{BC}^2+\overline{EG}^2-\overline{CE}^2\text{(피타고라스의 정리)}\\&=a^2+b^2-c^2.\end{aligned}$$

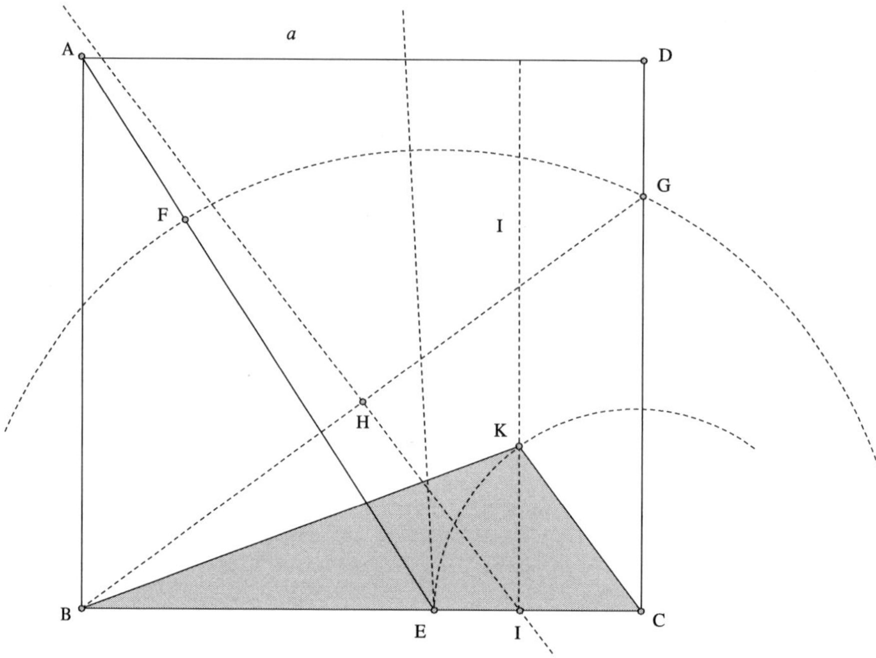

그림 3-10

한편 $\overline{HI}$는 $\overline{BG}$의 수직이등분선이므로

$$\overline{BH}=\frac{1}{2}\overline{BG},\quad \angle BHI=90°.$$

따라서 $\triangle BHI \backsim \triangle BCG$.

$$\therefore \frac{\overline{BI}}{\overline{BH}}=\frac{\overline{BG}}{\overline{BC}},\ \text{즉}\ \ \overline{BI}=\frac{\overline{BG}\times\overline{BH}}{\overline{BC}}=\frac{\overline{BG}^2}{2\overline{BC}}=\frac{a^2+b^2-c^2}{2a}.$$

그러므로

$$\overline{IC}=\overline{BC}-\overline{BI}=a-\frac{a^2+b^2-c^2}{2a}=\frac{a^2-b^2+c^2}{2a}.$$

한편 $\angle BIK=90°$ $\overline{CK}=\overline{CE}=c$ 이며, 더욱이 피타고라스의 정리로부터

$$\begin{aligned}\overline{BK}^2&=\overline{BI}^2+\overline{IK}^2\\&=(\overline{BC}-\overline{IC})^2+\overline{CK}^2-\overline{IC}^2=\overline{BC}^2-2\overline{BC}\times\overline{IC}+\overline{CK}^2\\&=a^2-2a\times\frac{a^2-b^2+c^2}{2a}+c^2=b^2.\end{aligned}$$

$$\therefore \overline{BK}=b.$$

따라서 $\triangle KBC$는 $\overline{BC}=a,\ \overline{CK}=c,\ \overline{BK}=b$인 삼각형이다. ◈

3.3 종이접기와 배적(倍積)문제

출처 : 數學セミナ(2006年 1月)

3.3.1 포물선 $y=\frac{1}{2}x^2$과 $y^2=4x$의 공통접선 접기

먼저 좌표평면 위의 두 점 $P(0, \frac{1}{2})$와 $Q(1, 0)$가 각각 직선 $l: y=-\frac{1}{2}$과 $m: x=-1$ 위에 오도록 접는다. ([그림 3-11] 참조)

점 P, Q가 각각 직선 l, m 위에서 포개어지는 점을 P′, Q이라 하면 절선상의 모든 점은 두 점 P, P′으로부터 같은 거리에 있다. 따라서 절선은 점 P와 직선 l로부터 같은 거리에 있는 점으로 이루어진 곡선(실제로 점 P를 초점, 직선 l을 준선으로 갖는 포물선으로, 방정식은 $y=\frac{1}{2}x^2$임에 접함을 알 수 있다. ([그림 3-12] 참조)

점 Q와 직선 m에 대해서도 마찬가지로 절선은 점 Q를 초점, 직선 m을 준선으로 갖는 포물선 $x=\frac{1}{4}y^2$에 접한다. 그러므로 이 절선은 두 포물선의 공통접선이다.

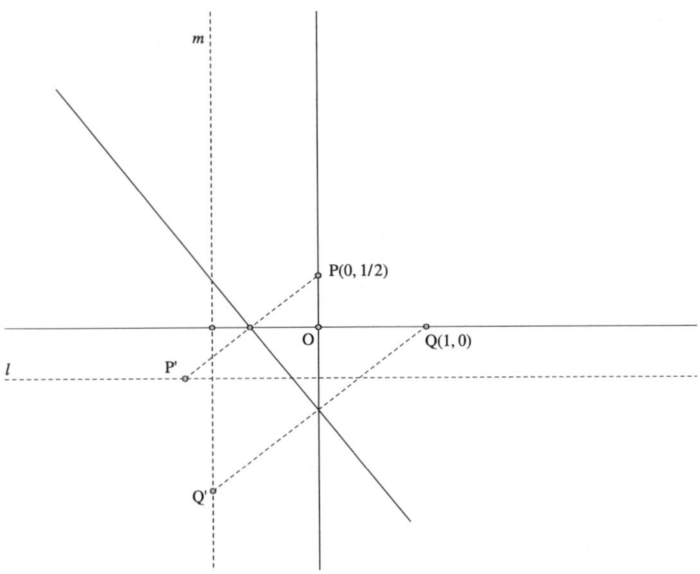

그림 3-11

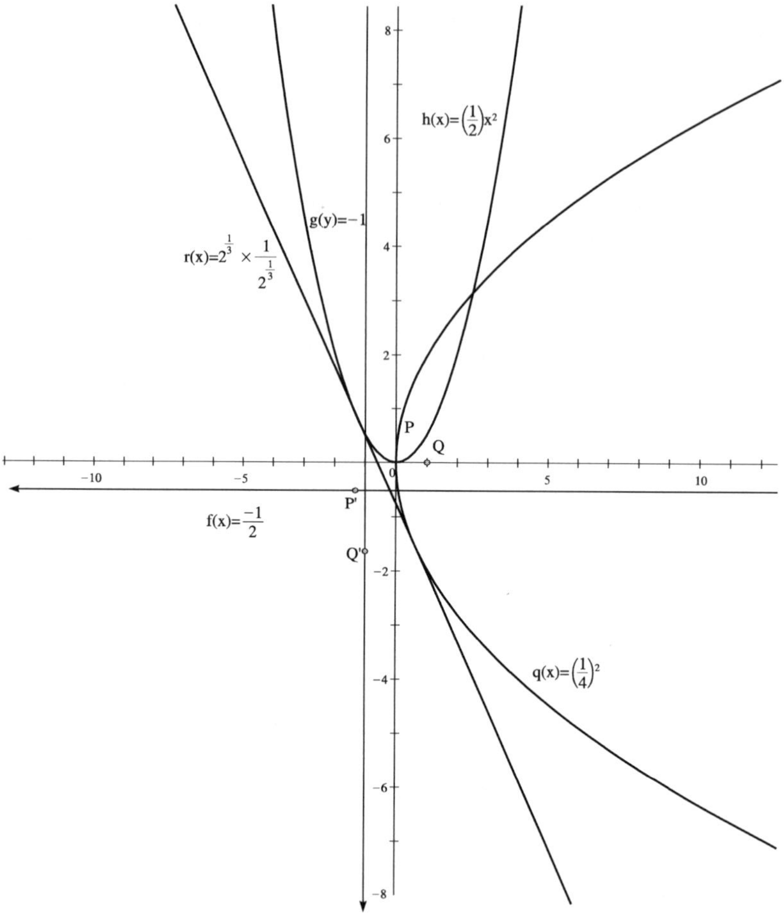

그림 3-12

참고

일반적으로 포물선 $y^2 = 4px$의 준선 $x = -p$ 상의 임의의 점 $(-p, y_0)$과 초점 $Q(p, 0)$를 잇는 선분의 수직이등분선은 항상 이 포물선에 접한다. 실제로 점 $(-p, y_0)$과 초점 $Q(p, 0)$를 잇는 선분의 수직이등분선의 방정식은

$$y = \frac{2p}{y_0 x} + \frac{y_0}{2}$$

이므로, 이 수직이등분선과 포물선 $y^2 = 4px$와의 교점은

$$(\frac{2p}{y_0 x} + \frac{y_0}{2})^2 = 4px, \text{ 즉 } (\frac{2p}{y_0})^2 x^2 - 2px + (\frac{y_0}{2})^2 = 0$$

의 판별식

$$D = p^2 - (\frac{2p}{y_0})^2 (\frac{y_0}{2})^2 = 0$$

이므로 단 한 개뿐임을 알 수 있다. 따라서 수직이등분선은 포물선의 접선이다.
한편 수직이등분선상의 점으로 포물선 $x^2 = 4py$ 위에 놓여있는 점 R은 위의 [그림 3-13]에서처럼

$$\angle Q'GR = 90^\circ$$

를 만족하며, 수직이등분선상의 점으로 R 이외의 어떤 점도 포물선 위에 놓여있지 않음을 알 수 있다. 따라서 이 수직이등분선은 포물선 $x^2 = 4py$의 접선이며, 그 접점은 R이다. 접점 R의 좌표는

$$\left(\frac{y_0^2}{4p}, y_0\right)$$

임을 쉽게 알 수 있다.

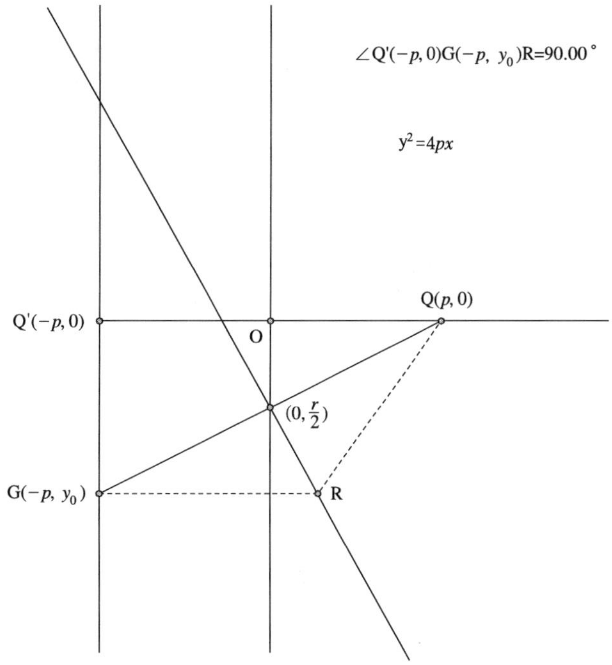

그림 3-13

지금부터 이 절선의 방정식을 구해보기로 한다. 먼저 절선 n의 방정식을

$$y = ax + b$$

라 두고, 점 (p, q)에서 포물선 $y = \frac{1}{2}x^2$에 접한다고 한다. 그런데 점 (p, q)를 지나는 포물선 $y = \frac{1}{2}x^2$의 접선의 방정식은

$$y + q = px$$

이므로, 이것과 절선 n의 방정식을 비교하면

$$a = p, \quad b = -q \text{ ---------- ①}$$

임을 알 수 있다. 한편 점 (p, q)는 포물선 위에 놓여있으므로 $2q = p^2$이 성립함으로 (1)로부터

$$-2b = a^2 \text{ ---------- ②}$$

이 성립함을 알 수 있다.

이제 점 (p', q')에서 절선 n이 나머지 포물선 $x = \frac{1}{4}y^2$에 접하고 있다고 한다. 이때 접선의 방정식은

$$q'y = 2(x + p')$$

이므로

$$a = \frac{2}{q'}, \quad b = -\frac{2p'}{q'}.$$

한편 $q'^2 = 4p'$이므로

$$ab = 1 \text{ ---------- ③}$$

이 성립한다. 따라서 ②와 ③으로부터

$$a^3 = -2. \text{ ---------- ④}$$

다시 말해서

$$a = \sqrt[3]{-2}$$

임을 알 수 있다.

위의 사실로부터 다음을 알 수 있다

종이접기로 기울기가 $\sqrt[3]{-2}$인 직선을 작도할 수 있으며, 더욱이 길이가 $\sqrt[3]{-2}$인 선분을 그릴 수 있다. 이와 같은 작도는 어디까지나 종이접기를 이용한 것으로 눈금이 없는 자와 컴퍼스만을 사용하는 고전적인 작도에서는 불가능한 것이다.

참고

일반적으로 위에서와 같은 종이접기로 임의의 삼차방정식의 실근을 구할 수 있다. 예컨대 삼차방정식

$$x^3 + cx + d = 0$$

의 실근은 아래와 같은 두개의 포물선

$$x^2 = 2y, \quad (y - \frac{c}{2})^2 = 2dx$$

의 공통접선(의 기울기)을 종이접기로 구하면 됨을 알 수 있다. 실제로 공통접선의 방정식을

$$y = ax + b$$

라 두면 포물선 $x^2 = 2y$로부터 등식②가 성립함을 이미 알고 있다.

한편 포물선 $(y - \frac{c}{2})^2 = 2dx$로부터

$$d = a(2b - c) \text{ ------------------------------------- ⑤}$$

이 성립함을 알 수 있다. 그러므로 ②와 ⑤로부터

$$d^2 = -(q' + \frac{c}{2})(q' - \frac{c}{2})^2.$$

따라서

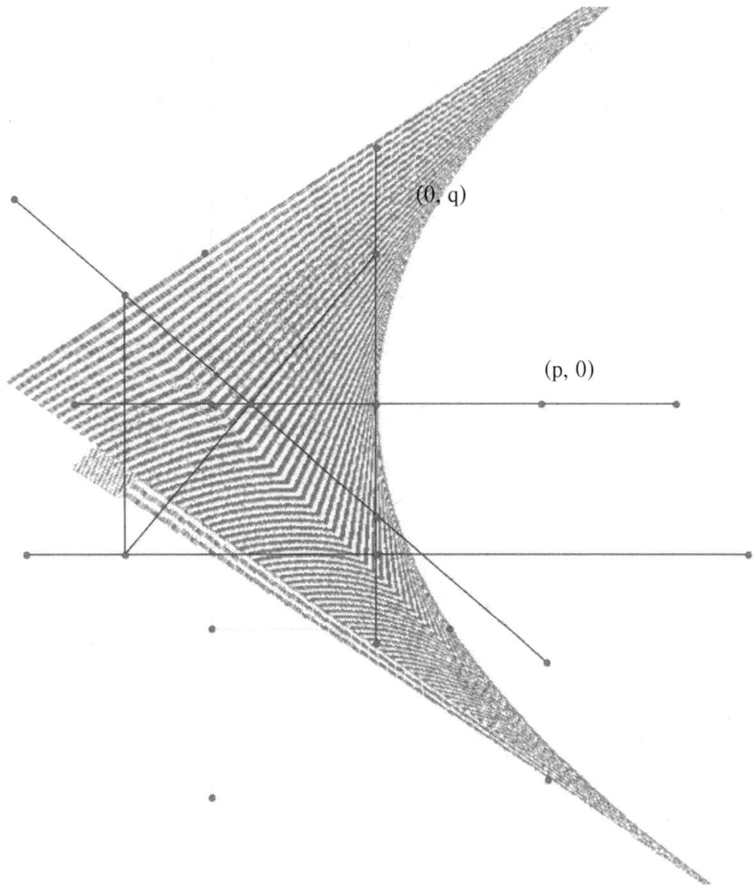

그림 3-14

$$a^3 + ca + d = d\{d^2 + c(q' - \frac{c}{2})^2 + (q' - \frac{c}{2})^3\}$$
$$= d\{-(q' - \frac{c}{2})^3 + (q' - \frac{c}{2})^3\} = 0$$

이다. 즉, 기울기 a는 삼차방정식 $x^3 + cx + d = 0$의 실근이다.

3.3.2 배적문제

종이접기로 2의 세제곱근을 작도할 수 있으므로 배적문제의 작도 또한 종이접기로 가능하다. 즉, 주어진 정육면체의 한 변의 길이를 $\frac{1}{\sqrt[3]{2}}$배로 축소하여 상자를 접으면 부피가 $\frac{1}{2}$배인 정육면체를 만들 수 있다.

지금부터 주어진 선분의 길이를 $\frac{1}{\sqrt[3]{2}}$배로 축소한 선분을 종이접기로 작도하여 보기로 한다.

이를 위하여 한 변의 길이가 x인 정사각형종이를 [그림 3-15]의 왼쪽 그림에서처럼 한 변의 길이를 Haga의 제1기본정리(1.2절 참고)에 따라 삼등분한다. 이때 [그림 3-15]의 오른쪽 그림과 같이

$$\overline{BP'} = 1, \qquad \overline{BC} = y$$

로 두면 $\overline{CP'} = x - y$이므로 피타고라스의 정리로부터

$$1 + y^2 = (x - y)^2 \quad \text{①}$$

을 얻을 수 있다.

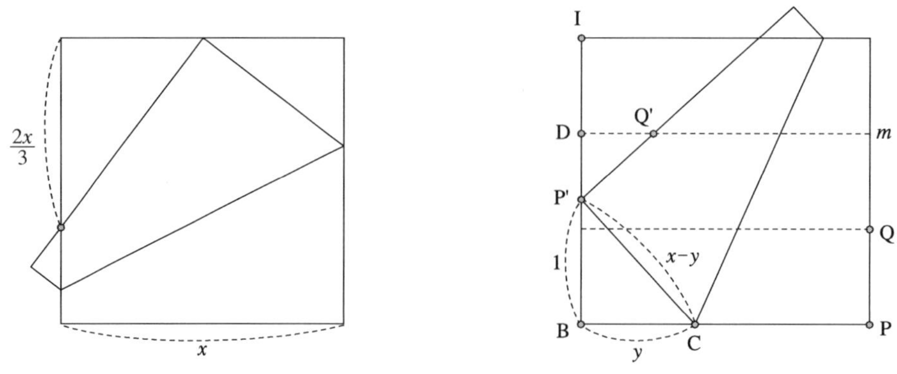

그림 3-15

한편 $\triangle DP'Q' \backsim \triangle BCP'$이며 $\overline{P'Q'} = \frac{x}{3}$이므로

$$\left(\frac{2x}{3} - 1\right) : \frac{x}{3} = y : (x - y) \quad \cdots\cdots ②$$

①에서 $y = x^2 - \frac{1}{2x}$이므로 이를 ②에 대입하면

$$x^3 - 3x^2 + 3x - 3 = 0,\ 즉\ (x-1)^3 = 2$$

따라서

$$x = 1 + \sqrt[3]{2}.$$

위의 사실을 이용하여 정사각형의 한 변의 길이를 $\frac{1}{\sqrt[3]{2}}$배한 정사각형을 아래의 [그림 3-16]에서처럼 만들 수 있다.

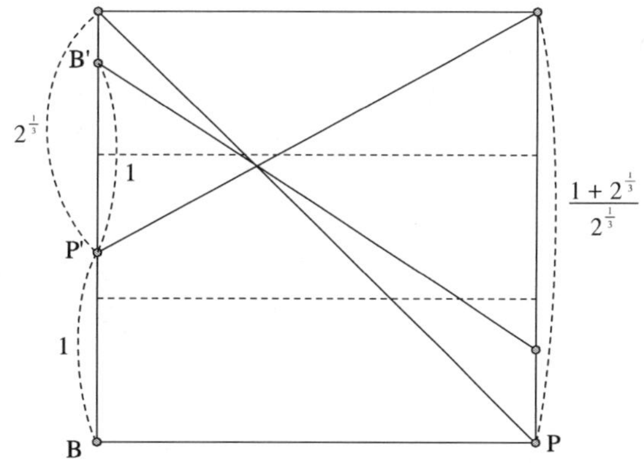

그림 3-16

3.4 피타고라스 삼각형과 종이접기

출처 : 數學セミナ(2006年 1月)

이미 1.2절에서 다루었듯이 한 변의 길이가 1인 정사각형종이 ABCD의 윗변 AB의 중점 E를 잡아 Haga의 제1종이접기를 시행하면 [그림 3-17]처럼 3개의 피타고라스 삼각형 AEI, BFE, GFH가 얻어진다는 것은 잘 알려져 있다.[3)]

3) 芳賀和夫(Haga Kazuo), Origamics I, 日本評論社 1999.

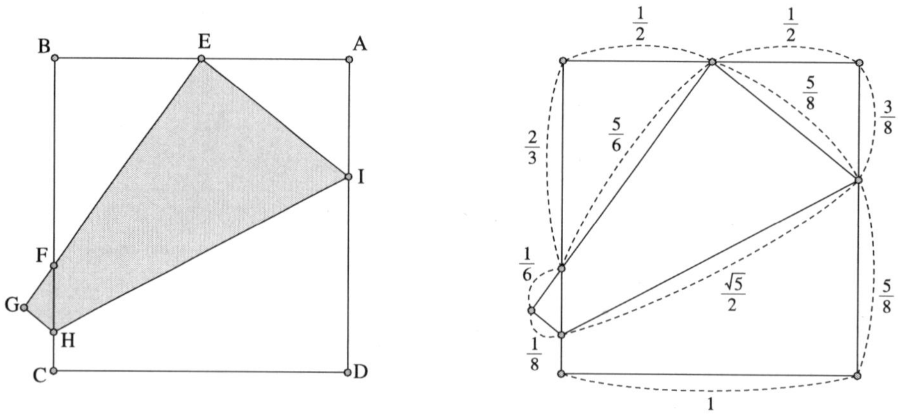

그림 3-17

한편 한 변의 길이가 1인 정사각형종이의 이웃하는 두 변의 중점을 아래의 [그림 3-18]에서처럼 P, Q라 하고 태선을 따라 접어서 생기는 교점을 H라 하면, H는 선분 OP를 4 : 1로, 선분 QR을 3 : 2로 각각 내분한다. 더욱이 $\overline{OQ}$는 $\overline{OP}$와 점 O를 지나는 대각선에 대해서 대칭이므로

$$\overline{OQ} : \overline{OH} : \overline{HQ} = 5 : 4 : 3$$

이다. 따라서 $\triangle$OHQ는 5 : 4 : 3인 직각삼각형이다. 이와 같은 직각삼각형을 5 : 4 : 3인 **피타고라스 삼각형**이라 부르기도 한다.

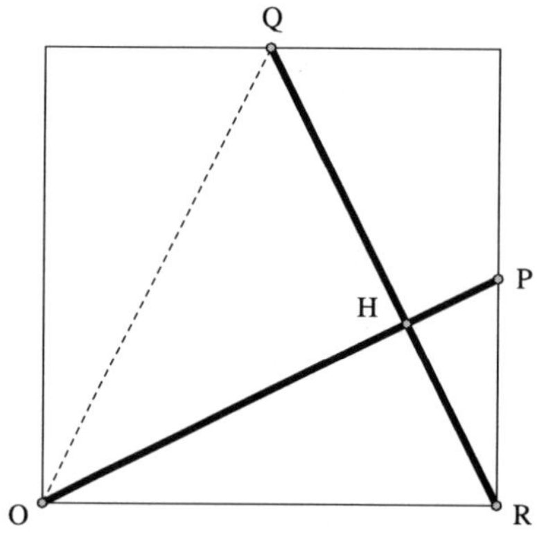

그림 3-18

[그림 3-19]의 왼쪽 그림은 $\overline{OQ} : \overline{OH} : \overline{HQ} = 5 : 4 : 3$라는 사실을 쉽게 눈으로 확인할 수 있도록 그림에 좌표를 넣어 본 것이며, 오른쪽 그림은 $\overline{OP}$와 $\overline{OQ}$가 점 O를 지나는 대각선에 대해서 대칭임을 감안하여 만든 것이다.

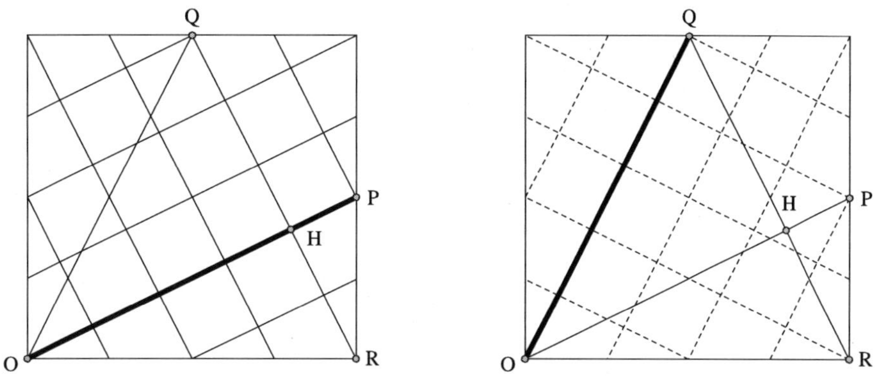

그림 3-19

[그림 3-19]의 두 그림에서의 격자점 P, Q를 다음과 같이 해석할 수도 있다. 좌표계가 설정된 용지 두매를 원점 O 둘레로, 각각의 회전량(회전각 α의 $\tan\alpha$)을 $\frac{1}{2}$로 서로 역방향으로 회전시켰을 때, 즉 한쪽 좌표계를 고정하고 다른 쪽 좌표계를 원점 O 둘레로 회전량을

$$\tan 2\alpha = \frac{2\tan\alpha}{1-\tan^2\alpha} = \frac{4}{3}$$

로 회전시켰을 때 포개어지는 격자점이다. 그러므로 보다 일반적으로 다음을 말할 수 있겠는가?[4)]

좌표계가 설정된 용지 두매를 원점 O 둘레로 서로 반대방향으로 회전시켰을 때 포개어지는 격자점이 생기면 그 격자점을 정점으로 하는 피타고라스 삼각형을 얻을 수 있다.

실제로 좌표계가 설정된 용지 두매에 대해서 각각의 회전량을 $\frac{1}{3}, \frac{2}{3}, \frac{1}{4}, \frac{3}{4}, \frac{1}{5}, \cdots$ 등으로 하여 관찰한 결과는 다음과 같다.

4) 右左見直英(Usami Naohide), ピタゴラスの三角形と折り紙, 數學セミナ 2006, 01

$\frac{1}{3}$, 즉 $\tan 2\alpha = \frac{3}{4}$에서는 10 : 6 : 8 = 5 : 3 : 4,

$\frac{2}{3}$, 즉 $\tan 2\alpha = \frac{12}{5}$ 에서는 13 : 12 : 5,

$\frac{1}{4}$, 즉 $\tan 2\alpha = \frac{8}{15}$ 에서는 17 : 8 : 15,

$\frac{3}{4}$, 즉 $\tan 2\alpha = \frac{24}{7}$ 에서는 25 : 24 : 7,

$\frac{1}{5}$, 즉 $\tan 2\alpha = \frac{5}{12}$ 에서는 26 : 10 : 24 = 13 : 5 : 12.

$\vdots$

지금까지의 실험적인 결과를 토대로 보다 일반적인 경우를 생각하기로 한다.

먼저 한 변의 길이가 1인 정사각형종이의 윗변과 오른쪽 변을 각각 m 등분하여 윗변의 오른쪽 단으로부터 n번째인 분점을 Q, 오른쪽 변의 아래로부터 n번째인 분점을 P라 한다. 이때 [그림 3-20]에서처럼 선분 OP, OQ를 절선으로 접은 후 점 Q를 지나고 $\overline{OP}$에 수직이 되도록 접으면 피타고라스 삼각형이 생긴다. 다시 말해서

> 점 Q를 지나고 $\overline{OP}$에 수직인 절선이 $\overline{OP}$와 만나는 점을 H라 하면 $\triangle QOP$는 직각삼각형이며, 더욱이
>
> $$\overline{OQ} : \overline{OH} : \overline{QH} = m^2 + n^2 : 2mn : m^2 - n^2$$
>
> 를 만족한다.

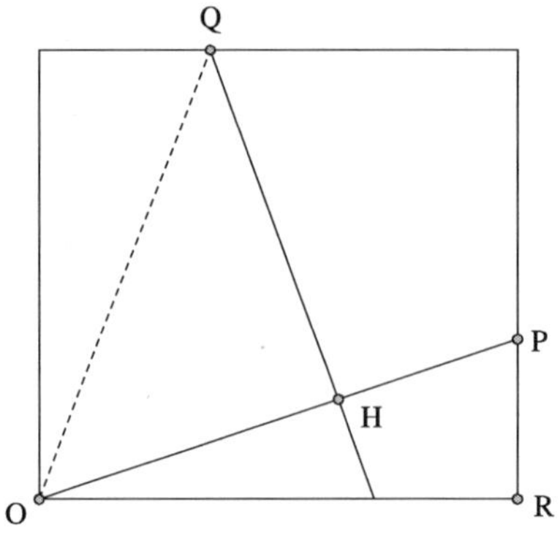

그림 3-20

(풀이) [그림 3-21]에서처럼 정사각형의 꼭짓점 S에서 $\overline{OP}$에 내린 수선이 $\overline{OP}$, $\overline{OR}$과 만나는 점을 차례로 T, U라 하면

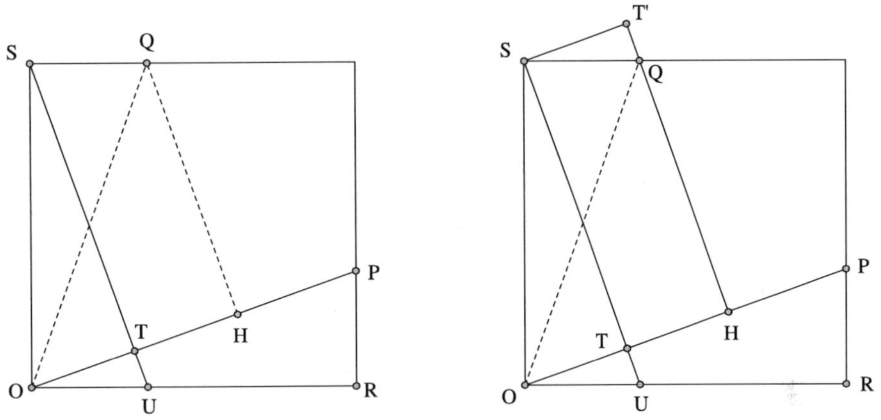

그림 3-21

$\triangle ORP \equiv \triangle SOU$, $\triangle ORP \backsim \triangle STO \backsim \triangle OTU$

이며, 더욱이 $\triangle STO$와 $\triangle OTU$의 닮음비는

$$\overline{SO} : \overline{OU} = m : n$$

이다. 이제 m, n의 최소공배수를 mn(즉, m, n은 서로소)이라 하여

$$\overline{OT} = mn$$

이라 두면

$$\overline{TU} = n^2, \qquad \overline{ST} = m^2.$$

따라서

$$\overline{OU} = \overline{RP} = \overline{SQ}.$$

[그림 3-21]에서처럼 점 S를 지나고 $\overline{OP}$에 평행인 직선과 $\overline{HQ}$의 연장선이 만나는 교점 T′을 잡아 직사각형 STHT′을 만들면

$$\triangle OUT \equiv \triangle SQT'$$

이다.

$\overline{OQ} = \overline{SU} = m^2 + n^2$, $\overline{OH} = 2\overline{OT} = 2mn$, $\overline{QH} = \overline{ST} - \overline{T'Q} = m^2 - n^2$.

즉, △QOH는

$$\overline{OQ} : \overline{OH} : \overline{QH} = m^2 + n^2 : 2mn : m^2 - n^2$$

인 피타고라스 삼각형이다. ◈

나의 노트

참고문헌

[1] 강신민 · 김석룡, 종이 접기에 의한 정다각형의 작도. 경상대 논문집, 1989.

[2] 김용운 · 김용국, 도형이야기, 도서출판 祐成.

[3] 김용운 · 김용국, 재미있는 수학여행, 김영사.

[4] 김향숙 외 5인, 종이접기로 하는 재미있는 수학, 경문사, 2005.

[5] 김향숙 외 2인, 창의적 수학을 위한 GSP활용(제3판), 경문사, 2014.

[6] 남호영 · 박정숙 · 천장아, 종이 접기 속에 숨겨진 수학, 수학사랑, 2001.

[7] 대한민국정부, 국가인적자원개발기본계획 – 사람, 지식, 그리고 도약, 교육인적자원부, 2001.

[8] 박성익, 교과지도 과정을 통한 창의성 신장 창의성 그리고 교육, 대구초등창의성교육연구회 워크숍 자료집, 1–17, 2004.

[9] 신현용 · 한인기 · 서봉건 · 최선희, 종이 접기의 대수학적 의미와 교수학적 활용, 2002.

[10] 일본 중학교 교과서 1, 2, 3학년용.

[11] 최선희, 평면 도형의 성질 탐구를 위한 종이 접기 활동 수업 연구, 한국교원대학교 석사학위 논문, 2002.

[12] 하가, 종이 접기와 수학, 사구라 출판사.

[13] 하대현, 창의성 교육을 위한 세 가지 질문, 대구광역시교육청 2002 장학자료(초)102, 대구광역시교육청, 2002.

[14] 한인기 · 신현용, 삼각형의 접기 활동과 논증의 연계 가능성에 관한 연구, 한국수학교육학회지, 2002.

[15] 한준상, 학습학, 서울: 학지사, 2001.

[16] 황정원, 1998년 종이 접기를 이용한 도형지도, 성균관대 석사논문, 1998.

[17] 허경철, 창의성의 이해: 그 개념을 중심으로, 창의성 계발 워크숍 자료. 전라북도 교육청, 2002.

[18] Cropley, A. J., Education. in M, A, Runco and S, R, Pritz(Ed.), Encyclopedia of Creativity, Volume 1, 629-642. Academic Press. California, 1999.

[19] Maslow, A. H., Motivation and personality. New York: Harper &Row,1954.

[20] Howard Eves, 이우영 · 신항균 옮김, 수학사, 경문사.

[21] Funabashi, Lecture Note in Nippon Institute of Technology, 2003.

[22] ihiko Kasahara, 종이접기-꿈을 만들어가는 기하학의 모든 것, 종이나라.

[23] Thurow, L. C저, 한기찬 역(1999), 지식의 지배(Building Wealth), 생각의 나무.

[24] Young, M. F. D.. The Curriculum of the Future. London: Falmer Press, 1998.

[25] Richards, R., Everyday creativity, eminent creativity, and health. Creativity Research Journal, 3, 300-326, 1990.

[26] Sternberg, R. J., An investment theory of creativity and its development. Human Development, 34, 1-32, 1991.

[27] Michael Serra, Discovering Geometry An Inductive Approach, Key Curricu Press.

[28] Csikszentmihalyi, M., Creativity, 노혜숙 역(2003), 창의성의 즐거움, 서울: 북로드, 1996.

[29] Amabile, T. M., The social psychology of creativity. New York: Springer-Verlag, 1983.

[30] Amabile, T. M., Creativity in context: Update to The Social Psychology of Creativity. Bouldrer, CO: Westview, 1996.

[31] Problem 1054, in Crux Mathematicorum, Vol. 12, No. 10, 1986, pp. 284-285.

[32] 芳賀和夫, おりがみくすによる 數學授業, 明治圖書, 1996.

[33] 芳賀和夫(Haga Kazuo), オリガミクス I, 日本評論社 1999, [34]野町直史 '종이접기로 n등분하기', 數學敎室, 1987년 12월호.

[35] 足立久美子외 4명, 즐거운 중학수학(교재 · 교수 · 실험 · 게임), 일본서적,1985.

[36] 秋山仁 著, 황순현외 2인 역(1995), 수학의 기교적 해법, 서울 : 미래사.

[37] 梶原 健(Kaziwara Takeshi), ものさしとコンパスとおりがみ, 數學セミナ 2006, 01.

[38] 芳賀和夫(Haga Kazuo), Origamics I, 日本評論社 1999.

[39] 右左見直英(Usami Naohide), ピタゴラスの三角形と折り紙, 數學セミナ 2006, 01

[40] 阿部 恒 ; 數學セミナ, 日本評論社, 2005年 4月, pp. 86-88.

찾아보기

김향숙
인제대학교 응용수학과 교수
인제대학교 창의력교육센터장

박진석
경북대학교 수학교육과 교수 역임
경북대학교 명예교수

윤삼열
대곡중학교 교장

전제동
창원과학고등학교 교감

9 생각하는 수학

종이접기를 활용한

도형의 이해 제3판

지은이 김향숙 · 박진석 · 윤삼열 · 전제동
펴낸이 조경희
펴낸곳 경문사
펴낸날 2007년 3월 31일 1판 1쇄
　　　 2021년 3월 2일 3판 3쇄
등 록 1979년 11월 9일 제1979-000023호
주 소 04057, 서울특별시 마포구 와우산로 174
전 화 (02)332-2004 팩스 (02)336-5193
이메일 kyungmoon@kyungmoon.com

값 16,000원

ISBN 978-89-6105-957-2
ISBN 89-7282-735-5(세트)